W0282540

ISBN: 978-3-935220-16-3

Der Privatflugzeugführer
FUNKNAVIGATION

Band 4 B

Verfasser: Wolfgang Kühr

	Der Privatflugzeugführer
Band 4 B	**FUNKNAVIGATION**
ISBN:	978-3-935220-16-3
Verfasser:	Wolfgang Kühr
Fachliche Aktualisierung:	Karsten Riehl
Herausgeber, Verlag und Copyright:	LUFTFAHRTVERLAG Friedrich Schiffmann GmbH & Co. Kommanditgesellschaft, Bergisch Gladbach Geschäftsführer: Heinrich Wittemann Verlagsleitung: Birgit Frank E-Mail: b.frank@schiffmann.de, Internet: www.schiffmann.de

| Gesamtherstellung: | Schiffmann-Gruppe
51427 Bergisch Gladbach
Germany |
| Auflage: | überarbeitete Auflage August 2007 |

Vorwort

Die Ihnen hier vorliegende aktualisierte Neuauflage von Band 4 B „Funknavigation“ ist ein Ergänzungsband zu den Bänden 4 A „Flugnavigation“ und 4 C „Satellitennavigation“ aus unserer Fachbuchreihe „Der Privatflugzeugführer“.

Unsere Fachbuchreihe soll dazu beitragen, dass Sie sich in Ihrer fliegerischen Praxis mit einem Höchstmaß an Sicherheit durch den Luftraum bewegen. Wir haben darum besonderen Wert auf eine praxisbezogene und leicht verständliche Darstellung der Lerninhalte gelegt, die oft über das reine Praxiswissen hinausgeht.

Gleichwohl basiert das vermittelte Fachwissen auf den aktuellen gesetzlichen Ausbildungsrichtlinien und ist entsprechend angelehnt an die Prüfungsfragen und Aufgaben des amtlichen PPL-Fragenkatalogs, herausgegeben vom Bundesministerium für Verkehr, Bau und Stadtentwicklung.

Allen Jungfliegern wünschen wir bei der Ausbildung viel Erfolg und einen stets sicheren und unfallfreien Flug.

Den Altpiloten und Fluglehrern hoffen wir, nicht nur ein fundiertes Nachschlagewerk an Hand zu geben, sondern dass dieses Werk gleichfalls eine nützliche Unterstützung bei der Vorbereitung und Durchführung des theoretischen Unterrichts darstellt.

Herausgeber
LUFTFAHRTVERLAG
Friedrich Schiffmann GmbH & Co. Kommanditgesellschaft

C Funknavigation für Privatflugzeugführer

Die Abschnitte A „Grundlagen der Flugnavigation" und B „Flugplanung" sind in Band 4 A „Flugnavigation" aus der Reihe „Der Privatflugzeugführer" enthalten.

1 Einführung

Die in diesem Band behandelten Flugfunknavigationsanlagen und Funknavigationsverfahren beschränken sich bewusst auf den Bereich, den der Privatflugzeugführer bei **VFR-Flügen, VFR-Flüge im Luftraum C, VFR-Flüge im Luftraum D (nicht Kontrollzone) und VFR-Nachtflügen** anwenden kann.

In der Funknavigation erfolgt die **Standort-** und **Kursbestimmung** mit Hilfe elektromagnetischer Wellen (Funkwellen). Der Flugzeugführer erhält aus der praktischen Anwendung von Funknavigationsverfahren

entweder • **Standorte** **(position** oder **fix)**	oder Richtungsangaben in Form von • **Peilungen** **(bearing)** oder	 • **Standlinien** **(L**ines **of P**osition = **LOP)**
	Die aus der Funknavigation gewonnenen Werte sind: • Funkpeilungen **(radio bearing)**	 • **Funkstandlinien** **(radio L**ines **of P**osition **= LOP)**

Alle Funknavigationsverfahren gehören zu den so genannten **„Ortungsverfahren"** der Flugnavigation **(vgl. Band 4 A, Flugnaviagtion, Abschnitt 1.5 „Zusammenfassende Bemerkungen zu den einzelnen Flugnavigationsverfahren")**. Man kann sie deshalb grob in folgende Hauptarten unterteilen:

1.1 Eigenortungsverfahren

Eigenortungsverfahren sind Funknavigationsverfahren, bei denen der Flugzeugführer **Eigenpeilungen** (engl.: **aircraft-to-station bearing)** mit bordseitigen Mitteln vom Flugzeug aus selbst vornehmen kann. Solche Eigenortungsverfahren ermöglichen **Richtungs- und Standortbestimmungen** durch „Anpeilen" bodenseitiger Funknavigationsanlagen (engl.: **radio navigation facility).** So können wir z. B. mit einem entsprechend ausgerüsteten Flugzeug

ungerichtete Funkfeuer (Non **D**irectional **B**eacon = **NDB)** im Lang- und Mittelwellenbereich (LW/MW, LF/MF) mit einem an Bord des Flugzeugs installierten **automatischen Funkpeilgerät (ADF** = **A**utomatic **D**irection **F**inder) anpeilen und auf einem Anzeigegerät, dem so genannten **„Radiokompass" (radio compass),** die Richtung zum Funkfeuer (NDB), bezogen auf die Flugzeuglängsachse, ablesen **(vgl. Abschnitt 3 „Ungerichtete Funkfeuer [NDB] und das automatische Funkpeilgerät [ADF]").**

Ist das Flugzeug mit einer

VOR-Bordanlage (VOR = **V**ery high frequency **O**mnidirectional Radio **R**ange) ausgerüstet, dann können wir mit dem dazugehörigen **UKW-Navigationsempfänger (VHF-NAV Receiver)** die im UKW-Bereich arbeitenden **UKW-Drehfunkfeuer (V**ery high frequency **O**mnidirectional Radio **R**ange = **VOR)** empfangen,

die **360** – auf missweisend Nord (magnetic north) bezogene – **Kurse** (Radial-Standlinien, engl.: radials) ausstrahlen.

Das zur Bordanlage gehörende **VOR-Anzeigegerät** sagt dem Flugzeugführer, auf welcher Radial-Standlinie (radial) sich das Flugzeug befindet, und zeigt jede Abweichung von dem gewünschten missweisenden Kurs zur Station hin (Senderanflug) oder von der Station weg (Senderabflug) mit einer hohen Genauigkeit (praktisch ± 2°) an (vgl. Kapitel 4 „Das UKW-Drehfunkfeuer [VOR] und die VOR-Bordanlage mit Navigationsverfahren").

Sind solche **UKW-Drehfunkfeuer** zusätzlich mit einer Entfernungsmessanlage **(DME** = **D**istance **M**easuring **E**quipment oder mit **TACAN** = **Tac**tical **A**ir **N**avigation System) verbunden (VOR/DME oder VORTAC), so kann mit einer **DME-Bordanlage** neben der sehr genauen Kursführung mit dem VOR-Anzeigegerät gleichzeitig die **Entfernung zur Station** (in NM) abgelesen werden (vgl. Abschnitt 6 „Das Entfernungsmessgerät").

1.2 Fremdortungsverfahren

Fremdortungsverfahren ermöglichen dagegen nur Richtungs- und Standortbestimmungen durch bodenseitige Funknavigationsanlagen, die von einem „Fremden“ am Boden bedient werden. Dieser „Fremde“ am Boden ist in der Regel ein **Fluglotse** in einer Flugverkehrskontrollstelle oder ein **Flugleiter** in einer Luftaufsichtstelle (Flugleitung) auf einem Landeplatz.

Für die Fremdortung werden heute vor allem

- **Rundsicht-RADAR-Anlagen (S**urveillance **R**adar **E**lement = **SRE)** bei den Flugverkehrskontrollstellen

und so genannte

- **UKW-Sichtpeiler (V**HF **D**irection **F**inder = **VDF)** bei Flugverkehrskontrollstellen und vielen Luftaufsichtstellen auf Landeplätzen eingesetzt.

Dem Flugzeugführer werden bei der Fremdortung navigatorische Informationen von der Bodenstelle per Sprechfunk übermittelt (z. B. RADAR-Standort oder VDF-Peilwert), die er für die weitere eigene Navigation selbst verwerten kann. Es besteht aber auch die Möglichkeit, sich von der Bodenstelle mittels **RADAR** oder durch **VDF-Peilungen „führen“** zu lassen.

Anmerkung: Die Fremdortungsverfahren werden unter

Kapitel 8 „RADAR-Anlagen für die Flugverkehrskontrolle“ und
Kapitel 9 „UKW-Peiler und Navigation mit Fremdpeilungen“

ausführlich behandelt.

Bevor wir nun dazu übergehen, die einzelnen **Flugfunknavigationsanlagen am Boden** und die dazugehörigen **Bordgeräte** mit den **Navigationsverfahren** näher kennen zu lernen, müssen wir uns – die Durchführungsverordnungen zur Verordnung über Luftfahrtpersonal schreiben es vor – mit den Grundlagen der Funktechnik (vgl. Kapitel 2) vertraut machen.

2 Grundlagen der Funktechnik

Elektromagnetische Wellen werden sowohl im Funksprechverkehr als auch in der Funknavigation als **Informationsträger (Trägerwellen)** verwendet. Informationen können mit Hilfe von Schall, Licht und Elektrizität übermittelt werden. Eines haben alle drei erwähnten Übermittlungsarten gemeinsam: Es erfolgt ein **Energietransport durch Wellen!**

Wellenvorgänge spielen in vielen Bereichen der Physik eine wesentliche Rolle. Von besonderer Bedeutung für uns sind Schallwellen und elektromagnetische Wellen in einem Frequenzbereich von **10 Kilohertz (kHz) bis 300 000 Megahertz (MHz),** die im Allgemeinen bezeichnet werden als

- **Funk- oder Radiowellen (radio waves).**

Schallwellen entstehen, wenn Luft oder irgendein anderes elastisches Medium an irgendeiner Stelle in Schwingungen versetzt wird. Wenn wir sprechen, bringen wir mit den Sprachlauten die uns umgebende Luft (Medium) in Schwingungen und die so entstehenden Schallwellen transportieren die Sprachlaute (Energie) durch das Medium Luft zu unserem Gesprächspartner.

Funkwellen werden in der Funktechnik z. B. als Trägerwellen für die Übermittlung von Rundfunkprogrammen verwendet. Im Bereich der Flugfunktechnik dienen sie als **Träger von Sprachübermittlungen (Funksprechverkehr)** und zur **Übermittlung navigatorischer Informationen (Funknavigation).**

Grundsätzlich breiten sich Wellen in alle Richtungen hin gleichmäßig aus. Man könnte sagen, dass eine Welle ein Energiepuls ist, der sich mit Hilfe von Schwingungen in irgendeinem Medium von Teilchen zu Teilchen fortpflanzt.

Als ein sehr anschauliches Beispiel für die allgemeine Ausbreitungscharakteristik von Wellen können die Vorgänge herangezogen werden, die auftreten, wenn man einen Stein in ruhendes Wasser (Teich) wirft. Von dem Punkt aus, wo der Stein in das Wasser eintaucht, breiten sich kreisförmig Oberflächenwellen in alle Richtungen aus. Das Ansteigen und Fallen des Wassers über und unter die ungestörte Wasseroberfläche (Wellen) kann man sich bildlich als eine auf- und abgehende Kurvenlinie vorstellen.

2.1 Entstehung und Ausbreitung von Funkwellen, Wellenlänge und Frequenz, Frequenzspektrum

2.1.1 Entstehung und Ausbreitung von Funkwellen

Im Gegensatz zu den schon erwähnten Schallwellen bedürfen **elektromagnetische Wellen (Funkwellen)** keines Ausbreitungsmediums. Sie pflanzen sich auch im (luft-)leeren Raum fort. Eine Funkwelle ist ein schwingendes elektromagnetisches Feld, das durch **elektromagnetische Induktion** um die Senderantenne herum erzeugt wird. Diesen Vorgang müssen wir uns etwa so vorstellen:

Um einen stromdurchflossenen Leiter – die Senderantenne – entsteht ein **elektromagnetisches Kraftfeld.** Wechselt der Strom im Leiter (Antenne) seine Richtung (Wechselstrom), so **löst sich das magnetische Kraftfeld** in Form von konzentrischen magnetischen Kraftlinien vom Leiter – also der Senderantenne – und breitet sich ungefähr mit

- Lichtgeschwindigkeit (ca. 300 000 km/s) aus.

Zu diesem **magnetischen Kraftfeld** baut sich ein **elektrisches Feld** auf, das genau senkrecht zum magnetischen Feld steht.

Merke: Funkwellen breiten sich um den Sender herum in alle Richtungen mit Lichtgeschwindigkeit (ca. 300 000 km/s) aus!

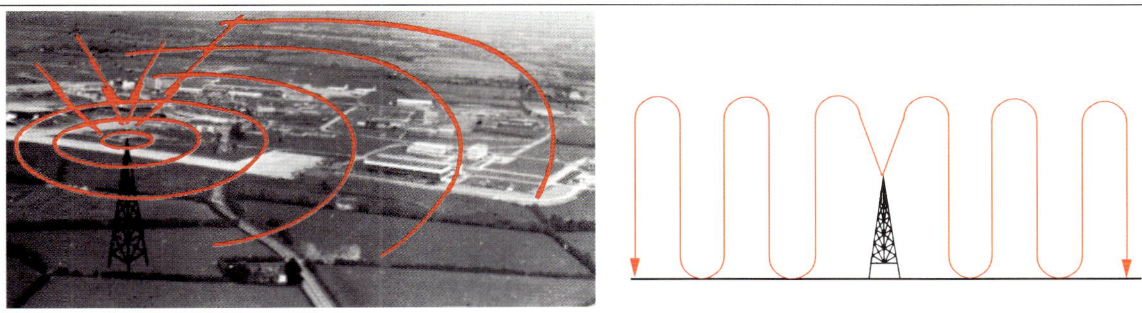

a) magnetisches Feld

b) elektrisches Feld

Bild 2.1 Die Ausbreitung von Funkwellen vom Sender aus (ungerichtete Ausstrahlung)

2.1.2 Wellenlänge und Frequenz

Wechselt z. B. der Strom im Leiter (Sender) 300 000 mal pro Sekunde seine Richtung, dann wird an irgendeinem Punkt des elektromagnetischen Kraftfeldes 300 000 mal pro Sekunde eine magnetische Kraftlinie durchlaufen. Das **magnetische Kraftfeld** baut sich hier vom Wert Null bis zu einem Höchstwert auf und nimmt danach wieder bis zum Wert 0 ab.

Dieser Vorgang wiederholt sich im Rhythmus des Wechselstroms immer wieder und die dabei entstehenden **elektromagnetischen Wellen** (Funkwellen) breiten sich in ähnlicher Weise um den Sender herum aus wie Wellen, die sich um einen Stein herum ausbreiten, der in ruhendes Wasser (Teich) geworfen wird. Es handelt sich um so genannte **„harmonische" Wellen,** die sich sehr anschaulich mit einer Sinuskurve darstellen lassen.

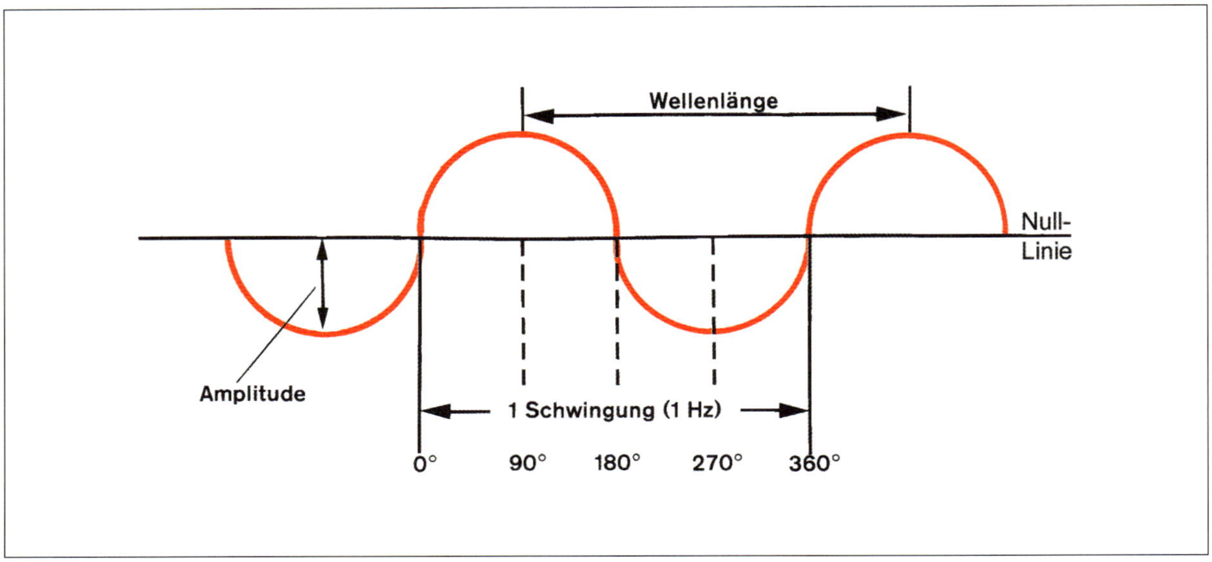

Bild 2.2 Sinusschwingung

Die Strecke, um die sich eine elektromagnetische Welle bei einer vollen Schwingung ausbreitet, wird als

- **Wellenlänge (λ – wave length)**

bezeichnet.

Wellenlängen werden in Metern (m), Zentimetern (cm) und Millimetern (mm) angegeben. Der Abstand bzw. die Höhe des Wellenberges über der Null-Linie (siehe Bild 2.2) heißt

- **Amplitude (amplitude).**

Eine **volle** Schwingung wird in **360°** aufgeteilt, so dass eine halbe Schwingung 180° und eine viertel Schwingung 90° entspricht. Die Spitzenwerte (= Amplitude) einer vollen Schwingung treten bei 90° (= positiv – also über der Null-Linie) und bei 270° (= negativ – also unter der Null-Linie) auf (siehe Bild 2.2).

Unter dem Begriff

- **Frequenz (f – frequency)**

versteht man die **Anzahl von vollen Schwingungen, die pro Sekunde auftreten.** Diese Schwingungsanzahl (Frequenz) wird **„Hertz" = Hz** genannt (nach dem deutschen Physiker Hertz).

In unserem am Anfang erwähnten Beispiel wechselte der Strom **300 000 mal pro Sekunde** im Leiter (Sender) seine Richtung. Also beträgt die **Frequenz der ausgestrahlten Funkwellen 300 000 Hertz (Hz)** oder kürzer **300 Kilohertz (kHz)**.

Da die Anzahl der Schwingungen pro Sekunde (Hz) bei **Funkwellen** recht **hohe Zahlenwerte** erreicht, verwendet man in der **Funktechnik größere Grundeinheiten** zur Angabe der **Frequenz:**

- 1 Kilohertz (kHz) = 1 000 Schwingungen pro Sekunde
- 1 Megahertz (MHz) = 1 000 000 Schwingungen pro Sekunde
- 1 Gigahertz (GHz) = 1 000 000 000 Schwingungen pro Sekunde

Hat eine elektromagnetische Welle eine **Frequenz** von **1 Hz** (= 1 Schwingung pro Sekunde), dann beträgt ihre **Wellenlänge (λ) 300 000 km** (= Ausbreitungsgeschwindigkeit 300 000 km/s). **Erhöht** man die **Frequenz** dieser Welle auf **10 Hz** (= 10 Schwingungen pro Sekunde), so **verringert sich die Wellenlänge (λ)** – also die Strecke, die die Welle in einer Sekunde bei einer vollen Schwingung zurücklegt – um das **10fache** auf **30 000 km**.

Anmerkung: **Solche extrem „langen Wellen" mit niedriger Frequenz liegen nicht im Bereich der Funkwellen. Sie liegen in einem Frequenzbereich von ca. 10 000 Hz (10 kHz) bis ungefähr 300 000 MHz (vgl. Abschnitt 2.1.3 „Das Frequenzspektrum").**

Das vorherige Beispiel soll lediglich das **Verhältnis zwischen Frequenz und Wellenlänge** verdeutlichen!

Merke: Erhöht man die Frequenz (f) einer elektromagnetischen Welle (Funkwelle), dann verringert sich ihre Wellenlänge (λ) nach dem oben erwähnten Verhältnis.

Mit den folgenden Formeln können wir entweder die **Wellenlänge (λ) in Metern (m)** oder die **Frequenz (f) in Hertz (Hz)** leicht berechnen:

1. Berechnung der Wellenlänge (λ) in m bei bekannter Frequenz (f):

- Wellenlänge (λ) in m $= \dfrac{300\,000\,000 \text{ m}}{\text{Frequenz Hz}}$

Beispiel: Frequenz (f) = 300 kHz (300 000 Hz)
Wellenlänge (λ) in m = ?

Lösung: $\dfrac{300\,000 \text{ km}}{300 \text{ kHz}} = \dfrac{300\,000\,000 \text{ m}}{300\,000 \text{ Hz}} = 1\,000 \text{ m}$

2. Berechnung der Frequenz (f) in Hz bei bekannter Wellenlänge (λ) in m:

- Frequenz (f) in Hz $= \dfrac{300\,000\,000 \text{ m}}{\text{Wellenlänge m}}$

Beispiel: Wellenlänge (λ) = 600 m
Frequenz (f) in Hz = ?

Lösung: $\dfrac{300\,000\,000 \text{ m}}{600 \text{ m}} = 500\,000 \text{ Hz} = 500 \text{ kHz}$

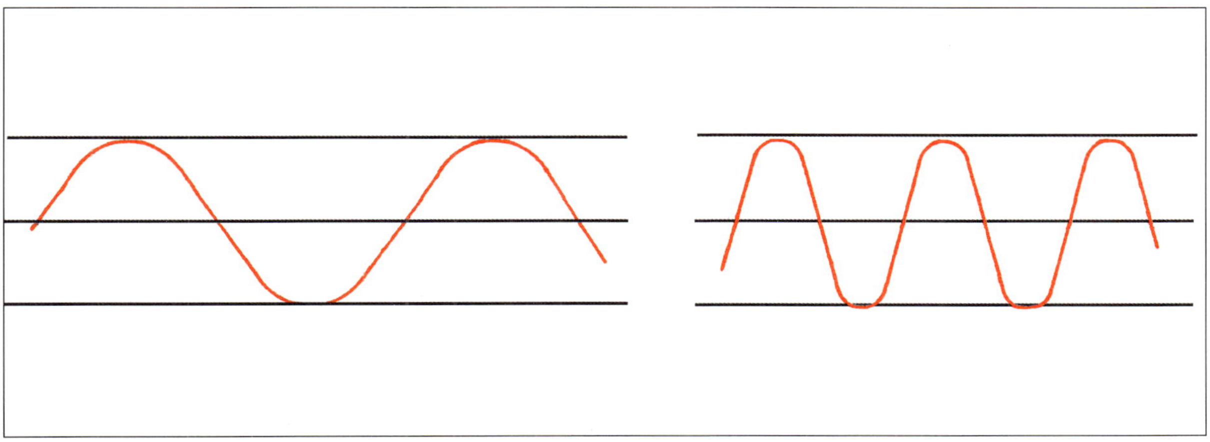

Bild 2.3 Lange Wellen (long waves) Kurze Wellen (short waves)

Merke: **Lange Wellen haben niedrige Frequenzen!**
Kurze Wellen haben hohe Frequenzen!

2.1.3 Das Frequenzspektrum

Die Frequenzen von **Funkwellen** erstrecken sich von ungefähr 10 000 Hertz **(10 kHz)** bis 30 000 000 Kilohertz **(30 000 MHz).** Da Funkwellen verschiedener Frequenz (f) und Wellenlänge (λ) voneinander abweichende Ausbreitungseigenschaften und Reichweiten haben (vgl. hierzu Abschnitt 2.3 „Ausbreitung und Reichweiten von Funkwellen"), hat man den Gesamtfrequenzbereich der Funkwellen in **acht Frequenzbänder** aufgeteilt.

Die nachfolgende Tabelle zeigt das gesamte Frequenzspektrum der Funkwellen mit Angabe des Wellenlängenbereichs und der Anwendung in der Flugfunktechnik:

Frequenzband von … bis	**Bezeichnung (engl./deutsch)**	**Wellenband von … bis**	**Anwendung in der Flugfunktechnik**
VLF 10 … 30 kHz	**V**ery **L**ow **F**requencies/ Läng**st**wellen	30 … 10 km	Spezielle Langstreckennavigationsverfahren, die uns nicht interessieren (z. B. ONTRAC III)
LF/LW 30 … 300 kHz	**L**ow **F**requencies/ **L**ang**w**ellen	10 … 1 km	Ungerichtete Funkfeuer **(NDB** = **N**on **D**irectional **B**eacon): ab 200 kHz
MF/MW 300 … 3 000 kHz	**M**edium **F**requencies/ **M**ittel**w**ellen	1 000 … 100 m	Ungerichtete Funkfeuer **(NDB** = **N**on **D**irectional **B**eacon): bis 526.5 kHz
HF/KW 3 … 30 MHz	**H**igh **F**requencies/ **K**urz**w**ellen	100 … 10 m	Flugfunksprechverkehr bei Langstreckenflügen (z. B. Überseeflüge)
VHF/UKW 30 … 300 MHz	**V**ery **H**igh **F**requencies/ **U**ltra**k**urz**w**ellen	10 … 1 m	**Flugfunksprechverkehr:** 118.000 MHz … 136.975 MHz; UKW-Drehfeuer **(VOR** = **V**HF **O**mnidirectional Radio **R**ange): 108 … 117.975 MHz; Landekurssender des Instrumentenlandesystems **(ILS-LLZ = I**nstrument **L**anding **S**ystem-**Localiz**er): 108 … 111.975 MHz; Markierungsfunkfeuer **(Marker Beacon):** 75 MHz
UHF 300 … 3 000 MHz	**U**ltra **H**igh **F**requencies/ Dezimeterwellen	100 … 10 cm	• Gleitwegsender des Instrumentenlandesystems **(ILS-GP = ILS Glide Path):** 328.6 … 335.4 MHz • Entfernungsmessgerät **DME (D**istance **M**easuring **E**quipment**)** • Abfragegerät an Bord **(Interrogator):** 1 025 … 1 150 MHz • Antwortgerät am Boden **(Transponder):** 962 … 1 213 MHz • Rundsicht-RADAR-Anlagen: **(SRE = S**urveillance **R**ADAR **E**lement**)** **GRS/SRE M5 bis M8** (= Groß-Rundsicht-RADAR) für die Streckenkontrolle **(ACC):** 1 250 … 1 350 MHz • Flughafen-Rundsicht-RADAR **(ASR = Airport Surveillance Radar):** 2 700 … 2 900 MHz • Sekundär-Rundsicht-RADAR **(SSR = Secondary Surveillance Radar)** • Abfragegerät, Boden **(Interrogator):** 1 030 MHz • Antwortgerät, Bord **(Transponder):** 1 090 MHz
SHF 3 … 30 GHz	**S**uper **H**igh **F**requencies/ Zentimeterwellen	10 … 1 cm	Präzisions-Anflug-RADAR **(PAR** = **P**recision **A**pproach **R**adar): 9 … 9.18 GHz; Rollfeld-RADAR-Überwachungsanlage **(ASDE** = **A**irport **S**urface **D**etecting **E**quipment): 23.8 … 24.27 GHz und **(A-SMR** = **A**dvanced **S**urface **M**ovement **R**adar): 9.2 GHz
EHF 30 … 300 GHz	**E**xtremely **H**igh **F**requencies/ Millimeterwellen	10 … 1 mm	——

2.2 Modulations- und Betriebsarten

Elektromagnetische Wellen (Funkwellen) ermöglichen eine drahtlose Übertragung von Nachrichten oder Informationen über große Entfernungen. Sie werden von einem Sender erzeugt und abgestrahlt (ausgebreitet) und auf der anderen Seite von einem Empfänger aufgenommen.

Will man nun solche Funk- oder Radiowellen (Trägerwellen) mit brauchbaren Informations- oder Nachrichtendaten – z. B. Sprache oder Musik – versehen, so muss die ausgestrahlte Trägerwelle auf irgendeine Art verändert werden. Diesen Vorgang nennt man in der Fachsprache

- **Modulation.**

Darunter versteht man in der Funktechnik das **Aufprägen** einer Schwingung niederer Frequenz (z. B. Sprache) auf eine Trägerschwingung hoher Frequenz (= ausgestrahlte Funk- oder Radiowelle).

Wird dabei durch die niederfrequente Schwingung die Amplitude (= Schwingungsweite) der Trägerschwingung (Trägerwelle) verändert, dann spricht man von **Amplitudenmodulation.**

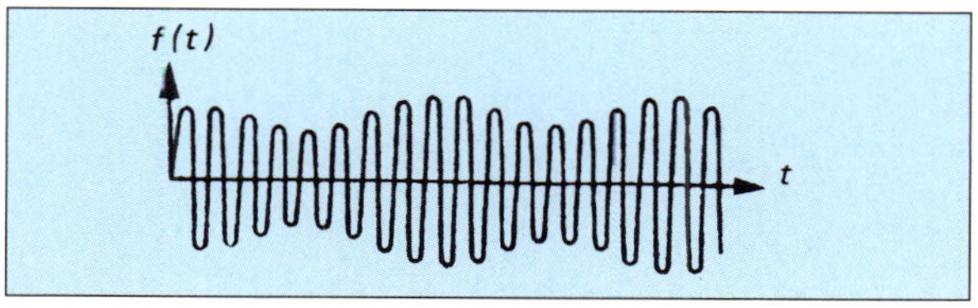

Bild 2.4 Die Amplitudenmodulation **(AM** = **A**mplitude **M**odulation)

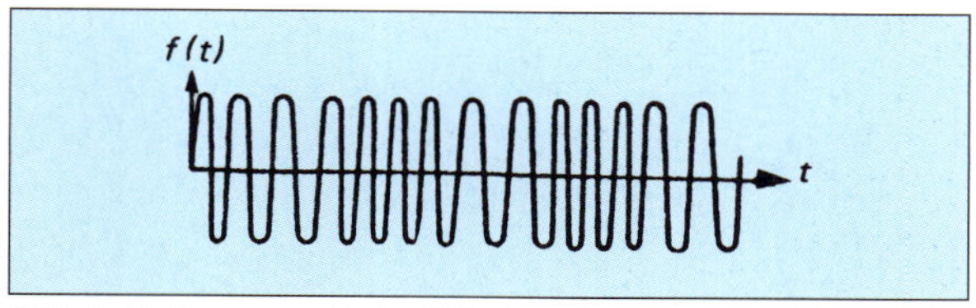

Bild 2.5 Die Frequenzmodulation **(FM** = **F**requency **M**odulation)

Die Betriebsart von Sendern, die mit **Amplitudenmodulation** arbeiten, wird durch den folgenden Kennbuchstaben zum Ausdruck gebracht:

A

Eine andere Modulationsart, die so genannte **Pulsmodulation,** wird in der Flugfunktechnik vor allem für RADAR-Anlagen verwendet. Dabei wird entweder die Pulsbreite, die Lage des Pulses oder die Pulsamplitude verändert.

Wird die Frequenz der Trägerschwingung (Trägerwelle) zum Zwecke der Modulation – über einen kleinen Bereich! – geändert, so handelt es sich um die so genannte **Frequenzmodulation.** Die Betriebsart von Sendern, die mit **Frequenzmodulation** arbeiten, wird durch den folgenden Kennbuchstaben zum Ausdruck gebracht:

F

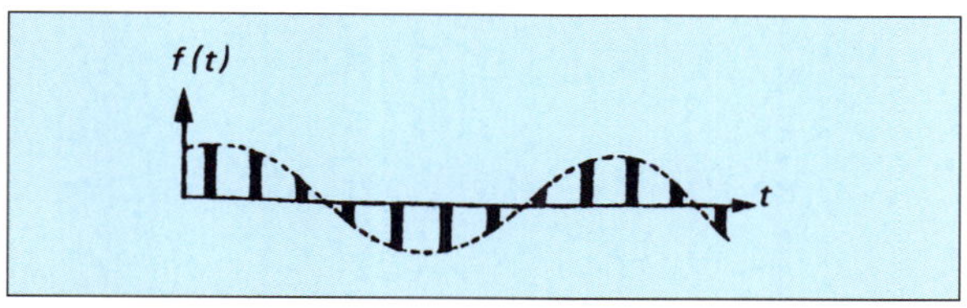

Bild 2.6 Die Pulsmodulation: Kennbuchstabe = **P**

Wichtig: In der Flugfunktechnik wird für Zwecke des Funksprechverkehrs (VHF/UKW-Band von 118.000 bis 136.975 MHz) und für die Kennungs-Ausstrahlung von Funknavigationsanlagen (NDB, VOR, ILS usw.) zurzeit nur die Amplitudenmodulation (A) verwendet.

Rundfunksender arbeiten im Ultrakurzwellenbereich (UKW/VHF) fast ausschließlich mit der **Frequenzmodulation** (bessere Qualität) und im Lang-, Mittel- und Kurzwellenbereich (LW/LF, MW/MF, KW/HF) mit der **Amplitudenmodulation.**

Beim Funkverkehr werden zu übertragende Schallschwingungen (Sprache, Töne, Musik) zunächst durch ein Mikrofon in elektrische Schwingungen umgewandelt. Diese werden dann einer hochfrequenten Trägerschwingung (Trägerwelle) aufmoduliert und verstärkt über eine Sendeantenne ausgestrahlt.

Im **Funkempfänger** geschieht nun (in Kurzform erklärt) Folgendes: Ein Schwingungskreis wird auf die Trägerfrequenz des gewünschten Senders abgestimmt. Dieser Schwingungskreis empfängt die über die Empfangsantenne eingehenden elektromagnetischen Wellen und beginnt im gleichen Rhythmus zu schwingen. Da diese Schwingungen nur sehr schwach sind, werden sie verstärkt. Danach werden die aufmodulierten schallfrequenten (niederfrequenten) Schwingungen in einem **Demodulator** von den hochfrequenten Trägerschwingungen getrennt.

Die **Trägerschwingungen leitet man** (zur Erde) **ab,** während die **schallfrequenten** (niederfrequenten) **Schwingungen** – nachdem sie im so genannten Niederfrequenzverstärker verstärkt wurden – einem **Lautsprecher (oder Kopfhörer)** zugeleitet werden, der sie als **hörbare Schallwellen** abstrahlt (siehe Bilder 2.7 und 2.8).

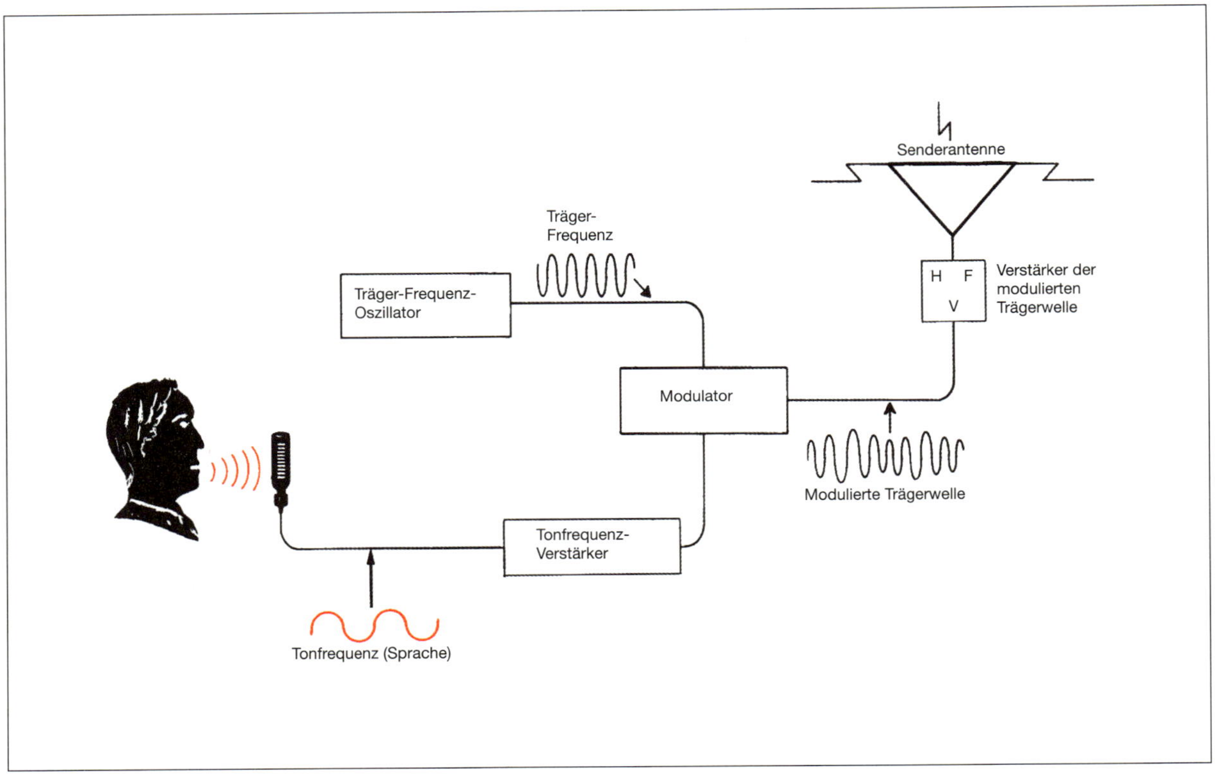

Bild 2.7 Prinzip eines Funksenders (stark vereinfacht)

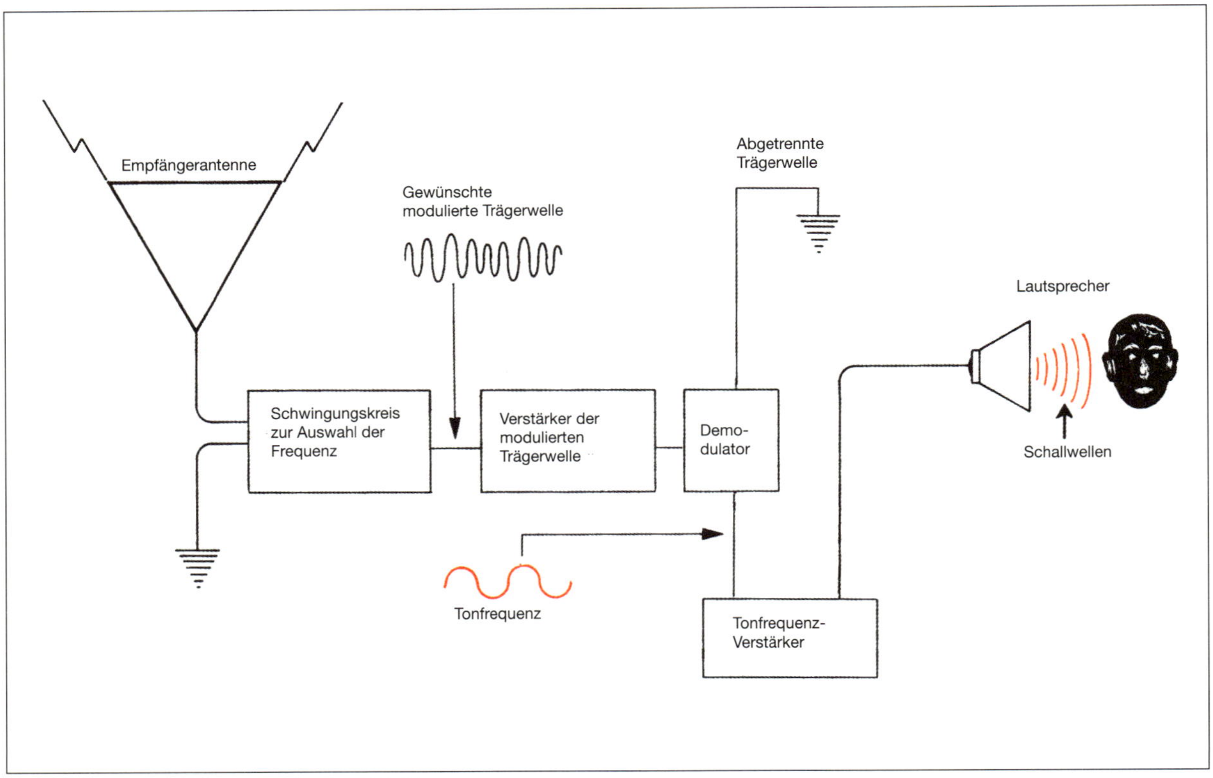

Bild 2.8 Prinzip eines Funkempfängers (stark vereinfacht)

Im Flugfunkwesen wird – wie schon erwähnt – nur die Amplitudenmodulation (A) angewendet. Die nachfolgende Tabelle gibt eine Übersicht über die wichtigsten **Sende- oder Betriebsarten (type of emission) von Flugfunkanlagen:**

Sende- oder Betriebsart	Bedeutung
NON (A 0)	**Fehlen jeglicher Modulation** (unmodulierte Trägerwelle)

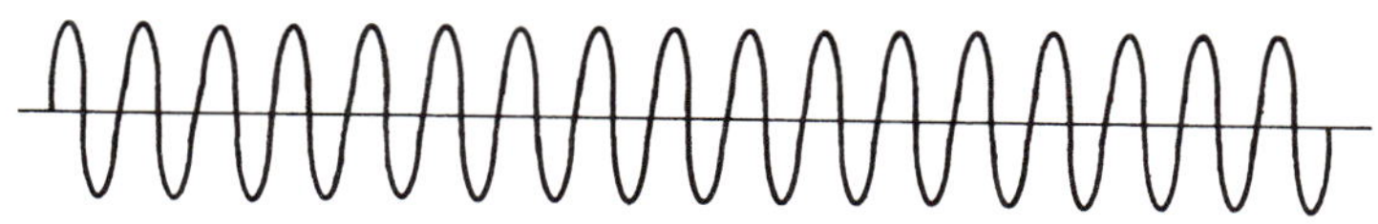

Bild 2.9 **NON (A 0)**
= unmodulierte Trägerwelle

A 1 A (A 1)	**Telegraphie ohne Modulation** (tonlose Telegraphie **durch Unterbrechung** der Trägerwelle). Bei ungerichteten Funkfeuern (NDB) – NON/A 1 A – wird die Trägerwelle im Morse-Code für die Kennung unterbrochen.

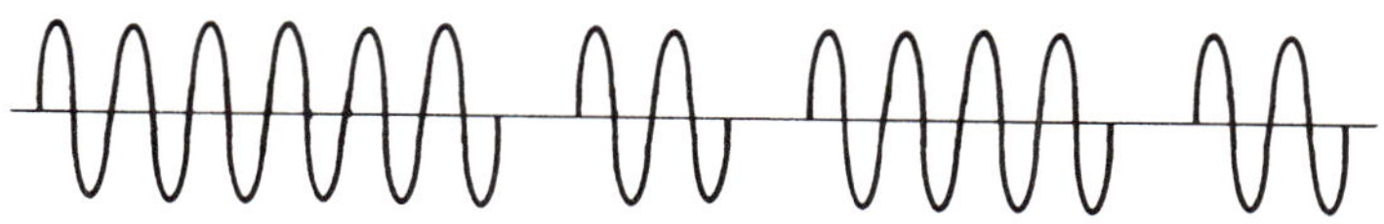

Bild 2.10 **A 1 A (A 1)**
= unterbrochene Trägerwelle zur Ausstrahlung eines Codes (Kennung)

A 2 A (A 2)	**Telegraphie durch Tastung** einer hörbaren Modulationsfrequenz (Ton) oder durch Tastung einer tonmodulierten Ausstrahlung (Kennungsausstrahlung)

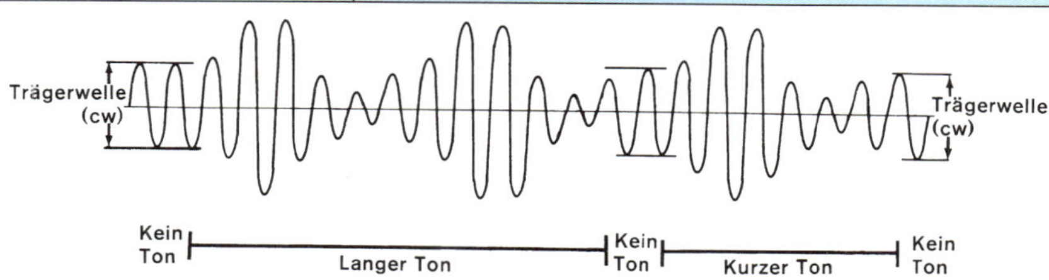

Bild 2.11 **A 2 A (A 2)**
= tonmodulierte Trägerwelle, bei der die Modulation unterbrochen wird, um einen Code (Kennung) zu erzeugen
(cw = **c**arrier **w**ave)

A 3 E (A 3)	**Fernsprechen (Funksprechverkehr);** Übertragung mit zwei Seitenbändern und vollem Träger

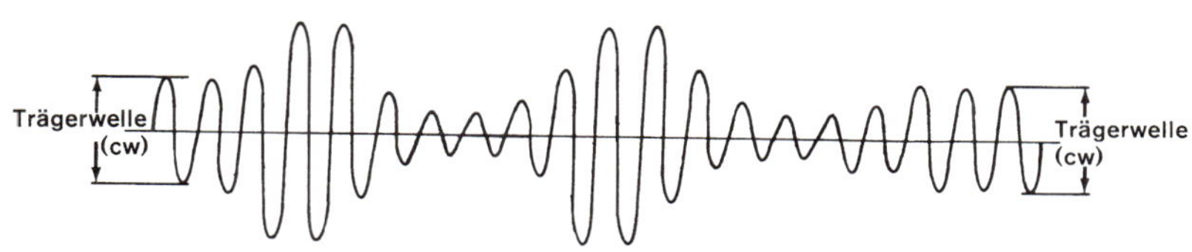

Bild 2.12 **A 3 E (A 3)**
= Fernsprechen (Funksprechen) mit Trägerwelle, auf die Schallwellen (Sprache) durch Amplitudenmodulation aufgeprägt sind
(cw = **c**arrier **w**ave)

A 9 W (A 9)	**Gemischte Übertragungen,** die in den Bildern 2.9–2.13 nicht erfasst sind, z. B.: **Kombination A 2 A/A 3 E** bei UKW-Drehfunkfeuern (VOR) = Ausstrahlung der Kennung (A 2 A) und Ausstrahlung von Informationen (A 3 E), wie **ATIS (A**utomatic **T**erminal **I**nformation **S**ervice/Start- und Landeinformationen)

Bild 2.13 **A 9 W (A 9)**
= gemischte Übertragungen

2.3 Ausbreitung und Reichweite von Funkwellen

2.3.1 Bodenwelle und Raumwelle

Funkwellen breiten sich um den Sender herum in alle Richtungen aus. Ein Teil der ausgestrahlten Energie pflanzt sich mehr oder weniger parallel zur gekrümmten Erdoberfläche fort und wird als

- **Bodenwelle (ground wave)**

bezeichnet.

Diese stark von der Erde und der Tropopause (Obergrenze der Troposphäre, vgl. Band 2, Grundlagen der Flugwetterkunde, Abschnitt 2.1 „Die Troposphäre") beeinflusste Bodenwelle kann auf drei verschiedenen Wegen zum Empfänger gelangen:

1. Als so genannte **Oberflächenwelle (surface wave),** die an der Erde entlanggeführt (gebeugt) wird wie an einem Draht, denn die Erde ist ein Leiter für Elektrizität.
2. Als **direkte Welle** (quasi-optische Welle) irgendwo zwischen der Erde und der Tropopause.
3. Als **Troposphärenwelle (tropospheric wave),** die durch Reflexion, Beugung oder Brechung in der Troposphäre – speziell an der Tropopause – zum Empfänger gelangt (siehe Bild 2.14).

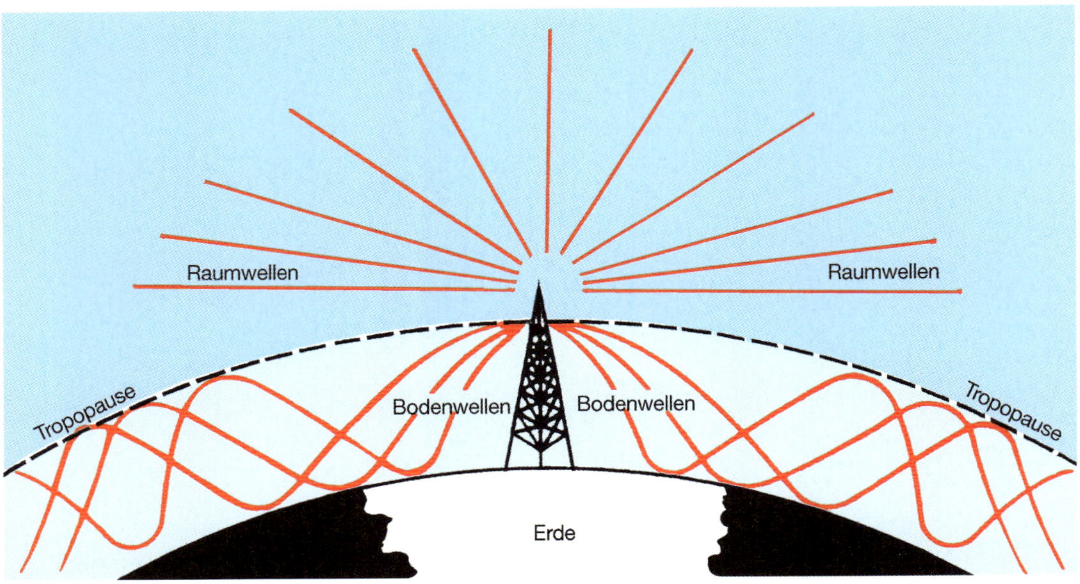

Bild 2.14 Bodenwellen- und Raumwellenausstrahlung eines ungerichteten Senders

Ein anderer Teil der ausgestrahlten Funkwellen breitet sich von der Sender-Antenne nach oben hin aus und wird

- **Raumwelle (sky wave)**

genannt. Diese Raumwellen werden nicht von der Erde beeinflusst, sie können aber – abhängig von Frequenz und Wellenlänge (vgl. folgende Ausführungen) – an der Ionosphäre zur Erde hin reflektiert, gebrochen oder gebeugt werden **(Ionosphäre:** vgl. Band 2, Grundlagen der Flugwetterkunde, Abschnitt 2.4 „Die Thermosphäre [auch Ionosphäre]").

Bodenwellen tendieren dazu, dem gekrümmten Erdboden zu folgen. Diese Tendenz verringert sich bei Erhöhung der Frequenz (= Verringerung der Wellenlänge) immer mehr, bis schließlich im VHF/UKW-Bereich und darüber nur noch eine geradlinige Ausbreitung (quasi-optische Ausbreitung) der Funkwellen erfolgt.

Das ist für uns sehr **wichtig** und daher besonders zu beachten, da der gesamte **Flugfunksprechverkehr** im VHF/UKW-Bereich abgewickelt wird und auch einige **Funknavigationsanlagen** – wie UKW-Drehfunkfeuer (VOR) – in diesem schon recht hohen Frequenzbereich arbeiten.

Merke: Je höher die Frequenz einer Funkausstrahlung, umso geringer die Reichweite der Bodenwelle!

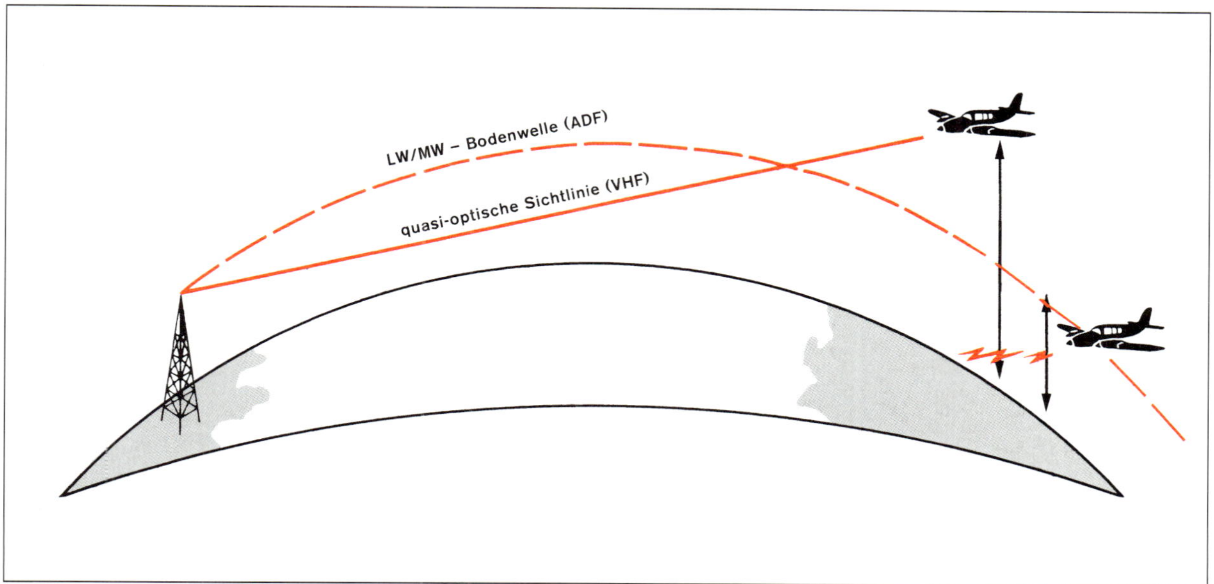

Bild 2.15 Reichweite einer Bodenwelle mit niedriger Frequenz (z. B. LF/LW oder MF/MW) und einer Bodenwelle mit hoher Frequenz (VHF/UKW und höher)

Bei ihrer Ausbreitung berühren Teile der Bodenwelle die Erdoberfläche. Sie werden aus diesem Grund als **Oberflächenwellen (surface waves)** bezeichnet. Ein nicht unbeträchtlicher Teil der Energie dieser Oberflächenwellen wird bei der Ausbreitung vom Erdboden absorbiert (abgeschwächt).

Mit zunehmender Entfernung vom Sender nimmt die Dämpfung (der Verlust) durch Absorption solche Ausmaße an, dass die Welle nicht mehr empfangen werden kann. Durch diesen **Dämpfungseffekt** (Absorption) wird die Reichweite begrenzt.

Merke: Die Dämpfung (der Verlust) ist über Landflächen größer als über Wasser, da Wasser ein besserer elektrischer Leiter als Land ist!

Die **Abschwächung** (Dämpfung) von Oberflächen-Bodenwellen (surface waves) **durch Absorption** wird **mit zunehmender Frequenz** der Welle **größer.**

Die vom Sender ausgestrahlten **Raumwellen** verhalten sich anders. Sie werden an einer oberen Schicht der Atmosphäre, der **Ionosphäre,** reflektiert oder gebrochen und kehren dann wieder zur Erde zurück. Diese reflektierten oder gebrochenen Raumwellen ermöglichen – vor allem nachts – den Funkverkehr über große Strecken.

Die Ionosphäre besteht aus mehreren Schichten ionisierter (elektrisch geladener) Teilchen, die sich in einem Zustand ständiger Veränderung befinden.

Die **Ionisation** erreicht ihren Höhepunkt gegen Mittag (12 Uhr) und ist kurz vor Sonnenaufgang über einem bestimmten Ort am geringsten. Während des Tages sinken die ionisierten Schichten ab und absorbieren aufgrund der hohen Ionendichte einen großen Teil der Raumwellen.

Nachts steigen die Schichten unter Verdünnung höher und sind, im Gegensatz zum Tage, scharf voneinander getrennt. Jetzt werden die auf die Ionenschichten auftreffenden Raumwellen hervorragend reflektiert – die ionisierten Schichten wirken wie ein Metallschirm – und kehren zur Erde zurück. Dadurch erhöht sich die Reichweite im Lang-, Mittel- und Kurzwellenbereich (LW, MW, KW) zum Teil beträchtlich.

Die Entfernung zwischen der Senderantenne und dem Punkt, wo die Raumwelle zum ersten Mal wieder am Erdboden auftrifft – es ist auch eine mehrfache Reflexion möglich – wird als

- **Sprungentfernung (skip distance)**

bezeichnet (siehe Bild 2.16).

Das Gebiet zwischen dem Punkt, wo die Bodenwelle durch Absorption für den Empfang zu schwach geworden ist, und dem Punkt des ersten Auftreffens der reflektierten Raumwelle wird

- **Tote Zone (skip zone)**

genannt, weil hier kein Empfang des Senders möglich ist (siehe Bild 2.16).

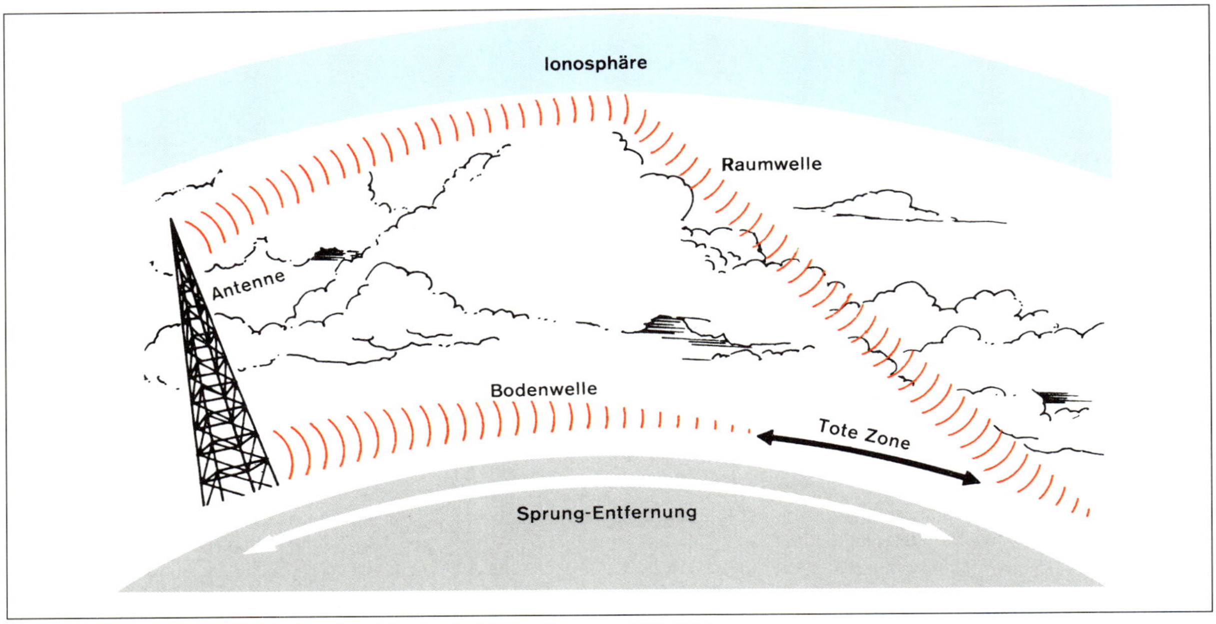

Bild 2.16 Funkwellenausbreitung – Bodenwelle und Raumwelle, Sprungentfernung und Tote Zone

Da die Höhe der Ionosphärenschichten – wie schon erwähnt – von der Tageszeit (Sonneneinstrahlung) abhängig ist, treten beachtliche Änderungen der Sprungentfernung durch **Veränderung des Reflexionswinkels** auf. Dies ist besonders während der Abenddämmerung und im Morgengrauen der Fall. In diesen Zeiträumen kann es zeitweise sogar zu einem **Schwund der Raumwelle (fading)** kommen (vgl. Abschnitt 2.4 „Mögliche Störungen beim Empfang von Funkwellen“).

2.3.2 Die wichtigsten Begriffsbestimmungen für den Bereich der Funkwellenausbreitung

- **Reflexion** ist eine **scharfe** Änderung der Ausbreitungsrichtung. Funkwellen werden an der Grenzfläche eines Mediums (z. B. Ionosphärenschicht) reflektiert und kehren zum Ausgangsmedium zurück.

  Tritt eine solche Reflexion auf, dann gilt das bekannte Gesetz: **Einfallswinkel gleich Ausfallswinkel (Reflexionswinkel)!**

Merke: Lang-, Mittel- und Kurzwellen (LW/LF, MW/MF und KW/HF) werden an den verschiedenen ionisierten Schichten der Ionosphäre reflektiert (zur Erde zurückgeworfen)!

- **Refraktion** (Brechung oder Beugung) ist eine **geringe** Änderung der Ausbreitungsrichtung. Funkwellen werden immer dann gebrochen (gebeugt), wenn sie von einem Medium in ein anderes übergehen (Land/Wasser) oder sich durch ein Medium mit verschiedener Dichte ausbreiten. Solche Brechungs- oder Beugungserscheinungen treten z. B. an Küsten beim **Übergang der Funkwellen von Land auf Wasser** oder bei der **Ausbreitung durch Luft verschiedener Dichte** auf (vgl. hierzu Abschnitt 2.4 „Mögliche Störungen beim Empfang von Funkwellen“).
- **Absorption** ist der beim Durchgang durch irgendein Medium auftretende **Energieverlust** von Funkwellen. Die Moleküle der Luft, des Wassers und des Staubes in der Atmosphäre **absorbieren die Ausstrahlungsenergie.** Sie wird aber auch von Gegenständen auf der Erdoberfläche – z. B. von Bäumen und Bauwerken – und von der Erde selbst absorbiert.

2.3.3 Ausbreitungscharakteristik und Reichweite von Lang- und Mittelwellen (LW/LF und MW/MF), Kurzwellen (KW/HF) und Ultrakurzwellen (UKW/VHF)

2.3.3.1 Lang- und Mittelwellen (LW/LF und MW/MF)

Lang- und Mittelwellen breiten sich bei ungerichteter Ausstrahlung (non-directional emission) um den Sender herum als Boden- und Raumwellen in alle Richtungen aus. Die **Bodenwelle (ground wave)** wird so lange entlang der Erdoberfläche geleitet, bis ihre Energie vollständig absorbiert ist.

Raumwellen (sky wave) von Langwellensendern (30 bis 300 kHz) werden am Tage von Ionenschichten der Ionosphäre absorbiert, während nachts ein Teil der Raumwellen zurück zur Erde reflektiert wird, der aber im Allgemeinen nicht empfangen werden kann (zu schwach).

Ähnlich verhält es sich mit den Raumwellen im Mittelwellenbereich (300 bis 3 000 kHz). Sie werden tagsüber ebenfalls von der Ionosphäre absorbiert, und man kann nur die Bodenwellen des Senders innerhalb der Reichweite empfangen. Nachts dagegen wird die Raumwelle in diesem Frequenzbereich von der Ionosphäre so stark reflektiert, dass Reichweiten von 800 bis 900 km (ca. 500 NM) erzielt werden können.

Andererseits treten dabei **durch Überlagerung von Boden- und Raumwellen beträchtliche Lautstärke-Schwankungen und -Verzerrungen** (Schwund, engl.: **fading)** – besonders in mittleren Entfernungen vom Sender – auf, die die Empfangsqualität erheblich verschlechtern (vgl. Abschnitt 2.4 „Mögliche Störungen beim Empfang von Funkwellen").

Merke: Im Flugfunkwesen werden ungerichtete Funkfeuer **(NDB** = **N**on **D**irectional **B**eacon) im Lang- und Mittelwellenbereich – in der BRD von 200 bis 526.5 kHz – betrieben, die mit dem automatischen Funkpeilgerät **(ADF** = **A**utomatic **D**irection **F**inder) angepeilt werden können!

2.3.3.2 Kurzwellen (KW/HF)

Im **Kurzwellenbereich** (3 bis 30 MHz) wird die **Bodenwelle** schon nach geringer Entfernung vom Sender so stark absorbiert, dass sie für den Funkverkehr nicht mehr ausreicht.

Hier wird **nur** die **Raumwelle**, die an den verschiedenen Schichten der Ionosphäre **(E- und F-Schichten; vgl. Band 2, Grundlagen der Flugwetterkunde, Abschnitt 2.4 „Die Thermosphäre [Ionosphäre]")** hervorragend reflektiert wird, für den Funkverkehr über größere Entfernungen ausgenutzt. Durch Mehrfach-Reflexion (Ionosphäre/Erde/Ionosphäre usw.) der Raumwellen können sich Reichweiten bis zu 20 000 km (>10 000 NM) und darüber ergeben. Charakteristisch für die Ausbreitung von Kurzwellen ist – im Gegensatz zu Lang- und Mittelwellen – eine ausgeprägte **„Tote Zone" (skip zone),** in der kein oder nur sehr schwacher Empfang möglich ist (siehe Bild 2.16). Das hat seine Ursache darin, dass die Bodenwellen eines KW-Senders nur eine sehr geringe Reichweite haben und die erste reflektierte Raumwelle erst in größerer Entfernung vom Sender zur Erde zurückkehrt.

Merke: Kurzwellen werden im Flugfunkwesen ausschließlich für den Funksprechverkehr bei Langstreckenflügen (z. B. Überseeflüge) zur Übermittlung von Standort- und Wettermeldungen verwendet!

2.3.3.3 Ultrakurzwellen (UKW/VHF) und Funkwellen höherer Frequenz (UHF/SHF)

Im **Ultrakurzwellenbereich** (30 bis 300 MHz) und den darüber liegenden Wellenbändern höherer Frequenz (UHF, SHF usw.) breiten sich die Funkwellen – ähnlich wie Lichtwellen – **fast geradlinig aus.**

Die bei Lang-, Mittel- und Kurzwellensendern immer vorhandenen Boden- und Raumwellen fehlen bei UKW/VHF-Ausstrahlungen (z. B. Flugfunksprechverkehr, UKW-Drehfunkfeuer/VOR) vollständig. Aufgrund der kurzen Wellenlänge (= hohe Frequenz) folgen Ultrakurzwellen und Wellen noch höherer Frequenz nicht mehr der gekrümmten Erdoberfläche (= keine Bodenwelle) und werden an der Ionosphäre nicht reflektiert, sondern durchdringen sie **geradlinig** und gehen im freien Raum verloren (= keine Raumwelle).

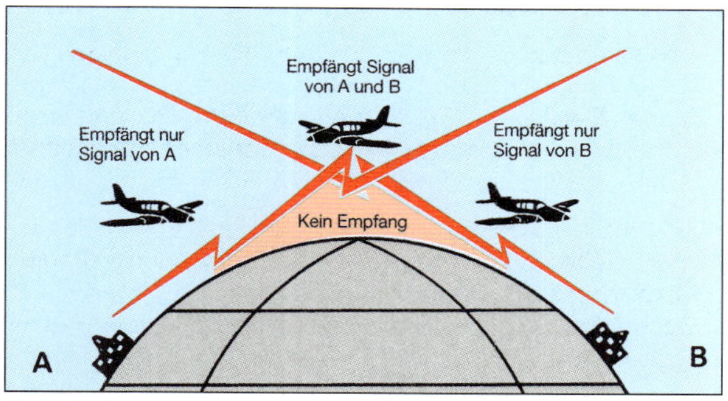

Bild 2.17 Quasi-optische Ausstrahlung (line-of-sight transmission) von UKW/VHF- und UHF-Sendern

Merke: Ultrakurzwellen und Funkwellen höherer Frequenz können nur dann empfangen werden, wenn zwischen Sender und Empfänger eine optische Sichtlinie besteht (siehe Bild 2.17)!

Solche **UKW/VHF-Ausstrahlungen** haben gegenüber den Lang-, Mittel- und Kurzwellenausstrahlungen den wesentlichen Vorteil,

- dass sie **von** unerwünschten **atmosphärischen Störungen nicht betroffen** werden! (vgl. Abschnitt 2.4 „Mögliche Störungen beim Empfang von Funkwellen")

In der Fachsprache bezeichnet man diese geradlinige Funkwellenausbreitung im UKW/VHF-Bereich und darüber (UHF usw.) als

- quasi-optische Funkwellenausbreitung (line-of-sight radio wave propagation).

Die **Reichweite** von **quasi-optischen Ausstrahlungen** – wie

COM = Funksprechverkehr von 118.000 bis 136.975 MHz,
NAV = UKW-Drehfunkfeuer (VOR) von 108 bis 117.975 MHz,
ILS = Instrumentenlandesystem von 108 bis 111.975 MHz,

DME, RADAR usw. –

ist nicht nur von der **Sendeleistung** (power output) des Senders, sondern wegen der **gekrümmten Erdoberfläche** (Kugel) vor allem

- **von der Position des Empfängers** (Flugzeug) in Bezug auf den Sender (Bodenanlage) – also von der **Flughöhe – abhängig** (siehe Bilder 2.17 und 2.18)!

Die sich aus der **Ausstrahlungscharakteristik** ergebende

- **quasi-optische Reichweite** (line-of-sight range)

von UKW/VHF- und UHF-Sendern wird gemäß ICAO-Anhang 10 („Aeronautical Telecommunication"), Band 1, nach folgender **Formel** berechnet:

Reichweite (NM) = 1,23 x $\sqrt{\text{Flughöhe (ft)}}$

Beispiel: Flughöhe 1 000 ft GND
Reichweite (NM) = 1,23 x $\sqrt{1\,000}$
= 1,23 x 31,62
= ~39 NM

Die folgende Tabelle zeigt – nach obiger Formel – das Verhältnis zwischen Flughöhe über Grund und UKW/VHF-Reichweite.

Flughöhe in ft GND	Ungefähre Reichweite in NM	Flughöhe in ft GND	Ungefähre Reichweite in NM
500 ft	27 NM	4 000 ft	78 NM
1 000 ft	39 NM	5 000 ft	87 NM
2 000 ft	55 NM	10 000 ft	123 NM
3 000 ft	67 NM	15 000 ft	150 NM

Diese Reichweiten kann man natürlich nur über flachem Grund ohne Hindernisse (z. B. Gebirgszüge) erzielen. Besteht zwischen Sender (z. B. UKW-Drehfunkfeuer/VOR) und Empfänger (Flugzeug) – abgesehen von der Reichweitenbegrenzung durch die gekrümmte Erdoberfläche – keine Hindernisfreiheit (z. B. ein Gebirgszug zwischen Flugzeug und Bodensender), so ist bei **zu niedriger Flughöhe kein Empfang möglich** (siehe Bild 2.18).

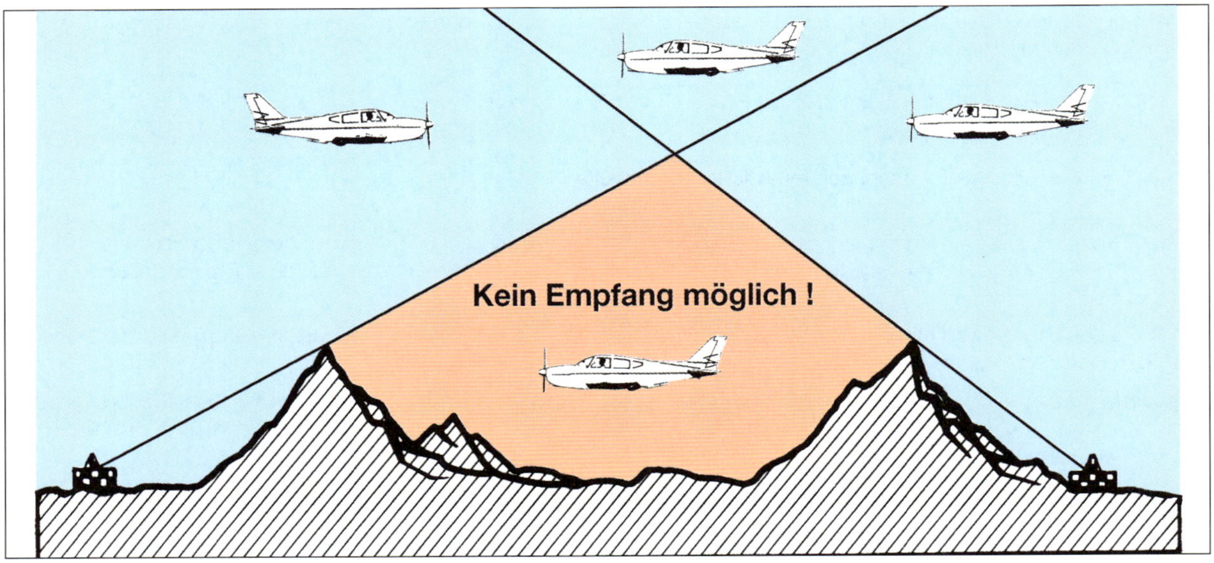

Bild 2.18 Empfangsbeeinträchtigung durch Hindernisse zwischen Empfänger und Sender

Merke: Niedrige Flughöhen verursachen häufig – insbesondere bei größerer Entfernung von der Bodenstation – Empfangsschwierigkeiten, weil die Station „unter dem Horizont" liegt!

Auch Berge oder Gebirgszüge zwischen dem Flugzeug und der Bodenstation können den Empfang von UKW/VHF- und UHF-Ausstrahlungen unmöglich machen!

2.4 Mögliche Störungen beim Empfang von Funkwellen (LW/LF, MW/MF und KW/HF)

Der gute Empfang von Funkwellen im Lang-, Mittel- und Kurzwellenbereich hängt auch von günstigen atmosphärischen Bedingungen ab. Vor allem nachts und während der Abend- und Morgendämmerung treten in der Atmosphäre Bedingungen auf, die den Empfang von Funkwellen im Lang- und Mittelwellenbereich stark beeinträchtigen oder sogar unmöglich machen können.

Merke: Unser automatisches Funkpeilgerät **(ADF** = **A**utomatic **D**irection **F**inder; vgl. Kapitel 3!) und die ungerichteten Funkfeuer **(NDB** = **N**on **D**irectional **B**eacon) arbeiten im LW/LF- und MW/MF-Bereich!

Es handelt sich bei den von atmosphärischen Bedingungen hervorgerufenen Störungen um folgende Erscheinungen:

- **Dämmerungs- und Nachteffekt** mit Schwunderscheinungen (twilight and night effect with fading) – **vgl. Abschnitt 2.4.1!**
- **Atmosphärische Störungen** durch elektrische Entladung in der Atmosphäre und statische Auf- oder Entladung des Flugzeugs (atmospheric static and precipitation static interference) – **vgl. Abschnitt 2.4.2!**

Andere Störungen werden im Lang- und Mittelwellenbereich (LW/LF und MW/MF) durch den Einfluss der Erdoberfläche (verschiedene elektrische Leitfähigkeit) verursacht.

Geländebedingt können folgende Störungen (Fehler) auftreten:

- **Wegablenkung durch Richtungsänderung** der sich ausbreitenden Funkwellen im gebirgigen Gelände **(mountain effect)** – **vgl. Abschnitt 2.4.3!**
- **Küstenbrechung** beim Übergang der Funkwellen von Land- auf Wasserflächen (shoreline effect) – **vgl. Abschnitt 2.4.4!**

Merke: Die erwähnten Erscheinungen – sowohl atmosphärischer als auch geländebedingter Art – können die Navigation mit dem automatischen Funkpeilgerät (ADF, vgl. Kapitel 3) durch ungenaue oder falsche Peilanzeigen sehr erschweren oder unmöglich machen!

2.4.1 Dämmerungs- und Nachteffekt mit Schwunderscheinungen (Fading)

Während der Nacht und im Dämmerungszeitraum am Abend und im Morgengrauen können am Empfangsort LW/MW-Funkwellen vom Sender eintreffen, die auf verschiedenen Wegen dorthin gelangen und sich überlagern. Solche **Überlagerungen** sind zwischen

- **Bodenwelle** und reflektierter bzw. gebrochener **Bodenwelle**,
- **Bodenwelle** und einfach reflektierter **Raumwelle,**
- **Bodenwelle** und mehrfach reflektierter **Raumwelle**

möglich. Sie verursachen beim ADF unruhige und somit ungenaue Peilanzeigen. Bei ungünstigsten Verhältnissen kann der Empfang völlig schwinden (fading), oder die Sendung kommt stark verzerrt an (siehe Bild 2.19 – „Empfangsschwund oder Verzerrung").

Die **Reflexion** von LW/MW-Raumwellen an der Ionosphäre während der **Nacht** und der **Dämmerung** ist von der Höhe und Dichte der ionisierten Schichten abhängig.

Tagsüber werden die Raumwellen im LW/MW-Bereich fast vollständig von der Ionosphäre **absorbiert** und verursachen deshalb **keine Empfangsschwierigkeiten.** Zur Zeit des **Sonnenaufgangs** und des **Sonnenuntergangs** unterliegen die verschiedenen Schichten der Ionosphäre besonders starken höhen- und dichtemäßigen Schwankungen.

- Deshalb sind Peilungen mit dem automatischen Funkpeilgerät (ADF) während dieser Zeit – der Morgen- und Abenddämmerung – nur mit größter Vorsicht navigatorisch anzuwenden!

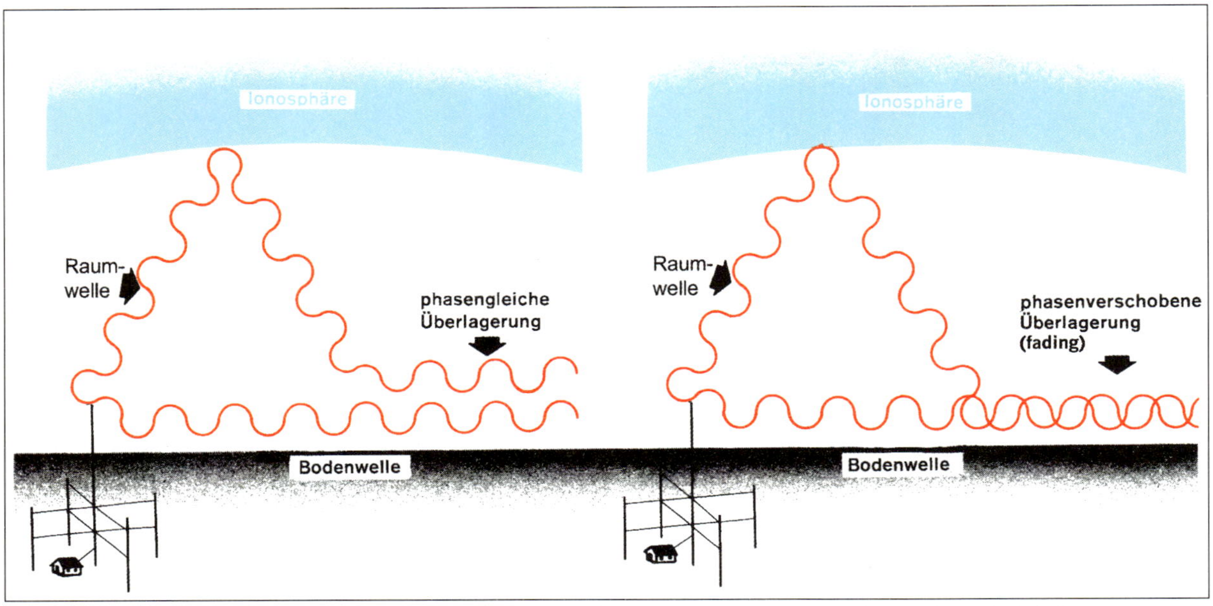

Bild 2.19 Empfangsschwund oder Verzerrung (fading) durch phasenverschobene Überlagerung von Bodenwelle und reflektierter Raumwelle (rechts)

Diese Erscheinungen schwächen sich nach Eintritt der Nacht etwas ab, halten aber bis zum Morgen an; sie sind über Landflächen ausgeprägter anzutreffen als über Wasserflächen. Unmodulierte Trägerwellen (NON-Ausstrahlungen) werden von den Dämmerungs- und Nachtstörungen nicht so stark beeinflusst wie tonmodulierte Trägerwellen (A 2 A-Ausstrahlungen).

Merke: Man kann die durch den Dämmerungs- und Nachteffekt hervorgerufenen Peilfehler des ADF auf ein Minimum beschränken, indem man

1. größere Höhen aufsucht,
2. nur ungerichtete Funkfeuer (NDB) im Lang- und im unteren Mittelwellenbereich (bis ca. 350 KHz) verwendet,
3. das Mittel der schwankenden Peilanzeige für navigatorische Zwecke heranzieht!

Weiterhin ist es empfehlenswert, nur nahe gelegene Funkfeuer (NDB) im Bereich von 20 bis 30 NM um den Standort des Flugzeugs anzupeilen, da in der Nähe des Senders noch keine reflektierte Raumwelle anzutreffen ist.

2.4.2 Atmosphärische Störungen durch elektrische Entladungen in der Atmosphäre (Atmospheric Statics) und Störungen durch statische Auf- oder Entladung des Flugzeugs (Precipitation Statics)

2.4.2.1 Atmosphärische Störungen durch elektrische Entladungen in der Atmosphäre (Atmospheric Static Interference)

Lang- und Mittelwellen (LW/LF und MW/MF) unterliegen in einem besonders hohen Maße atmosphärischen Störungen, die durch elektrische Entladungen in der Atmosphäre hervorgerufen werden. Solche Störungen treten fast ausschließlich in feuchten Luftmassen innerhalb der Troposphäre auf, die sich durch Auf- und Abwärtsbewegungen labiler Luft (Reibung) elektrisch aufgeladen haben und dann wieder entladen (z. B. Gewitterwolken; Cb = Cumulonimbus).

Grundsätzlich sind diese elektrischen Auf- und Entladungsvorgänge in allen Wolkenarten mit vertikaler Entwicklung (Cumulus-Familie) anzutreffen. Sie erreichen aber erst in voll ausgereiften Gewitterwolken (Cb) einen nicht zu übertreffenden Höhepunkt, der durch Blitze – einer Entladung hohen Ausmaßes zwischen verschieden aufgeladenen Wolken oder zwischen einer Wolke und der Erde – angezeigt wird.

Diese gewaltigen Entladungen mit hoher Spannung (bis zu mehreren 100 000 Volt) und hoher Stromstärke (ca. 100 000 Ampere) **zerstreuen und verzerren Funkwellen,** die mit ihnen in Berührung kommen. Daraus resultieren erhebliche Empfangsstörungen im Lang-, Mittel- und Kurzwellenbereich, während die darüber liegenden Wellenbänder höherer Frequenz (UKW/VHF, UHF usw.) nicht oder nur sehr gering gestört werden.

Merke: Atmosphärische Störungen durch elektrische Entladungen – speziell bei Gewittern! – machen sich beim automatischen Funkpeilgerät (ADF) durch sehr unruhige, stark schwankende Peilanzeigen bemerkbar, die so groß sein können, dass sie für navigatorische Zwecke nicht mehr zu verwenden sind!

Häufig zeigt die ADF-Nadel in der Nähe von Gewitterherden nicht zum eingewählten Funkfeuer (NDB) hin, sondern richtet sich zum Ort der Entladung aus.

2.4.2.2 Störungen durch statische Auf- und Entladung des Flugzeugs (Precipitation Static Interference)

Ein Flugzeug kann sich während des Fluges durch Reibung an elektrisch geladenen Regentropfen, Staub- oder Luftteilchen und beim Durchflug von Quellwolken (Cb) mit statischer Elektrizität aufladen, die sich vor allem an den Tragflächenenden und am Leitwerk wieder entlädt. Durch diese Entladungen wird der Empfang von Funkwellen im Lang- und Mittelwellenbereich (Arbeitsbereich des ADF) in ähnlicher Weise gestört, wie es bei atmosphärischen Störungen (vgl. Abschnitt 2.4.2.1) der Fall ist.

Merke: Um solche Störungen der ADF-Anzeige durch statische Auf- oder Entladungen des Flugzeugs zu verringern, hat man zur schnellen und kontrollierten Entladung an den Tragflächen und Leitwerksenden so genannte „Entlader“ (static dischargers) angebracht!

Sie bestehen aus einem biegsamen Material mit hohem elektrischen Widerstand. Die Enden dieser statischen Entlader sind mit Metallnadeln versehen.

2.4.3 Wegablenkung durch Richtungsänderung der sich ausbreitenden Funkwellen im Bergland (Mountain Effect)

Treffen die Bodenwellen eines Lang- oder Mittelwellensenders – z. B. NDB = ungerichtetes Funkfeuer – auf ihrem Weg vom Sender zum Empfänger (ADF) auf gebirgiges Gelände, so können sie gebrochen, reflektiert oder absorbiert werden.

Merke: ADF-Peilungen von Funkfeuern (NDB), die hinter einer Bergkette liegen, sind navigatorisch nur mit größter Vorsicht zu verwenden!

Man kann den durch die Geländeform verursachten Anzeigefehlern des ADF dadurch entgehen, indem man größere Flughöhen aufsucht. In genügender Höhe sind die Teile der Bodenwelle zu empfangen, die nicht vom Gelände beeinflusst werden.

2.4.4 Küstenbrechung beim Übergang von Funkwellen von Land auf Wasser (Shoreline Effect)

Beim Übergang von Bodenwellen im Lang- und Mittelwellenbereich (NDB) werden diese zur Küste hin gebrochen (Refraktion). Die Brechung erfolgt aufgrund der unterschiedlichen elektrischen Leitfähigkeit der Medien Land und Wasser.

Will man bei Flügen über Wasser ein Funkfeuer (NDB) an Land mit dem automatischen Funkpeilgerät (ADF) anpeilen, so treten aufgrund der Küstenbrechung der Bodenwelle **Peilfehler** auf, die umso größer werden, je spitzer der Winkel zwischen der Linie Flugzeug/Funkfeuer und der Küstenlinie ist (Bild 2.20).

Merke: ADF-Peilungen sind nur innerhalb des in Bild 2.20 dargestellten 60°-Sektors (30° zu jeder Seite im rechten Winkel zur Küstenlinie) als navigatorisch zuverlässig zu betrachten!

Die Peilfehler verringern sich bei der Verwendung von Funkfeuern, die direkt an der Küste stehen.

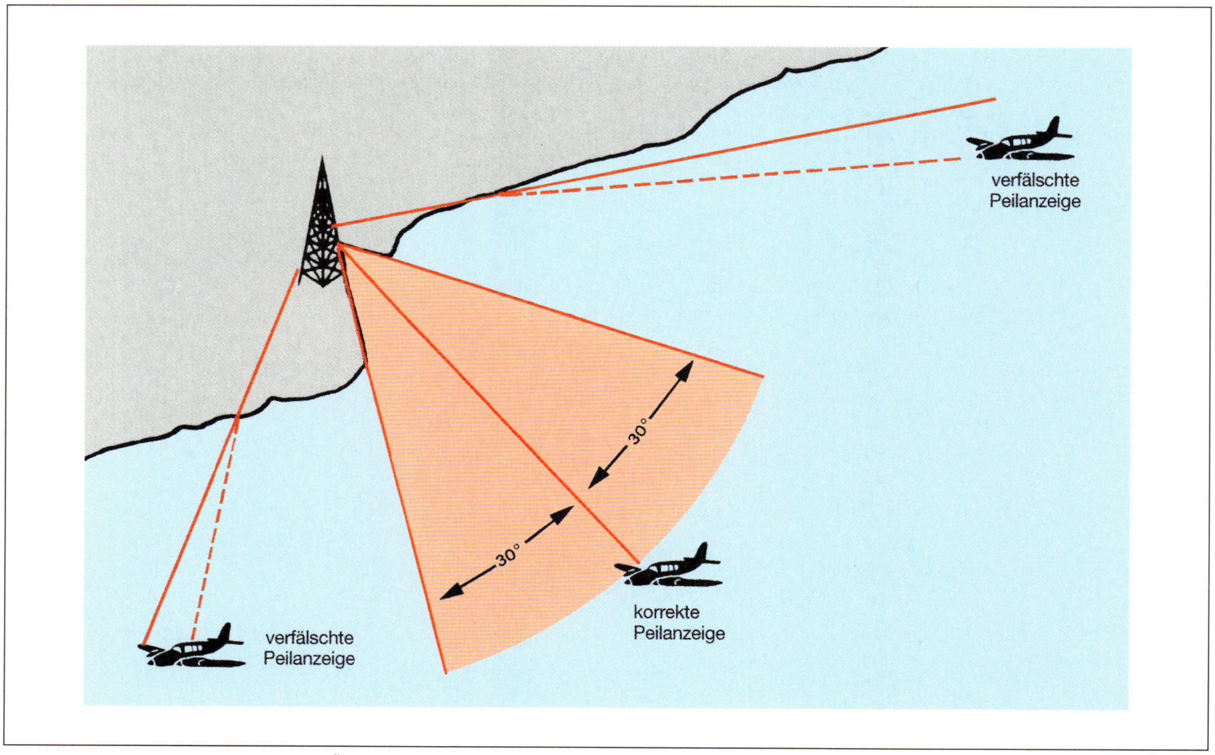

Bild 2.20 Küstenbrechung (Refraktion) beim Übergang der Funkwelle von Land auf Wasser

3 Ungerichtete Funkfeuer (NDB) und das automatische Funkpeilgerät (ADF)

3.1 Das ungerichtete Funkfeuer (Non Directional Beacon = NDB)

In der Bundesrepublik Deutschland werden zurzeit ca. **115** ungerichtete Funkfeuer (NDB) im Lang- und Mittelwellenbereich für die Navigation mit dem automatischen Funkpeilgerät **(A**utomatic **D**irection **F**inder = **ADF)** betrieben.

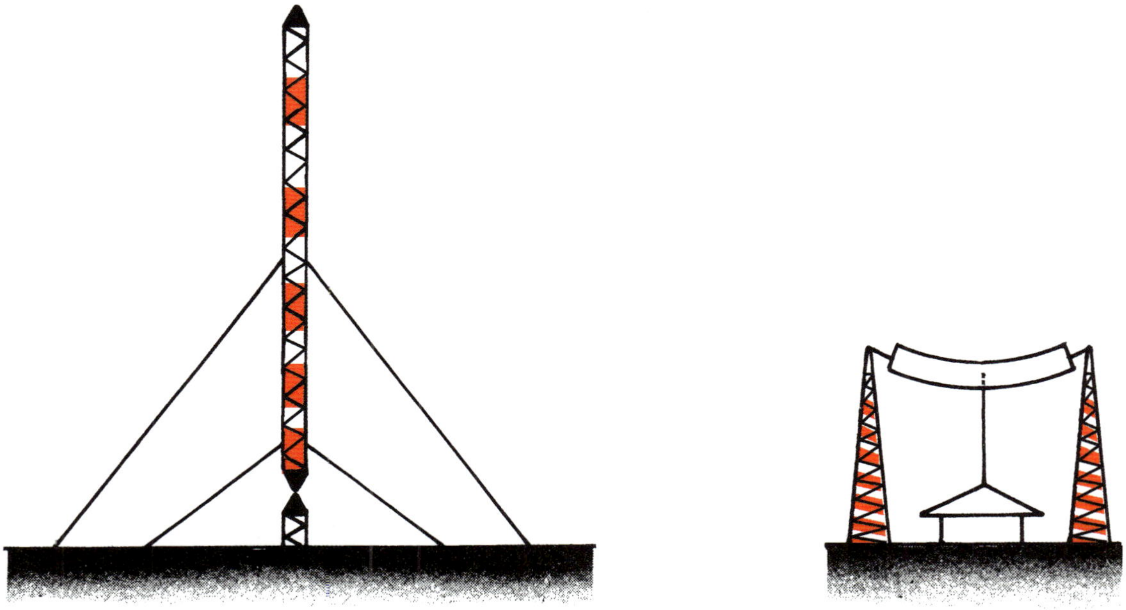

Bild 3.1 Ungerichtetes Funkfeuer (NDB) mit Sendemast (a) und T-Antenne (b)

Grundsätzlich können wir mit dem **automatischen Funkpeilgerät (ADF)** sowohl die **ungerichteten Funkfeuer (NDB)** als auch jeden **Rundfunksender** (broadcasting station) im **Lang- und Mittelwellenbereich (LF/LW** und **MF/MW)**

- **von 190 bis 1 750 kHz**

empfangen und **anpeilen** (vgl. Abschnitt 3.2).

Unsere speziell für die Flugfunknavigation (radio navigation) errichteten **NDBs** strahlen – wie die Rundfunksender im Lang- und Mittelwellenbereich (LF/MF) – ein **ungerichtetes elektromagnetisches Feld** um die Sendeantenne **(Arten, siehe Bild 3.1)** herum **in alle Richtungen** aus. Die Sendeleistung und die Frequenz bestimmen die Reichweite des NDBs.

Je nach Verwendungszweck und Reichweite müssen wir bei den ungerichteten Funkfeuern (NDB) zwischen

- **Streckenfunkfeuern (NDB)** mit Reichweiten bis zu **100 NM** für die Streckennavigation auf Flugverkehrsstrecken (ATS routes)

und so genannten

- **Anflugfunkfeuern (L**ocator beacon = **L)** mit Reichweiten bis zu **25 NM** in Verbindung mit ILS-Anlagen oder für ADF/NDB-Anflüge

unterscheiden.

3.1.1 Verwendungszwecke von ungerichteten Funkfeuern (NDB)

Ungerichtete Funkfeuer (NDB) sind sehr vielfältig einsetzbare Funknavigationsanlagen. Sie werden hauptsächlich für **folgende Zwecke** auf Flugverkehrsstrecken (ATS routes) und in Nahverkehrsbereichen (TMAs) verwendet:

- für die **Streckennavigation** (enroute navigation) auf Flugverkehrsstrecken,
- zur **Markierung von Pflichtmeldepunkten** (compulsory reporting point) auf Flugverkehrsstrecken,
- als **Wartefunkfeuer** (holding beacon) auf Flugverkehrsstrecken und in Nahverkehrsbereichen,
- für **Zielflugverfahren** (homing) zum Funkfeuer hin (vgl. Abschnitt 3.2.5.3 „Das Zielflugverfahren [Homing] mit dem automatischen Funkpeilgerät [ADF]"),
- für **Kursflüge** (tracking) zum Funkfeuer hin oder vom Funkfeuer weg (Senderan- und -abflug; vgl. Abschnitt 3.2.5.5 „Das Kursflugverfahren [Tracking] mit dem automatischen Funkpeilgerät [ADF]"),
- für die **Standortbestimmung** (position fixing),
- als **Anflugfunkfeuer (L**ocator beacon = **L)** in Nahverkehrsbereichen in Verbindung mit **ILS-Anlagen** oder für **ADF/NDB-Anflüge.**

3.1.2 Die Bestandteile einer NDB-Bodenanlage

Die Sendeanlage eines ungerichteten Funkfeuers **(NDB)** besteht aus folgenden Teilen:

- **Lang- oder Mittelwellensender** (LF/MF Transmitter);
- **Antennenanlage**, die entweder aus einem Sendemast oder einer T-Antenne besteht (siehe Bild 3.1);
- **Überwachungsanlage** (Monitor).

Alle NDB-Anlagen der DFS Deutschen Flugsicherung sind so genannte **„Doppelanlagen",** die bei Ausfall des in Betrieb befindlichen Senders sofort auf den Reservesender umschalten.

Die **Überwachungsanlage** (Monitor) zeigt den Flugsicherungs-Technikern an, ob das NDB ordnungsgemäß arbeitet. Im Überwachungsraum für die flugsicherungstechnischen Anlagen erfolgt bei Abfall der ausgestrahlten Leistung um mehr als 50 % oder bei Ausfall der Kennungsausstrahlung (identification signal) eine optische und akustische Warnung.

3.1.3 Frequenzbereich der ungerichteten Funkfeuer (NDB)

Nach ICAO-Anhang 10 (Annex 10), Band 1, sollen ungerichtete Funkfeuer (NDB) im Frequenzbereich zwischen 190 und 1 750 kHz – also im Lang- und Mittelwellenbereich (LF/LW und MF/MW) – betrieben werden.

Der von der ICAO vorgeschriebene Frequenzbereich kann jedoch nicht überall ausgenutzt werden, da viele MF/MW-Rundfunksender – vor allem in Europa – von ca. 530 bis 1 650 kHz ihre Programme in den Äther abstrahlen und deshalb NDB-Ausstrahlungen in diesem Bereich stören würden. Aus diesem Grunde arbeiten

- **alle ungerichteten Funkfeuer (NDB) in der Bundesrepublik Deutschland im Lang- und Mittelwellenbereich zwischen 200 ... 526.5 kHz!**

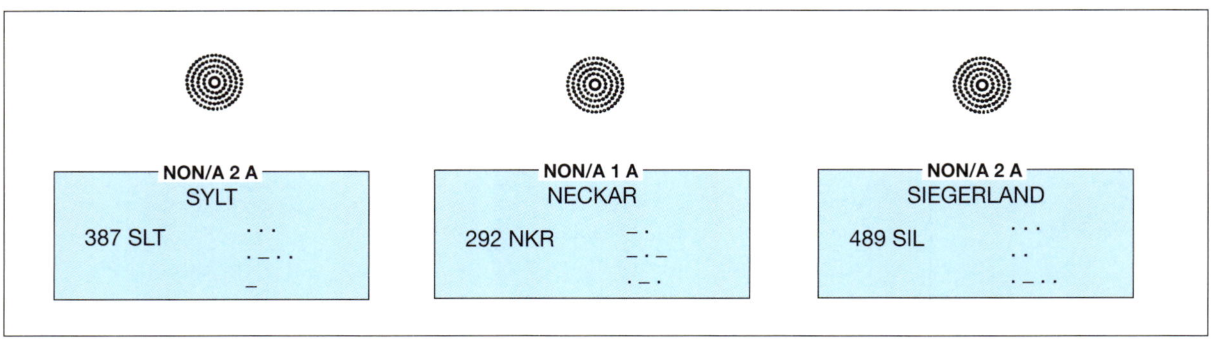

Bild 3.2 Beispiele für Frequenzangaben von ungerichteten Funkfeuern (NDB) mit Sendeart (vgl. Abschnitt 3.1.4) und Kennung (vgl. Abschnitt 3.1.5) – **Nur für Übungszwecke!**

Anmerkung: Auch **Rundfunksender im Lang- und Mittelwellenbereich** können mit dem automatischen Funkpeilgerät **(ADF)** angepeilt werden, soweit sie im Empfangsbereich des ADF **(190 bis 1750 kHz)** arbeiten. Dabei ist jedoch größte Vorsicht geboten, da **mehrere Sender mit unterschiedlichen Standorten** (so genannte Senderketten) auf der gleichen Frequenz arbeiten können! Die Benutzung von Rundfunksendern (LF/LW und MF/MW) für die ADF-Navigation setzt eine genaue Kenntnis des Sender-Standortes und der Sendezeiten voraus!

In manchen Ländern – z.B. Belgien und Luxemburg – sind die im ADF-Frequenzbereich (190 bis 1750 kHz) arbeitenden Rundfunkstationen **(Broadcasting Station = BS)** im Luftfahrthandbuch (AIP) veröffentlicht. Das sieht für Belgien und Luxemburg so aus:

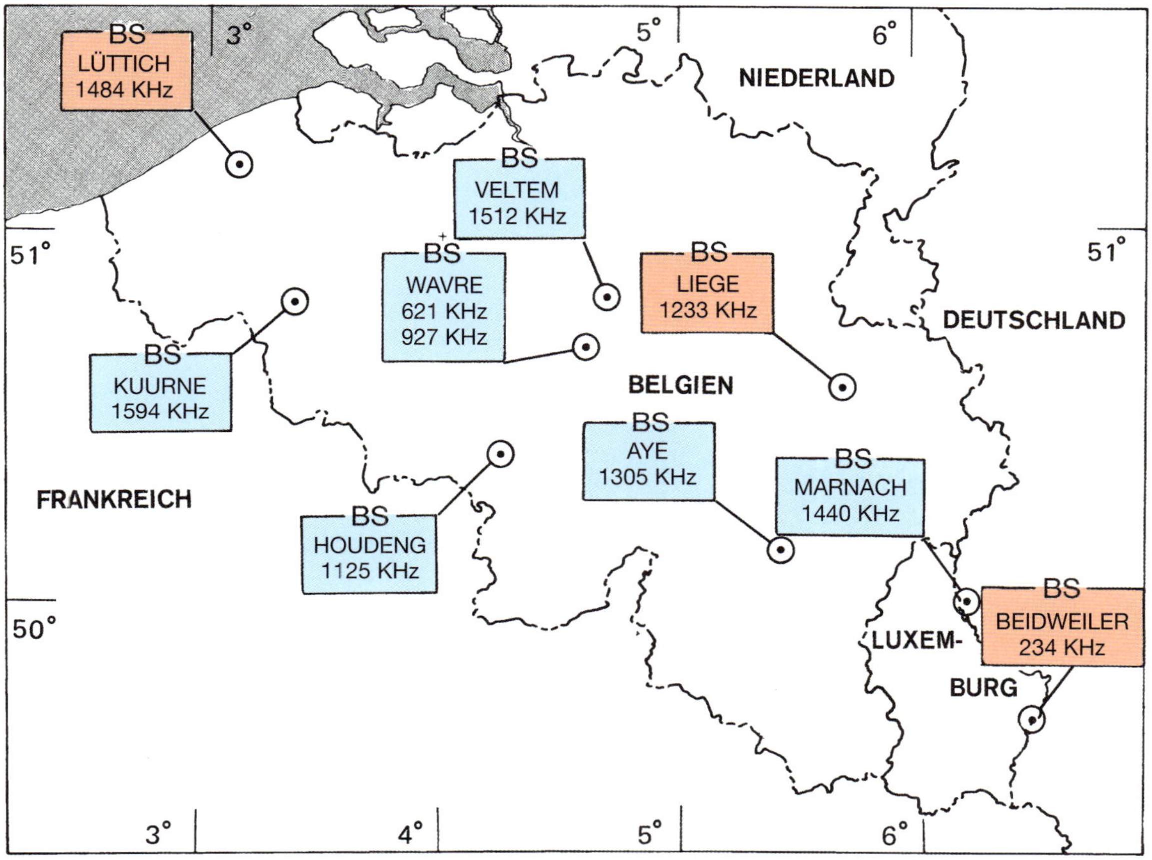

Bild 3.3 Rundfunksender (**BS** = **B**roadcasting **S**tation) im ADF-Frequenzbereich für Belgien und Luxemburg

3.1.4 Sendearten der ungerichteten Funkfeuer (NDB)

Ungerichtete Funkfeuer (**NDB**) können mit folgenden drei Sende- und Betriebsarten (type of emission) betrieben werden:

Sendeart	Bedeutung
NON/A 1 A (A 0/A 1)	**Unmodulierte Trägerwelle,** die für die Kennung (vgl. Abschnitt 3.1.5) im Morse-Code unterbrochen wird (tonlose Telegraphie).
NON/A 2 A (A 0/A 2)	**Unmodulierte Trägerwelle mit tonmodulierter Kennungsausstrahlung** (Tastung einer hörbaren Modulationsfrequenz im Morse-Code).
A 2 A (A 2)	**Tonmodulierte Trägerwelle,** die für die Kennung im Morse-Code unterbrochen (getastet) wird.

Die **Modulationsfrequenz** des aufmodulierten **Tonsignals** beträgt bei allen NON/A 2 A- und A 2 A-NDB-Anlagen **1 020 Hz**.

Merke: Die Ausstrahlung von **NON/A 1 A-Stationen** ist nicht hörbar! Um die Kennung solcher Stationen hörbar zu machen, muss der Betriebsartenwählschalter des automatischen Funkpeilgerätes (ADF; vgl. Abschnitt 3.2.3) auf die Stellung **BFO** (engl.: **B**eat **F**requency **O**scillator; deutsch: A 1-Überlagerer) – oder bei manchen Geräten auf **CW (c**arrier **w**ave) – geschaltet werden (vgl. Abschnitt 2.2 „Modulations- und Betriebsarten")!

3.1.5 Die Kennung von ungerichteten Funkfeuern (NDB)

Jedes ungerichtete Funkfeuer strahlt eine **Kennung** (identification) aus, die aus zwei oder drei Buchstaben im Morse-Code besteht.

Fast alle Anflugfunkfeuer Locator beacon = **L:** Locator, **O**uter = **LO**
Locator, **M**iddle = **LM**

haben eine

- **2-Buchstaben-Kennung (two-letter-identification),**

während den meisten Streckenfunkfeuern (NDB) vorwiegend eine

- **3-Buchstaben-Kennung (three-letter-identification)**

zugeteilt ist.

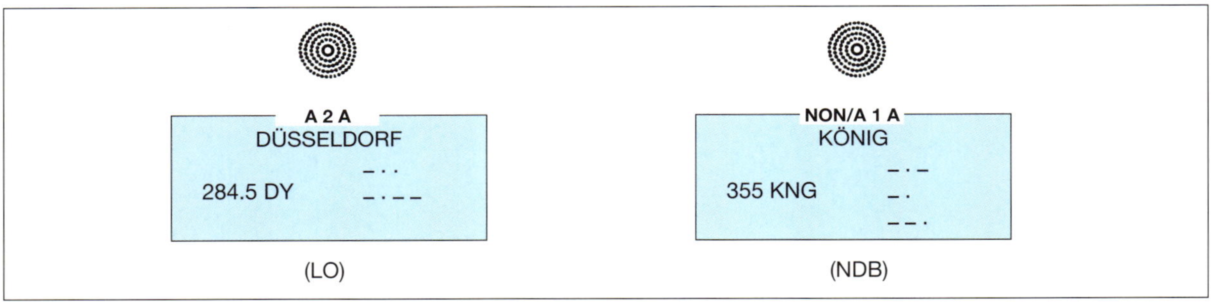

Bild 3.4 Kennung (identification) von ungerichteten Funkfeuern (LO/NDB) – Beispiele – **Nur für Übungszwecke!**

3.1.6 Reichweiten der ungerichteten Funkfeuer (NDB)

Die **Reichweite** von ungerichteten Funkfeuern ist von **drei Faktoren** abhängig:

1. **Sendeleistung** (ca. 10 bis 200 W),
2. **Frequenz** des Senders,
3. **atmosphärische Ausbreitungsbedingungen.**

Für jedes einzelne ungerichtete Funkfeuer **(NDB)** ist im Luftfahrthandbuch (AIP), AD und ENR-Teil, die **festgelegte Betriebsüberdeckung/Reichweite** angegeben (vgl. AIP, ENR 4). Die Funkfeuer sind nur innerhalb der dort angegebenen Betriebsüberdeckung/Betriebsreichweiten mit ausreichender Genauigkeit funknavigatorisch benutzbar.

Warnung: Die Benutzung der Funkfeuer außerhalb der im Luftfahrthandbuch (AIP, ENR) angegebenen Reichweiten und Betriebsüberdeckung kann gefährliche Navigationsfehler zur Folge haben!

Streckenfunkfeuer (NDB) haben im Allgemeinen **Reichweiten**

- zwischen 25 und 100 NM (vgl. AIP, ENR 4),

während die **Anflugfunkfeuer (L = Locator beacon)** mit geringerer Sendeleistung – meist im Endanflug von Instrumentenlandebahnen aufgestellt – maximale **Reichweiten**

- von 15 bis 25 NM (vgl. AIP, AD und ENR 4)

aufweisen. Sind solche Anflugfunkfeuer in Verbindung mit einer **ILS-Anlage (ILS** = **I**nstrument **L**anding **S**ystem) im Endanflug einer Instrumentenlandebahn installiert, so heißt das Funkfeuer am ILS-Voreinflugzeichen **(O**uter **M**arker = **OM)**

- **L**ocator, **O**uter = **LO**

und das Funkfeuer am ILS-Haupteinflugzeichen **(M**iddle **M**arker = **MM)** – nicht überall installiert –

- **L**ocator, **M**iddle = **LM.**

3.2 Das automatische Funkpeilgerät (ADF) mit Navigationsverfahren

3.2.1 Allgemeines und Arbeitsprinzip des ADF

Das **automatische Funkpeilgerät (A**utomatic **D**irection **F**inder = **ADF)** – oft auch **Radio-** oder **Funkkompass** (radio compass) genannt – ist ein Funkempfangsgerät im **Lang-** und **Mittelwellenbereich** (LF/LW und MF/MW) an Bord des Flugzeugs, das mit Hilfe einer **drehbaren Rahmenantenne** (loop antenna) **Richtungsbestimmungen** (Peilungen) **bezogen auf die Flugzeuglängsachse**

- **VOM Flugzeug ZUM eingewählten Sender (NDB)**

ermöglicht.

Der **Hauptwert** des ADF liegt in seiner **Fähigkeit,** kontinuierlich und automatisch die **Richtung ZU** jedem eingewählten LW- oder MW-Sender **(NDB** oder **Rundfunksender)** innerhalb des Empfangsbereichs **zu bestimmen** und auf einem Anzeigegerät **anzuzeigen.** Die auf diese Art gewonnenen **Peilungen** (bearing) können vom Flugzeugführer navigatorisch für

- **Zielflüge** (homing) **ZUM** Sender **(NDB) HIN** (Senderanflug),
- **Kursflüge** (tracking) **ZUM** Sender **HIN** oder **VOM** Sender **WEG** (Senderanflug/Senderabflug) und für
- **Standortbestimmungen** (position fixing)

verwendet werden (vgl. Abschnitt 3.2.5 „Navigation mit dem ADF").

Die **Arbeitsweise des ADF** beruht im Wesentlichen auf den Empfangseigenschaften einer so genannten **Rahmenantenne (loop antenna)** mit der Richtungscharakteristik einer Acht **(„Doppelkreis" – siehe Bilder 3.6 und 3.8).**

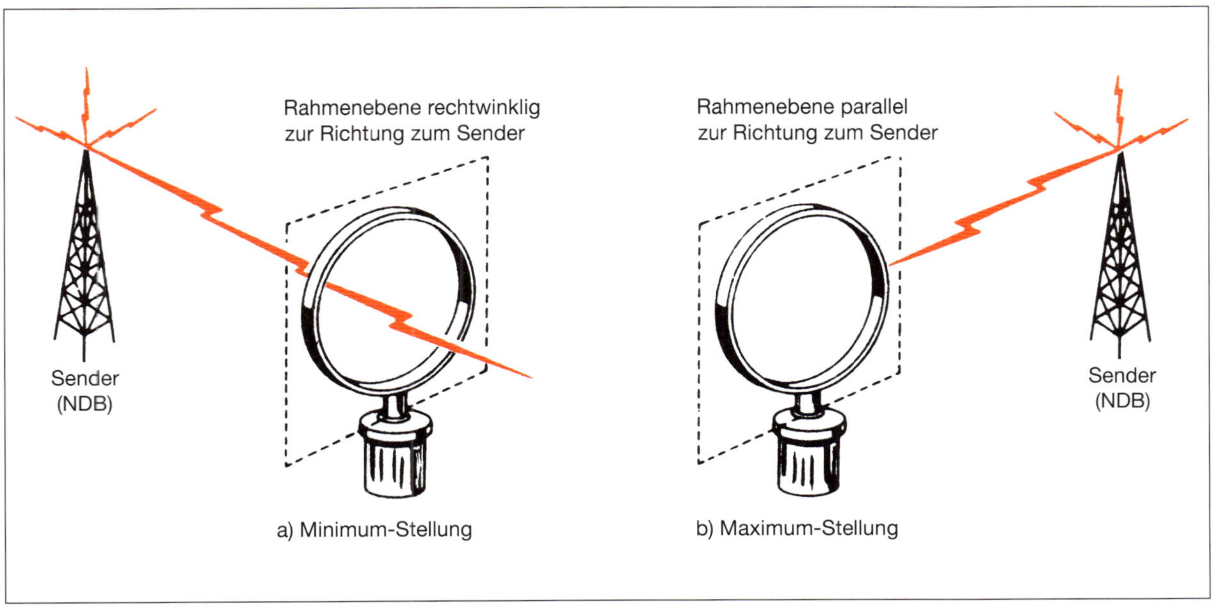

Bild 3.5 Die Stärke des empfangenen Signals erreicht ein absolutes **Minimum,** wenn die Rahmenebene rechtwinklig zur Sender-Richtung steht.

Das vom Sender ausgehende elektromagnetische Feld **induziert in der Rahmenantenne** (Drahtschleife oder Drahtspule) eine von der Stellung des Rahmens zum Sender hin abhängige **Spannung.** Die induzierte Spannung erreicht ihren Höchstwert **(Maximum),** wenn Rahmenebene und Richtung zum Sender zusammenfallen (Bild 3.5.b). Diese Stellung der Rahmenantenne garantiert den **besten Empfang.**

Dreht man die Rahmenantenne nun langsam so lange, bis die **Rahmenebene** genau **rechtwinklig** zur Richtung zum Sender steht (Bild 3.5.a), dann verringert sich die Spannung in der Rahmenantenne immer mehr und erreicht in der erwähnten Stellung (Bild 3.5.a) den Wert Null **(Minimum).**

Diese **Minimum-Stellung** der Rahmenantenne (loop antenna) **wird zur Richtungsbestimmung** zum Sender **verwendet,** weil das **Empfangs-Minimum** genauer bestimmt werden kann als das Maximum. Eine 25°-Drehung der Rahmenantenne von der Maximumstellung weg ändert die Stärke des empfangenen Signals um weniger als 10 %, während eine 25°-Drehung der Antenne von der **Minimum-Stellung** aus die Stärke des Signals um 50 % verändert (siehe Bild 3.6).

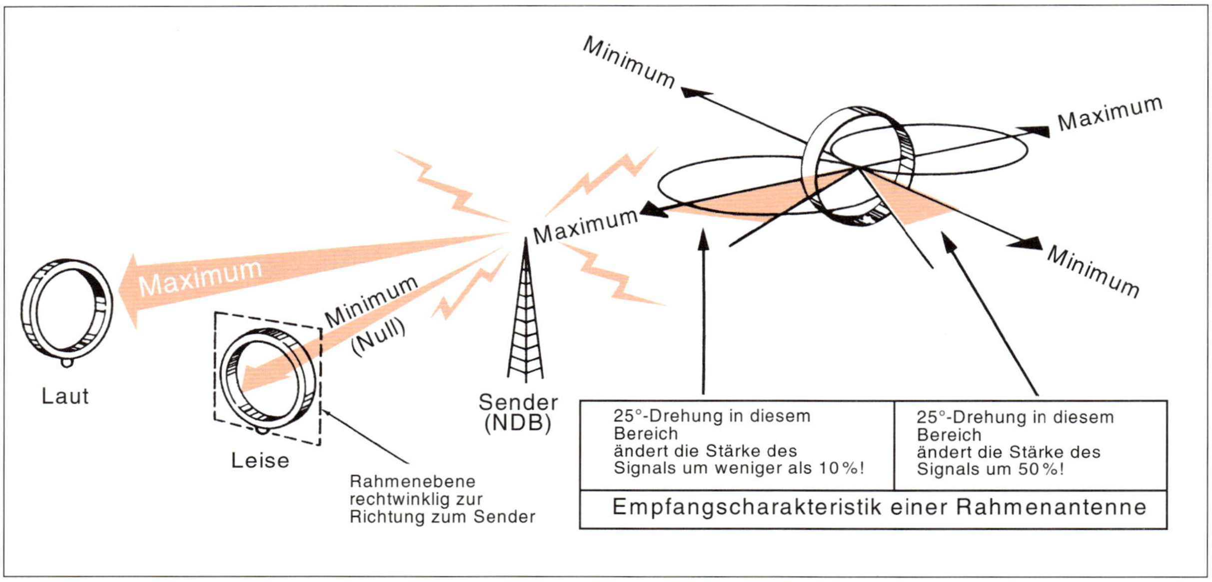

Bild 3.6 Das **Minimum** lässt sich genauer bestimmen!

Befindet sich nun die Rahmenantenne in der **Minimum-Stellung,** dann wissen wir zwar genau, dass der gepeilte Sender **(NDB)** auf einer Linie empfangen wird, die rechtwinklig zur Rahmenebene verläuft, aber **auf welcher Seite** des Rahmens **liegt der Sender?**

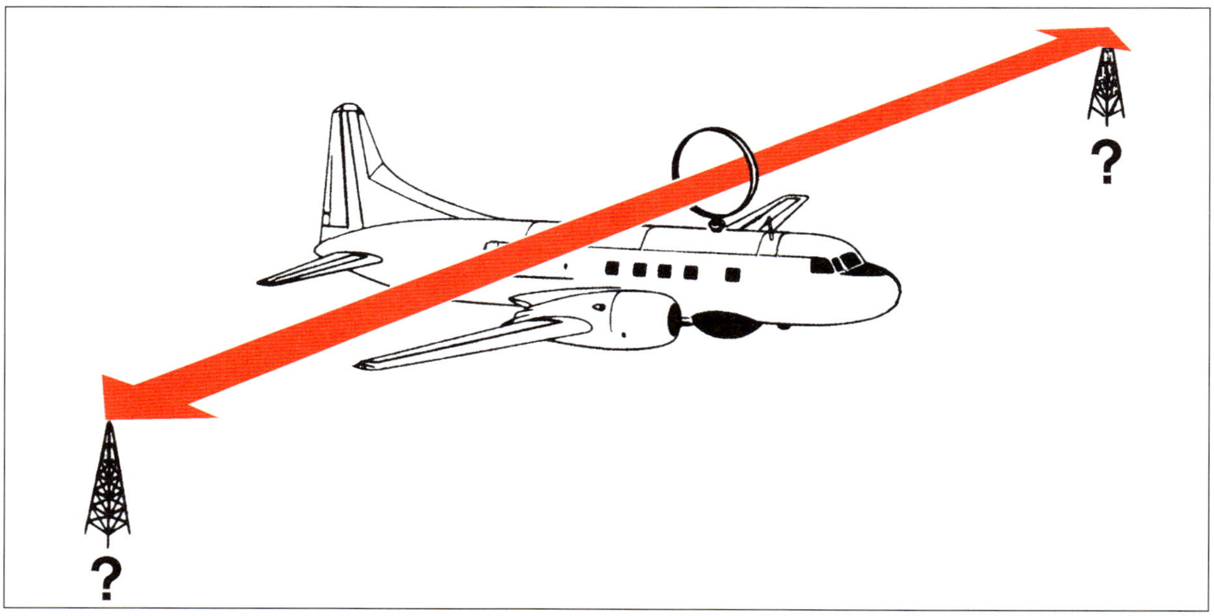

Bild 3.7 Die Zweideutigkeit der **Minimum-Peilung** (engl.: 180° ambiguity)

Bei einer vollen Drehung der Rahmenantenne (loop antenna) um 360° werden immer zwei **Maxima** und zwei **Minima** gepeilt, das heißt, man stellt **zwei** – um 180° entgegengesetzte – **Richtungen** fest (Bild 3.7).

Diese zunächst vorhandene Doppeldeutigkeit der **Minimum-Peilung** (180° ambiguity) wird beim automatischen Funkpeilgerät (ADF) durch eine **ungerichtete Hilfsantenne (sense antenna)** – auch Seitenbestimmungsantenne genannt – ausgeschaltet. Die Antenne ist bei vielen Flugzeugen an der Oberseite des Rumpfes zum Seitenleitwerk hin aufgehängt.

Beide Antennen – die Rahmenantenne (loop antenna) und die Hilfsantenne (sense antenna) – sind mit dem ADF-Empfänger verbunden. Die **Eindeutigkeit der Minimum-Peilung** wird dadurch erreicht, dass man im Empfänger die **Spannung** der Rahmenantenne (loop antenna) mit der **Spannung** der ungerichteten Hilfsantenne (sense antenna) **überlagert.**

Die beiden Spannungen **addieren** sich in der einen möglichen Stellung des Rahmens, während sie sich in der anderen – um 180° entgegengesetzten – Stellung **aufheben!**

Die **Überlagerung (Mischung)** der beiden empfangenen Spannungen (Rahmenantenne und Hilfsantenne) **ergibt ein Herzkurvendiagramm** (Kardioide), das nur **ein Minimum** hat. Das so ermittelte **Minimum** ist gegenüber dem **Minimum** der Peilantenne um 90° verschoben (Bild 3.8).

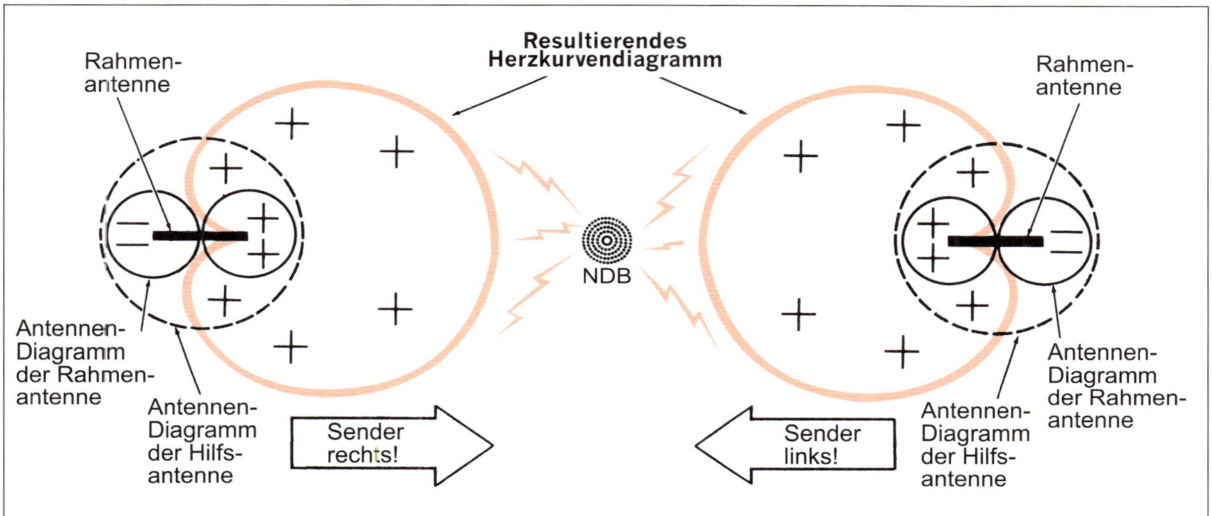

Bild 3.8 Empfangsdiagramm des ADF (Herzkurve oder Kardioide)

Bei den alten Funkpeilgeräten der Vorkriegszeit musste die Rahmenantenne noch manuell (von Hand) gedreht werden. Das erledigte damals der Navigator (oder der Bordfunker), der die ermittelten Peilwerte an den Flugzeugführer weitergab. In den ersten automatischen Funkpeilgeräten **(ADF)** nach dem Zweiten Weltkrieg wurde die Rahmenantenne (loop antenna) über eine elektrische Nachlaufsteuerung automatisch gedreht.

Die Rahmenantenne des ADF wurde im Laufe der Zeit – ähnlich den Ferritantennen in Kofferradios – immer mehr verkleinert und in modernen ADF-Anlagen sogar durch eine fest installierte Minirahmenantenne ersetzt, die das elektromagnetische Feld des Senders (NDB) einer so genannten

- **Goniometer-Einrichtung** (innerhalb des Anzeigegeräts)

zuführt. Die feste Rahmenantenne (fixed loop antenna) ist in Flachbauweise ausgeführt und besteht aus einem

- **Ferritkreuz** (Kreuzrahmen),

das eine Doppelacht-Richtcharakteristik aufweist (siehe Bild 3.9).

Ein Balken des Ferritkreuzes ist in Richtung der Flugzeuglängsachse ausgerichtet, und der andere liegt quer dazu. Auf den vier Armen des Kreuzes sind Spulen mit gleicher Induktivität befestigt, die je nach Richtung der empfangenen elektromagnetischen Wellen unterschiedlich induziert werden.

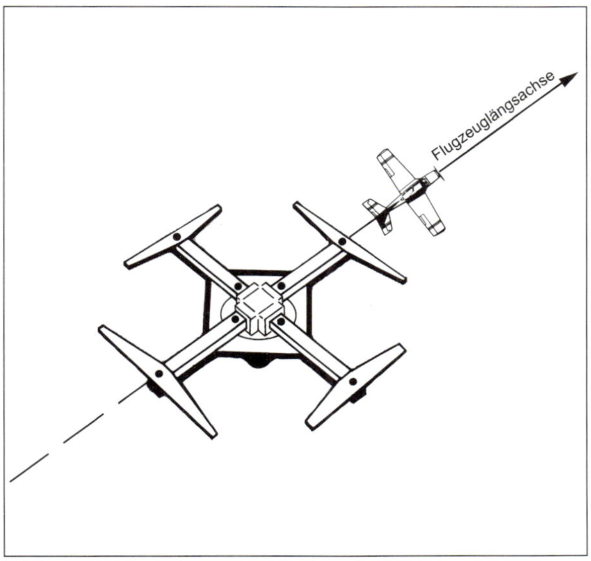

Bild 3.9 Feste Ferritkreuz-Rahmenantenne (fixed loop antenna) an Stelle des drehbaren Peilrahmens bei neueren ADF-Anlagen in Flachbauweise

Die **Drehmechanik zur Richtungsbestimmung** befindet sich bei modernen ADF-Anlagen in Form eines kleinen Goniometers mit zwei feststehenden Feldspulen und einer motorgetriebenen drehbaren Suchspule **im Anzeigegerät** selbst.

In den vier Spulen auf den Armen der Ferritkreuz-Rahmenantenne werden, wie schon erwähnt, je nach Richtung der vom Sender (NDB) empfangenen Funkwellen verschiedene Spannungen induziert, die an die feststehenden Feldspulen des Goniometers weitergeleitet werden und darin ein elektromagnetisches Feld erzeugen, das genau dem vom Sender erzeugten Feld entspricht.

Dieses „künstlich" erzeugte elektromagnetische Feld induziert nun in der von den festen Feldspulen umgebenen drehbaren Suchspule eine Spannung, die mit der Spannung der Hilfsantenne (sense antenna) verglichen und dann so umgeformt wird, dass der Suchspulenmotor die Suchspule dreht. Ist die Suchspule des Goniometers so ausgerichtet, dass in ihr keine Spannung mehr induziert wird **(= Minimum-Stellung),** dann erhält auch der Suchspulenmotor keine Spannung mehr und bleibt stehen.

Die Stellung der Suchspule (Ersatz für drehbare Rahmenantenne) im elektromagnetischen Feld des Goniometers (entspricht dem vom Sender erzeugten Feld) **gibt** dann an, in welcher **Richtung** der gepeilte Sender **(NDB)** – bezogen auf die Flugzeuglängsachse – liegt.

So übernimmt die **Suchspule des Goniometers** in neueren ADF-Anlagen die Funktion der früher üblichen drehbaren Rahmenantenne und **ermittelt die Minimum-Peilung** in der vorher beschriebenen Weise. Die von der Suchspule kommende **Richtungsinformation** wird über ein elektrisches Synchro-System an **die Nadel des ADF-Anzeigegeräts** (Radio- oder Funkkompass) übertragen, auf dem wir dann **die Richtung zum Funkfeuer (NDB)** – bezogen auf die Flugzeuglängsachse – **ablesen** können (Bild 3.10 „Moderne ADF-Anlage").

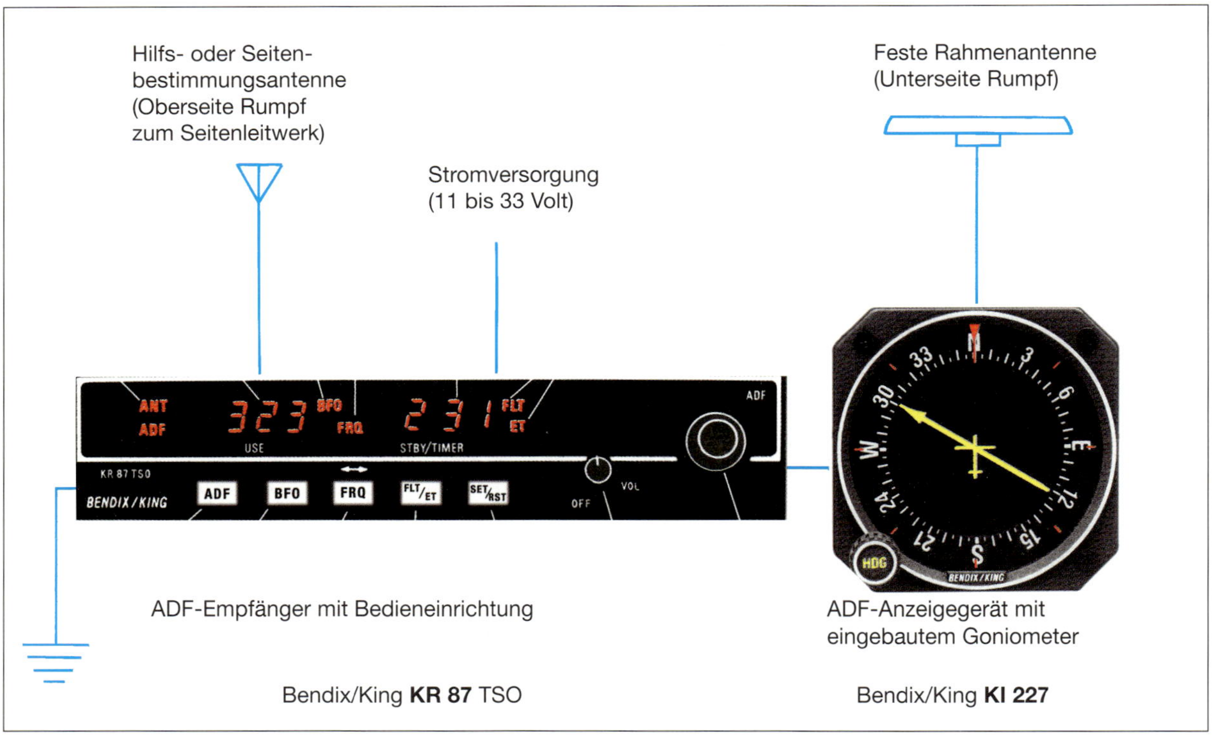

Bild 3.10 Moderne ADF-Anlage

3.2.2 Frequenzbereich des automatischen Funkpeilgeräts (ADF)

Der **Empfangs-Frequenzbereich** von ADF-Anlagen muss in der BRD gemäß Luftfahrthandbuch (AIP), GEN-Teil (Flugsicherungsausrüstung der Luftfahrzeuge), mindestens den Frequenzbereich von

- **200 ... 526.5 kHz (NDB-Frequenzband)**

umfassen. Die meisten heute angebotenen automatischen Funkpeilgeräte (ADF) bieten jedoch einen Empfangsbereich, der auch das gesamte darüber liegende Frequenzband der MF/MW-Rundfunksender (MF broadcasting stations) beinhaltet. Je nach Gerätetyp und Hersteller kann dieser Empfangs-Frequenzbereich etwas schwanken.

Der Empfangsbereich aller angebotenen ADF-Anlagen liegt etwa zwischen

- **200 ... 1750 kHz.**

Bei manchen ADF-Anlagen beginnt er schon bei 190 kHz und endet bei anderen Geräten erst bei 1799 kHz (z.B. Collins, Micro Line).

3.2.3 Beschreibung des automatischen Funkpeilgeräts (ADF)

Alle neueren automatischen Funkpeilgeräte (ADF) für Sport- und Reiseflugzeuge der Allgemeinen Luftfahrt bestehen – unabhängig vom Gerätetyp oder Hersteller – aus folgenden Komponenten (Bauteilen):

- **Feste Rahmenantenne** (fixed loop antenna) in Form eines Ferritkreuzes, die meist in einem abgedichteten, flachen Plastikgehäuse unter dem Rumpf, genau auf der Mittellinie des Flugzeugs, angebracht ist (siehe Bild 3.11).

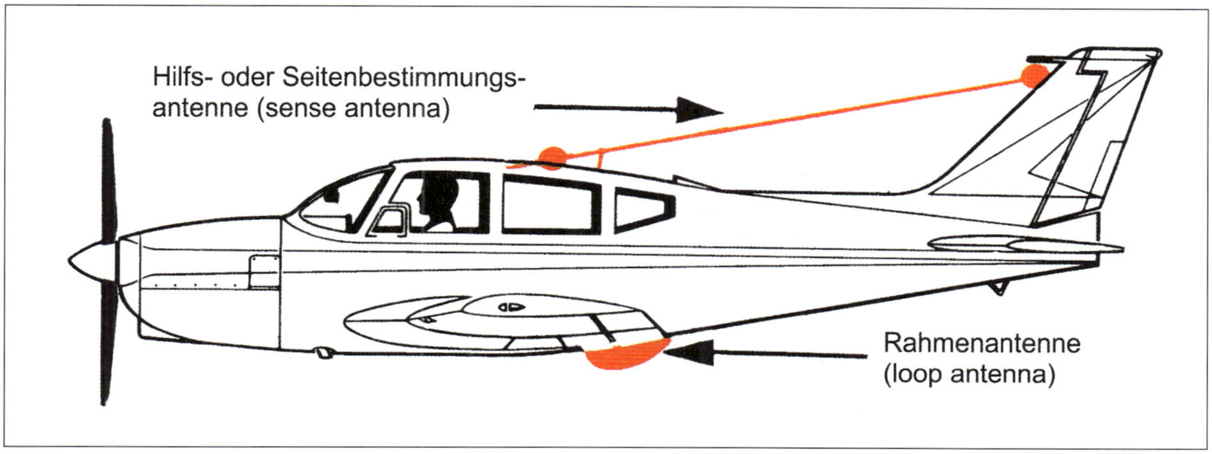

Bild 3.11 Rahmenantenne (loop antenna) und Hilfs- oder Seitenbestimmungsantenne (sense antenna) am Flugzeug

- **Hilfs- oder Seitenbestimmungsantenne (sense antenna),** die normalerweise aus einem Antennendraht besteht, der oberhalb der Kabine – in der Mittellinie des Rumpfes – zur Spitze des Seitenleitwerks hin gespannt und an Isolatoren aufgehängt ist (Bild 3.11).
- **ADF-Empfänger** (LF/LW und MF/MW) mit **Bedieneinrichtung (ADF Receiver and control panel)**
  Die Bedieneinrichtung besteht aus:
  - **Betriebsarten-Wahlschalter** (mode or function switch),
  - **Frequenzwahlschaltern** (frequency selector),
  - **Lautstärkeregler** (volume control),
  - **Testeinrichtung** (test button or switch) – (nicht bei allen Geräten).

  (Vgl. Abschnitt 3.2.4 „Bedienung des automatischen Funkpeilgeräts“)

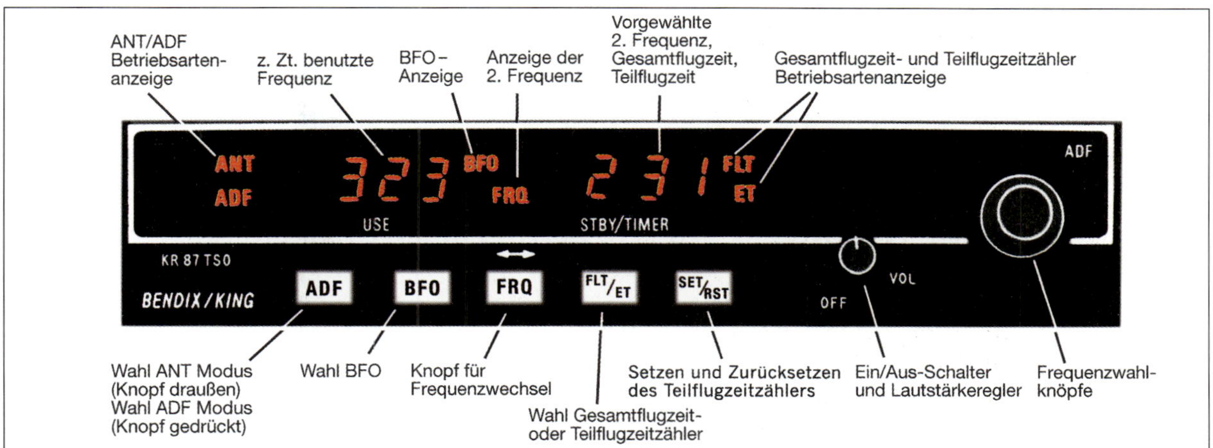

Bild 3.12 ADF-Empfänger mit Bedieneinrichtung (control panel) – Bendix/King KR 87 TSO

- **ADF-Anzeigegerät (ADF Indicator)** – bei vielen Anlagen mit eingebautem Goniometer –, das auch **Radio- oder Funkkompass (radio compass)** genannt wird, in drei möglichen Ausführungen:

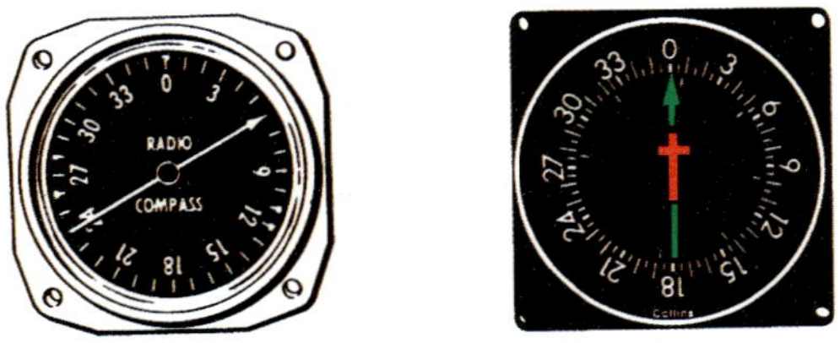

alte Ausführung

moderne Ausführung

Bild 3.13 ADF-Anzeigegerät mit starrer 360°-Skala (**R**elative **B**earing **I**ndicator = **RBI**)

Bild 3.14 ADF-Anzeigegerät mit manuell verstellbarer 360°-Skala (**M**oving **D**ial **I**ndicator = **MDI**)

Bild 3.15 Anzeigegerät mit automatisch nachgeführter Kompassrose (**R**adio **M**agnetic **I**ndicator = **RMI**) – Bendix/King KI 229 TSO

1. **ADF-Anzeigegerät mit starrer 360°-Skala (R**elative **B**earing **I**ndicator = **RBI),** dessen 0° (oder 360°)-Marke in Richtung der Flugzeuglängsachse (Nase des Flugzeugs) zeigt (siehe Bild 3.13 – rotes Flugzeugsymbol).

Die Spitze der ADF-Anzeigenadel (grün) zeigt immer **ZUM** eingewählten Sender (NDB). Der angezeigte Winkel ist eine auf die Flugzeuglängsachse bezogene Peilung (bearing) und heißt deshalb

- **Funkseitenpeilung (R**elative **B**earing = **RB).**

Näheres darüber erfahren Sie unter Abschnitt 3.2.5 „Navigation mit dem automatischen Funkpeilgerät (ADF)"!

2. **ADF-Anzeigegeräte mit manuell verstellbarer 360°-Skala (M**oving **D**ial **I**ndicator = **MDI)** sind verbesserte Ausführungen des unter 1. behandelten RBI. Mit einem Verstellknopf **(HDG** = **H**ea**d**in**g**, siehe Bild 3.14) kann man den gegenwärtig geflogenen Steuerkurs (TH oder MH) über eine feste Steuerkurs-Markierung (heading index) stellen.

Diese verstellbaren Anzeigegeräte bieten den Vorteil, dass man – z. B. für Standortbestimmungen (position fixing) – bei Einstellung des **TH** über der Steuerkurs-Markierung (heading index) an der **Spitze** der **Anzeigenadel** sofort die

- **rechtweisende Peilung (T**rue **B**earing = **TB)**

oder nach Einstellung des **MH** über der Steuerkurs-Markierung die

- **missweisende Peilung (M**agnetic **B**earing = **MB)**

VOM Flugzeug **ZUM** Sender (NDB) ablesen kann **(vgl. Abschnitt 3.2.5 „Navigation mit dem ADF").**

3. **ADF-Anzeigegerät mit automatisch nachgeführter Kompassrose und zwei Anzeigenadeln (R**adio **M**agnetic **I**ndicator = **RMI).** Dieses in größeren Flugzeugen am häufigsten verwendete Anzeigegerät besteht aus
   - einer rotierenden 360°-Kompass-Skala,
   - einer Steuerkurs-Markierung (heading index),
   - zwei Anzeigenadeln (ADF und VOR).

An das **RMI-Anzeigegerät** können jeweils angeschlossen werden:

1. zwei ADF-Empfänger
oder
2. zwei VOR-Empfänger
oder
3. ein ADF-Empfänger und ein VOR-Empfänger.

Jede Anzeigenadel (Nr. 1 und Nr. 2) kann von einem ADF-Empfänger oder von einem VOR-Empfänger gesteuert werden und zeigt dann entweder die Richtung **ZUM** eingewählten NDB (ungerichtetes Funkfeuer) oder **ZUM** eingewählten UKW-Drehfunkfeuer (VOR) an.

Da die Kompassrose das RMI durch einen **Fernkompass** (remote compass) automatisch nachgeführt wird **(slaved compass card),** ist der Flugzeugführer in der Lage, gleichzeitig folgende drei Werte vom RMI abzulesen (siehe auch Bild 3.15):

- Unter der Steuerkurs-Marke (heading index) den **missweisenden Steuerkurs (MH = Magnetic Heading) des Flugzeugs.**
- An der Spitze der Nr. 1-Nadel die **missweisende Peilung (MB = Magnetic Bearing) zur ersten eingewählten Station (NDB oder VOR).**
- An der Spitze der Nr. 2-Nadel die **missweisende Peilung (MB = Magnetic Bearing) zur zweiten eingewählten Station (VOR oder NDB).**

An den Nadelenden (Nr. 1 und Nr. 2) kann man zusätzlich die missweisende Richtung VON der jeweils eingewählten Station (NDB oder VOR) ZUM Flugzeug ablesen.

3.2.4 Bedienung des automatischen Funkpeilgeräts (ADF)

Bevor wir nun zum wichtigsten Teil – nämlich der **„Navigation mit dem ADF“** (vgl. Abschnitt 3.2.5) – übergehen können, müssen wir uns noch kurz mit der richtigen Bedienung einer ADF-Bordanlage vertraut machen. Alle neueren ADF-Anlagen für Flugzeuge der Allgemeinen Luftfahrt (Leichtflugzeuge) haben – unabhängig vom Gerätetyp oder Hersteller – an der Frontseite des Empfängers eine **Bedieneinrichtung (control panel),** die aus folgenden Bedienorganen besteht (Darstellung an verschiedenen Geräten):

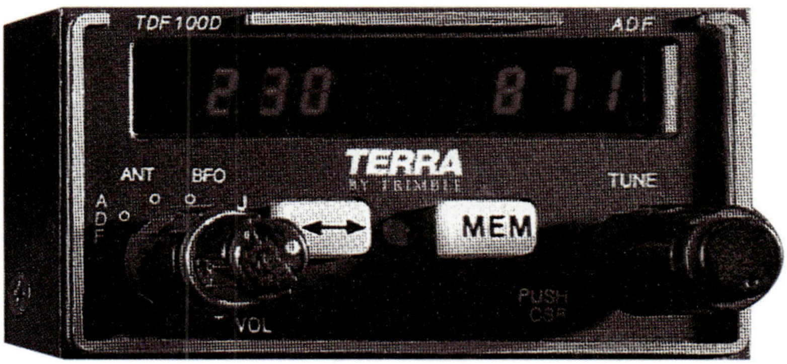

Bild 3.16 „Terra by Trimble TDF 100D“

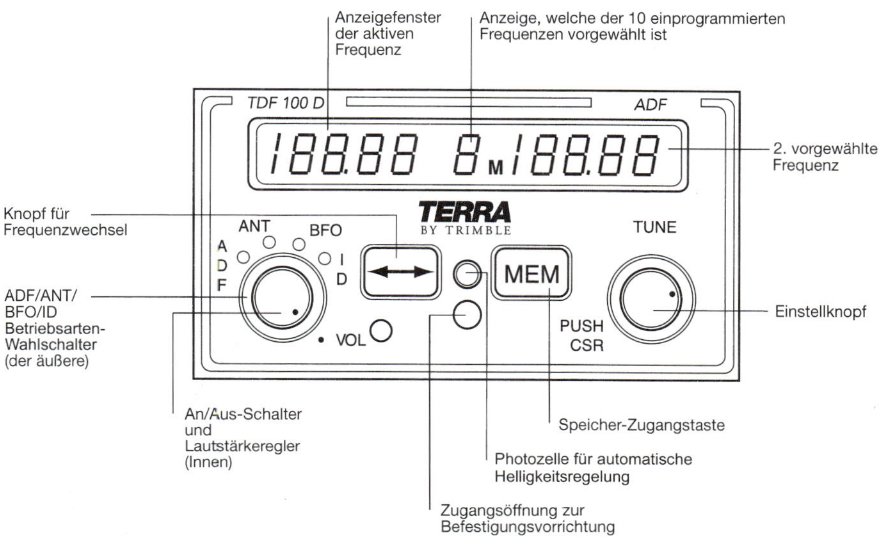

Bild 3.17 Bedienfeld (control panel) des „Terra by Trimble TDF 100D“

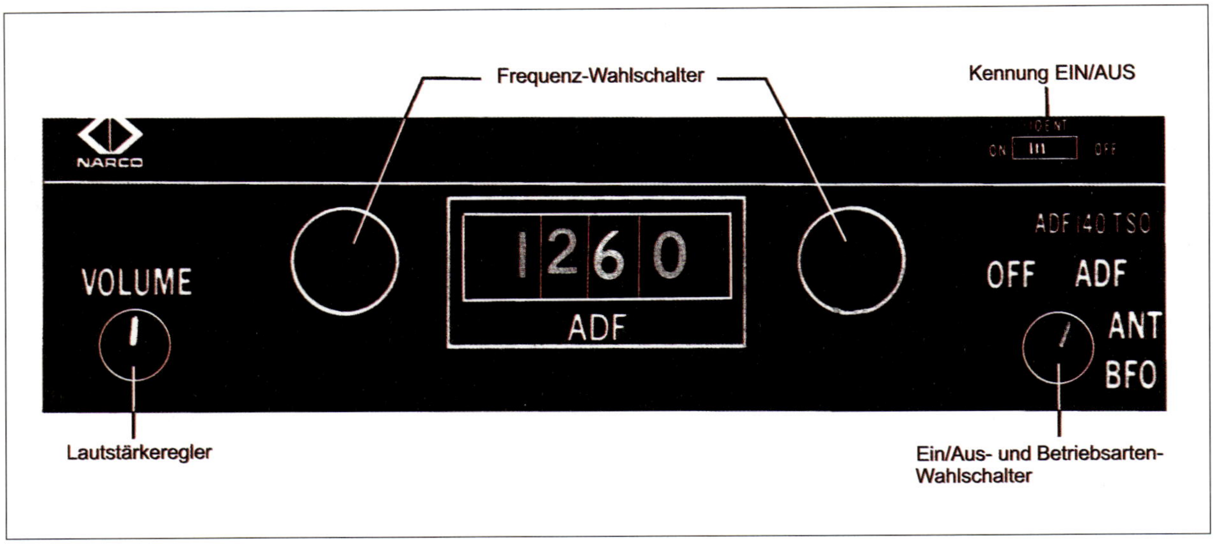

Bild 3.18 Bedienfeld (control panel) des „NARCO-ADF 140"

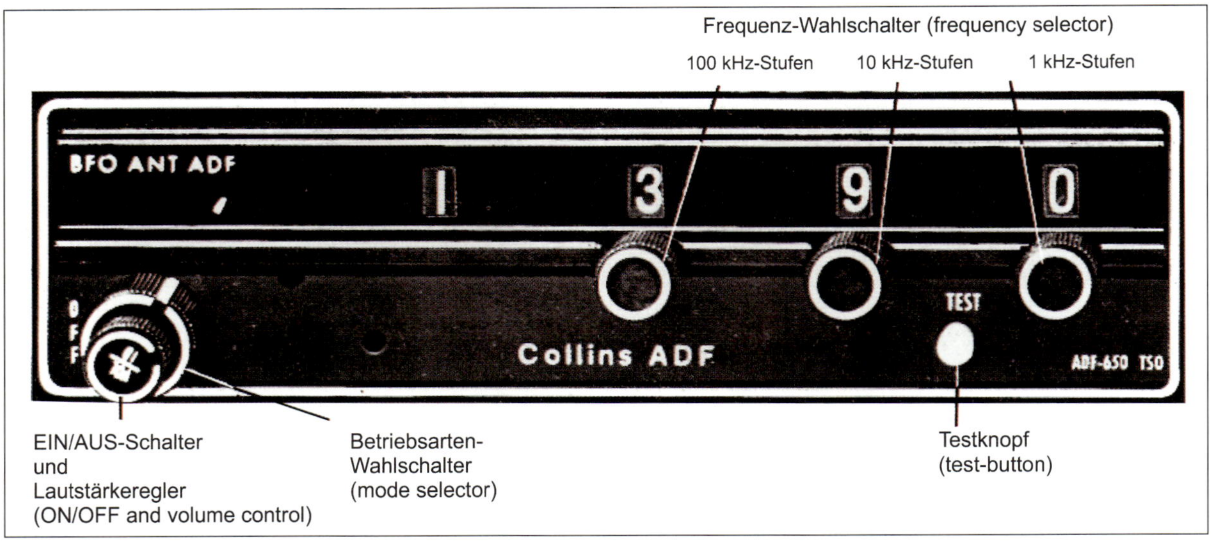

Bild 3.19 Bedienfeld (control panel) des „Collins Microline ADF 650"

Doch nun zu den einzelnen **Bedienschaltern und -knöpfen,** die – auch wieder unabhängig vom Gerätetyp – **folgende Aufgaben** erfüllen:

a) Der Betriebsarten- oder Funktions-Wahlschalter (Mode or Function Selector Switch)

Der Betriebsarten- oder Funktions-Wahlschalter mit den möglichen Stellungen OFF (AUS), ADF, ANT/REC und BFO/CW dient zum **Ein- und Ausschalten** der ADF-Anlage und zur Wahl der drei möglichen Betriebsarten:

- In der Stellung **„OFF (AUS)"** ist das Gerät **ausgeschaltet.** In jeder anderen Stellung (ADF, ANT/REC oder BFO/CW) wird die ADF-Anlage mit Strom versorgt und ist eingeschaltet.

Merke: Vor dem Anlassen des Triebwerks immer sicherstellen, dass der Betriebsarten-Wahlschalter in Stellung OFF (AUS) steht (Spitzenspannungen vom Generator!).

- In der Stellung **„ADF"** arbeitet das Gerät als automatisches Funkpeilgerät **(A**utomatic **D**irection **F**inder). Die **Peilanzeige (bearing Indication)** auf dem Radio- oder Funkkompass (ADF Indicator) erfolgt automatisch!
- In der Stellung **„ANT"** (bei manchen Geräten **„REC")** wird nur über die Hilfs- oder Seitenbestimmungsantenne (sense antenna) empfangen. Das Gerät arbeitet in dieser Stellung nur als normaler LW/MW-Empfänger und bietet keine Peilmöglichkeit!

Merke: Die Stellung **„ANT"** (oder „REC" = receive/empfangen) garantiert den besten und klarsten Empfang. Deshalb beim **Abhören der Stationskennung** (identification) oder für normalen Rundfunkempfang (LW/MW) **immer auf ANT/REC schalten!**

- Die Stellung **„BFO"** (bei manchen Geräten **„CW"**) muss beim Empfang einer unmodulierten Trägerwelle **(NON/A 1 A)** geschaltet werden, damit die Kennung des NON/A 1 A-NDBs hörbar wird! In der Stellung BFO (CW) wird ein Überlagerungsoszillator **(Beat Frequency Oscillator = BFO)** zugeschaltet, der die unmodulierte Trägerwelle **(CW = carrier wave)** mit einem Ton überlagert und so die Kennung hörbar macht.

Merke: Zum **Abhören** der **Kennung** von **NON/A 1 A-Stationen** muss der Betriebsarten-Wahlschalter **immer auf BFO/CW** geschaltet werden!

b) Die drei Frequenz-Wahlschalter (Frequency Selector Switches)

Die drei Frequenz-Wahlschalter ermöglichen eine genaue Abstimmung (tuning) des ADF-Empfängers auf die gewünschte Frequenz (NDB oder LW/MW-Rundfunksender). Die eingewählte Frequenz wird digital in einem Sichtfenster dargestellt.

- Mit dem **ersten** Frequenz-Wahlschalter (Knopf) wählt man die **100 kHz-Stufen,**
- mit dem **zweiten** Frequenz-Wahlschalter die **10 kHz-Stufen,**
- mit dem **dritten** Frequenz-Wahlschalter die **1 kHz-Stufen.**

Bei manchen (älteren) ADF-Anlagen muss zuerst mit einem **Frequenzband-Wahlschalter** (band selector switch) das entsprechende Frequenzband vorgewählt werden, bevor man das Gerät auf die gewünschte Frequenz abstimmt (einstellt). Mit dem Frequenzband-Wahlschalter können drei Bandbereiche (200 … 400 kHz, 400 … 800 kHz und 800 … 1 600 kHz) vorgewählt werden.

c) Der Lautstärkeregler (Volume Control)

Der Lautstärkeregler kontrolliert die **Lautstärke** des vom Empfänger an den Lautsprecher oder Kopfhörer gehenden Audio-Signals stufenlos.

d) Der Testknopf (Test Button)

Der Testknopf ermöglicht eine Überprüfung der ADF-Anlage auf einwandfreien Betrieb. Drückt man den Testknopf bei **ADF-Betrieb (Stellung ADF),** dann bewegt sich die Anzeigenadel des Radio- oder Funkkompasses (ADF Indicator) von dem zum Sender (NDB) angezeigten Peilwert weg. Nachdem der Knopf losgelassen wird, muss die Anzeigenadel sofort wieder zum vorher angezeigten Peilwert zurückdrehen. Dreht die Nadel nicht oder nur sehr langsam zurück, so arbeitet die ADF-Anlage nicht ordnungsgemäß.

e) Die Abstimmung (Tuning)

Die Abstimmung eines automatischen Funkpeilgeräts (ADF) sollte immer in folgender Standard-Reihenfolge vorgenommen werden:

1. **Frequenzband-Wahlschalter (band selector switch)** – wenn vorhanden! – auf das **gewünschte** Frequenzband einstellen!
2. **Lautstärkeregler (volume control)** ungefähr halb aufdrehen!
3. **Betriebsarten-Wahlschalter (mode or function selector)** auf Stellung „ANT" (oder „REC" = receive/Empfang) schalten! – Dabei wird nur über die ungerichtete Hilfs- oder Seitenbestimmungsantenne (sense antenna) empfangen, und die ADF-Anlage arbeitet als normaler LW/MW-Empfänger (= bester und klarster Empfang).
4. Mit den **Frequenzwahl-Schaltern (frequency selector switches)** die Frequenz der gewünschten Station (NDB oder LW/MW-Rundfunksender) einwählen!
5. **Kennung (identification)** der Station abhören (bei Rundfunksendern größte Vorsicht!) und feststellen, ob es sich wirklich um die **gewünschte** Station handelt!
6. **Betriebsarten-Wahlschalter (mode or function selector switch)** auf Stellung „ADF" zurückschalten! – Jetzt arbeitet das Gerät als automatisches Funkpeilgerät.
7. **Angezeigte Peilung (bearing)** merken und Testknopf (test button) drücken! – Dadurch wird die Anzeigenadel von der Peilung weggedreht, bis der Testknopf losgelassen wird. Ist die ADF-Anlage richtig auf die gewünschte Station abgestimmt (eingestellt) **und** ist das empfangene Sendesignal zuverlässig (stark genug), dann kehrt die Nadel sofort wieder zu der vorher angezeigten Peilung zurück!
8. **Lautstärke (volume)** mit dem Lautstärkeregler auf gewünschten Pegel abstimmen! Die Lautstärke-Abstimmung hat keinen Einfluss auf die Arbeit der ADF-Anlage. Das automatische Funkpeilgerät ist nun richtig abgestimmt und **für navigatorische Zwecke einsetzbar.**

3.2.5 Navigation mit dem automatischen Funkpeilgerät (ADF)

3.2.5.1 Die verschiedenen Peilbegriffe

Die Navigation mit dem automatischen Funkpeilgerät (ADF) setzt voraus, dass wir die in der Praxis zur Anwendung kommenden Peilbegriffe genau kennen und auch interpretieren können.

a) Die Funkseitenpeilung (Relative **B**earing = **RB)**

Unter dem Begriff

- **Funkseitenpeilung (R**elative **B**earing = **RB)**

versteht man in der ADF-Navigation den **Winkel zwischen der Flugzeuglängsachse und der Richtung zur Bodenstation (NDB).**

Alle Standard-ADF-Navigationsverfahren basieren darauf, dass ein Anzeigegerät (Radio- oder Funkkompass) mit starrer 360°-Skala verwendet wird (**RBI** = **R**elative **B**earing **I**ndicator, siehe Bild 3.20) oder dass bei manuell verstellbaren Anzeigegeräten (**MDI** = **M**oving **D**ial **I**ndicator) der Wert 0° (360°) über der Steuerkurs-Marke (heading index) eingestellt wird (Bild 3.14).

Die Bestimmung des **RB** (**R**elative **B**earing) erfolgt immer von 0° (= Flugzeuglängsachse/Nase des Flugzeugs) aus im Uhrzeigersinn (rechts herum) und kann **direkt** vom Radio- oder Funkkompass (ADF Indicator) abgelesen werden (siehe Bild 3.20).

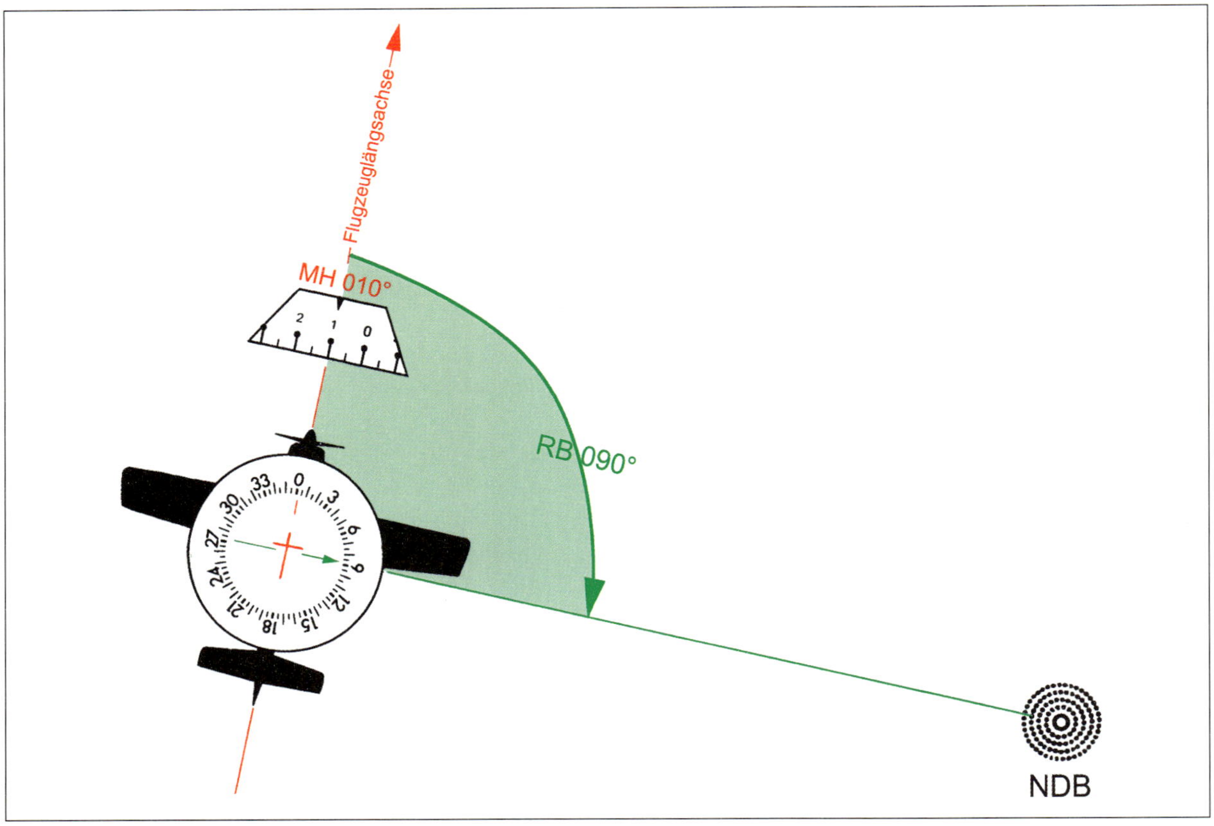

Bild 3.20 Die Funkseitenpeilung (**RB** = **R**elative **B**earing)

Merke: Die Station liegt bei:
RB 000° – genau voraus (dead ahead)!
RB 090° – genau rechts querab (abeam to the right)!
RB 180° – genau hinter dem Flugzeug (Achteraus/right astern)!
RB 270° – genau links querab (abeam to the left)!

b) Die rechtweisende Peilung (True Bearing = TB)

Der **Winkel** zwischen rechtweisend Nord **(rwN/TN** = **T**rue **N**orth) und der Richtung VOM Flugzeug ZUR Bodenstation (NDB) heißt

- **Rechtweisende Peilung (True Bearing = TB).**

In den heute noch zur Anwendung kommenden Q-Gruppen für Richtungsbestimmungen aus der Zeit des Morse-Tastverkehrs entspricht die rechtweisende Peilung (TB) der Gruppe

QUJ

Die Bestimmung des **TB (QUJ)** mit dem automatischen Funkpeilgerät (ADF) erfolgt nach folgender Formel:

TB = TH + RB (siehe Bild 3.21)

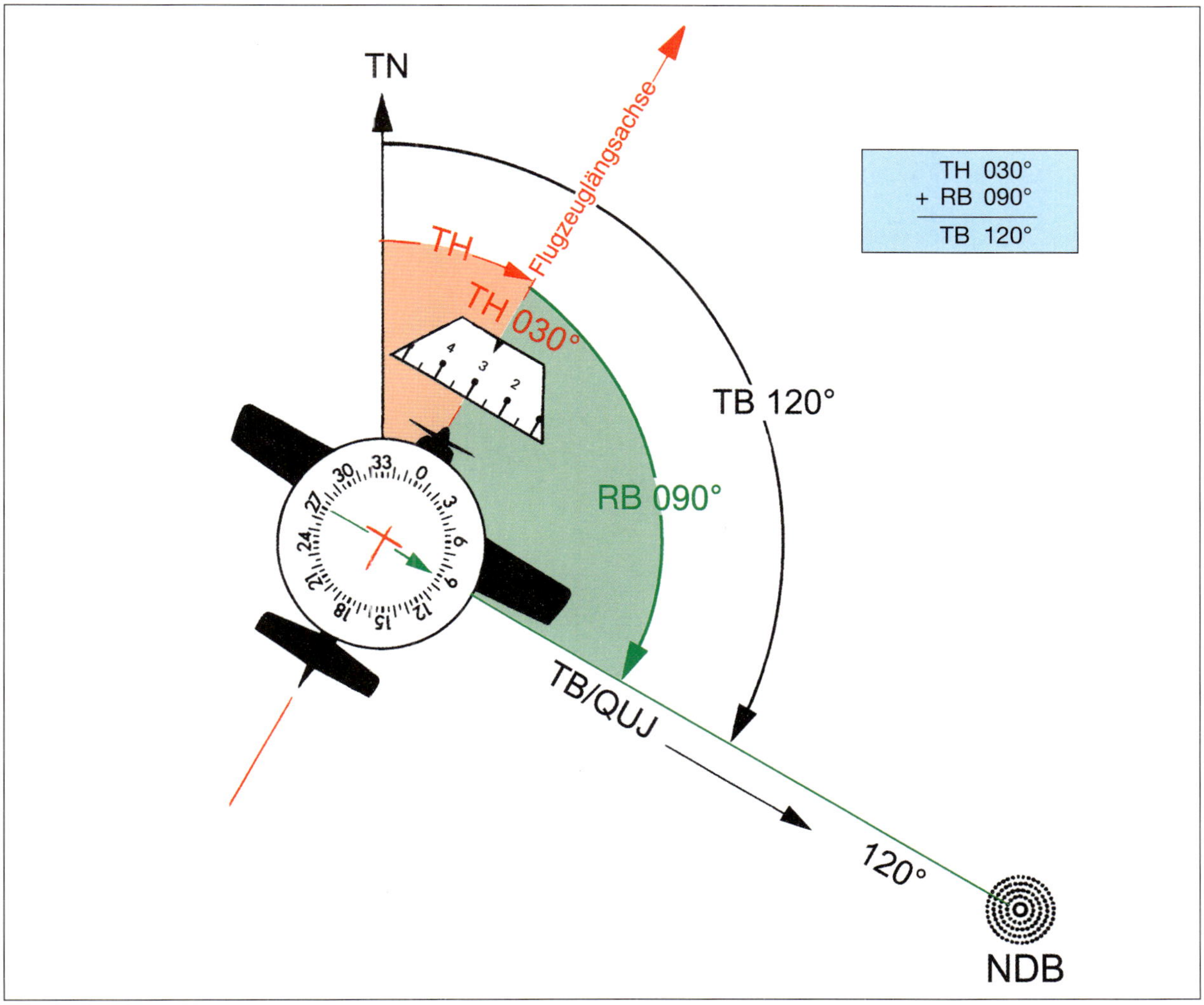

Bild 3.21 Die rechtweisende Peilung = **QUJ (TB** = **T**rue **B**earing)

c) Die missweisende Peilung (Magnetic Bearing = MB)

Der **Winkel** zwischen missweisend Nord (mwN/**MN** = **M**agnetic **N**orth) und der Richtung VOM Flugzeug ZUR Bodenstation (NDB) heißt

- **missweisende Peilung (Magnetic Bearing = MB).**

Diese missweisende Richtung VOM Flugzeug ZUR Bodenstation (NDB) wird im Q-Gruppen-Code bezeichnet mit

QDM

Die missweisende Gegenrichtung **(QDM ± 180°)** heißt im Q-Gruppen-Code:

QDR

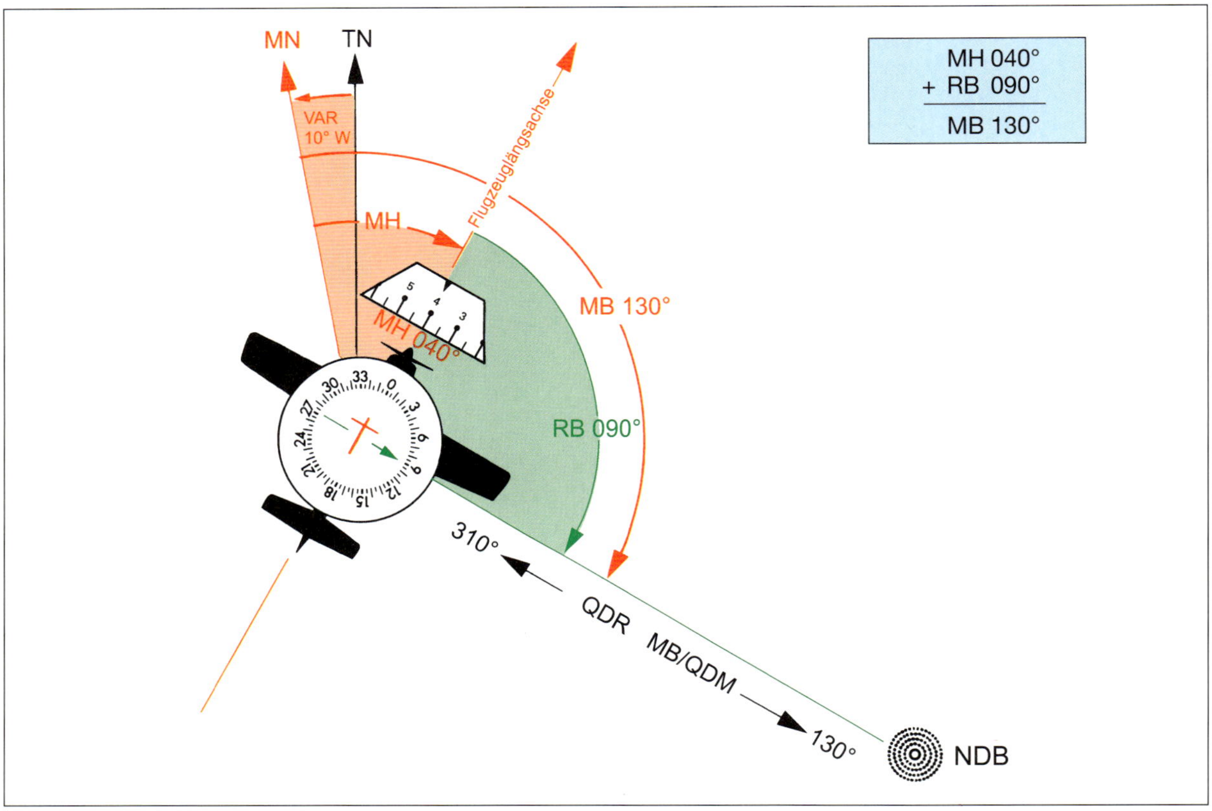

Bild 3.22 Die missweisende Peilung = QDM (MB = Magnetic Bearing)

Die Bestimmung des **MB (QDM)** mit dem RBI-Anzeigegerät (starre 360°-Skala) erfolgt nach folgender **Formel**:

MB = MH + RB (siehe Bild 3.22)

Verwendet man ein ADF-Anzeigegerät mit **automatisch** nachgeführter Kompassrose **(R**adio **M**agnetic **I**ndicator, siehe Bild 3.15) oder stellt man bei einem manuell verstellbaren Anzeigegerät **(M**oving **D**ial **I**ndicator, siehe Bild 3.14) den missweisenden Steuerkurs **(MH** = **M**agnetic **H**eading) über die Steuerkurs-Marke (heading index), so kann die **missweisende Peilung** (MB/QDM) VOM Flugzeug ZUR Bodenstation (NDB) **direkt** abgelesen werden.

Die missweisende Gegenrichtung **(VON** der Bodenstation – **ZUM** Flugzeug) – das **QDR** – wird dann am Nadelende angezeigt.

d) Die Funkstandlinie (radio **L**ine **of P**osition **= LOP)**

Der **Winkel** zwischen rechtweisend Nord **(rwN/TN** = **T**rue **N**orth) und der Richtung **VON** der Bodenstation (NDB) **ZUM** Flugzeug – eine **Linie,** auf der sich das Flugzeug zum Zeitpunkt der Peilung befindet – heißt in der Funknavigation

- **Funkstandlinie** (radio **L**ine **of P**osition **= LOP, siehe Bild 3.23!)**

Im internationalen Q-Gruppen-Code entspricht diese rechtweisende Richtung **VON** der Bodenstation (NDB) **ZUM** Flugzeug **(= LOP)** dem

QTE

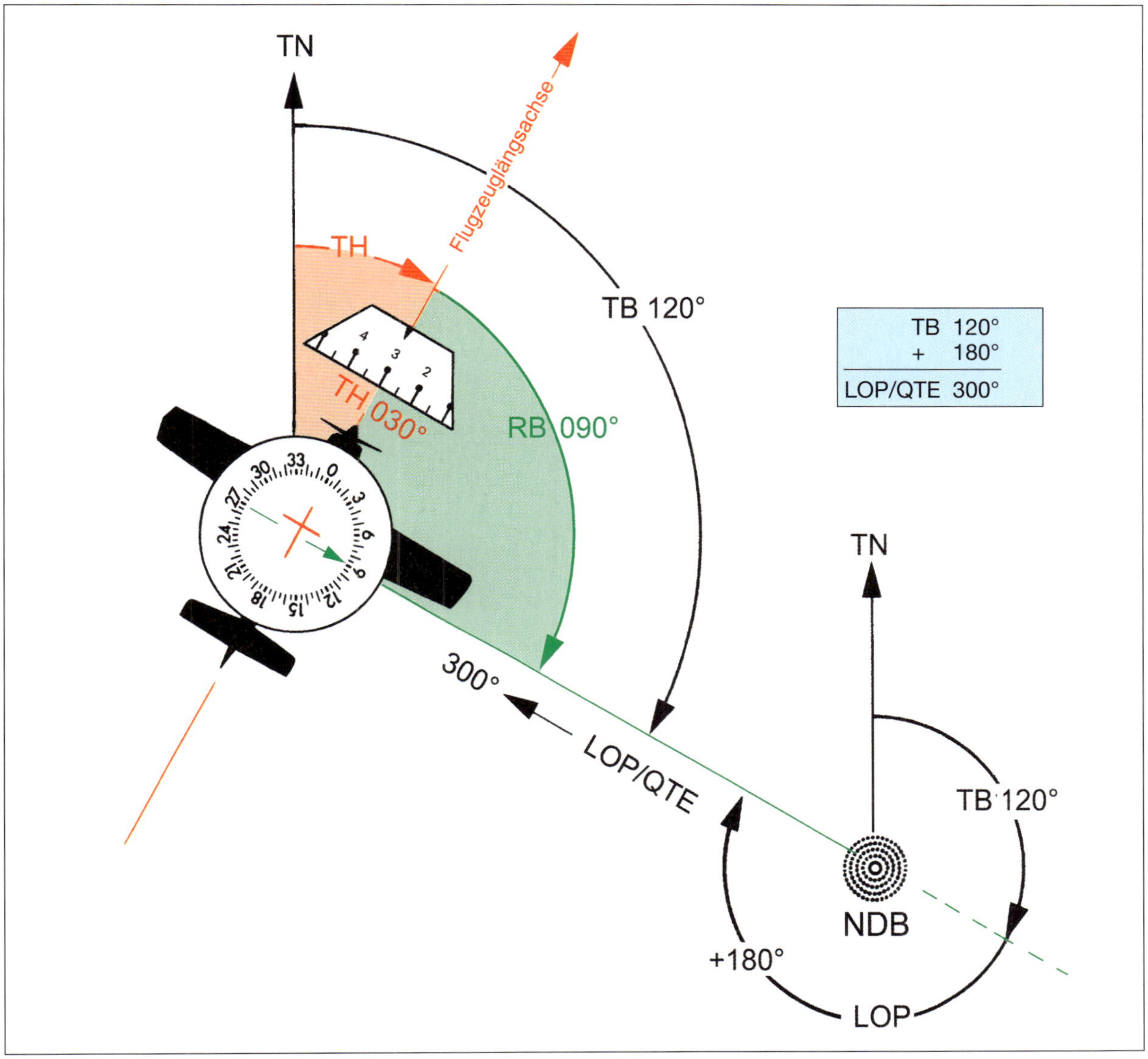

Bild 3.23 Die Funkstandlinie (LOP = radio Line of Position)

Funkstandlinien (LOP) werden in der Praxis zur Bestimmung des Flugzeug-Standortes (position or fix) verwendet (vgl. e) „Der Funkstandort des Flugzeugs"). Die Formel zur Berechnung der **LOP (QTE)** lautet:

LOP = TB ± 180° (siehe Bild 3.23)

e) Der Funkstandort des Flugzeugs (radio fix = ⚠)

In der Funknavigation kann der Flugzeugführer den Standort des Flugzeugs (position or fix) auf zwei Arten sicher ermitteln:

1. Durch den Überflug einer Bodenstation (station passage).
2. Durch die Ermittlung von mindestens zwei Funkstandlinien (LOP) von verschiedenen Bodenstationen, die dann **in die Karte** eingetragen werden (siehe Bild 3.24).

Der Schnittpunkt der Funkstandlinien (LOP) ergibt den Standort des Flugzeugs.

Merke: In der Funknavigation werden alle Peilungen (bearings) oder Kurse über Grund (tracks) grundsätzlich als missweisende Richtungen (MB/MT) angegeben.

Nur das Eintragen von Funkstandlinien (LOP) in die Karte erfolgt in rechtweisender Richtung (siehe Bilder 3.23 und 3.24)!

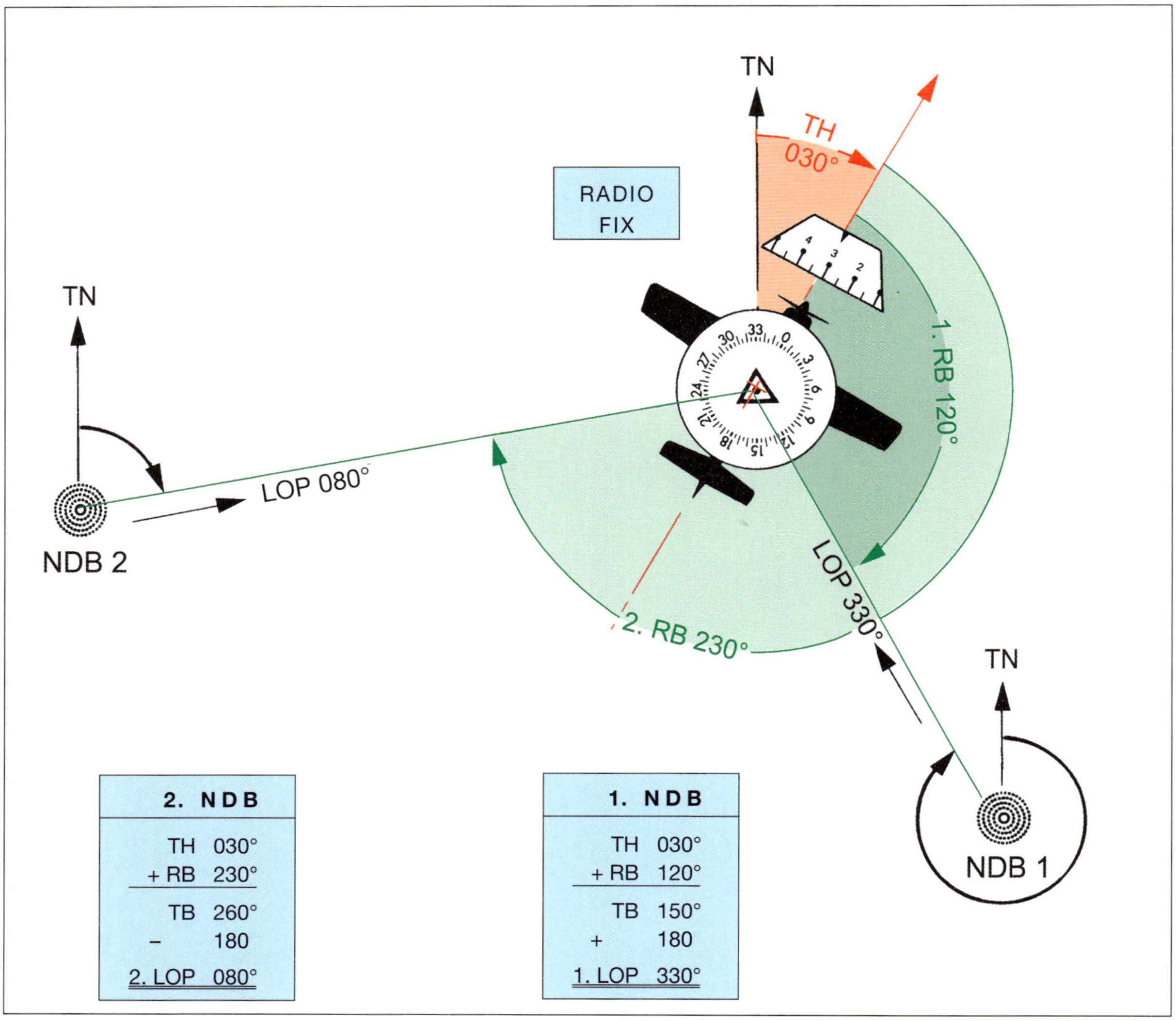

Bild 3.24 Der Funkstandort (radio fix) eines Flugzeugs als Schnittpunkt zweier Funkstandlinien (LOP) von verschiedenen Bodenstationen (NDB)

Nachdem wir uns nun die verschiedenen Peilbegriffe der Funknavigation zu Gemüte geführt haben, können wir zu den eigentlichen ADF-Navigationsverfahren übergehen. Es werden nur diejenigen **Verfahren** behandelt, die bei **VFR-** und **CVFR-Flügen** angewandt werden können und die **Prüfungsstoff für den Erwerb des PPL und der CVFR-Berechtigung** sind.

3.2.5.2 Orientierung mit dem automatischen Funkpeilgerät (ADF)

Wie schon vorher besprochen, basieren alle Standard-ADF-Navigationsverfahren darauf, dass ein RBI-Anzeigegerät mit starrer 360°-Skala (0° = Flugzeuglängsachse/Nase des Flugzeugs) verwendet wird oder dass beim manuell verstellbaren Anzeigegerät **(MDI** = **M**oving **D**ial **I**ndicator) der Wert 0° über der Steuerkurs-Marke (heading index) eingestellt wird. Alle Peilungen (bearings) beziehen sich auf die Flugzeuglängsachse (0° = Nase des Flugzeugs) und werden deshalb

- **Funkseitenpeilungen (R**elative **B**earing = **RB, siehe Bild 3.20)**

genannt.

Obwohl jede Funkseitenpeilung (RB) mit dem ADF von 0° (Nase des Flugzeugs) aus im Uhrzeigersinn (rechts herum) bis 360° gemessen wird, kann man sie in der Praxis auch in Grad **RECHTS** oder **LINKS** von der Nase des Flugzeugs (Flugzeuglängsachse) auf dem ADF-Anzeigegerät (Radiokompass) ablesen. So entspricht z. B. **RB 270°** einer Peilung von **090° LINKS** von der Flugzeugnase. Jedes der drei Flugzeuge im folgenden Bild 3.25 peilt – unabhängig vom MH (= Magnetic Heading) – **RB 060° ZUM** eingezeichneten **Bodensender (NDB).** In allen dargestellten Situationen (A, B und C) liegt das **NDB 60° RECHTS** vom momentan **gesteuerten MH** (= Nase des Flugzeugs) – siehe Bild 3.25.

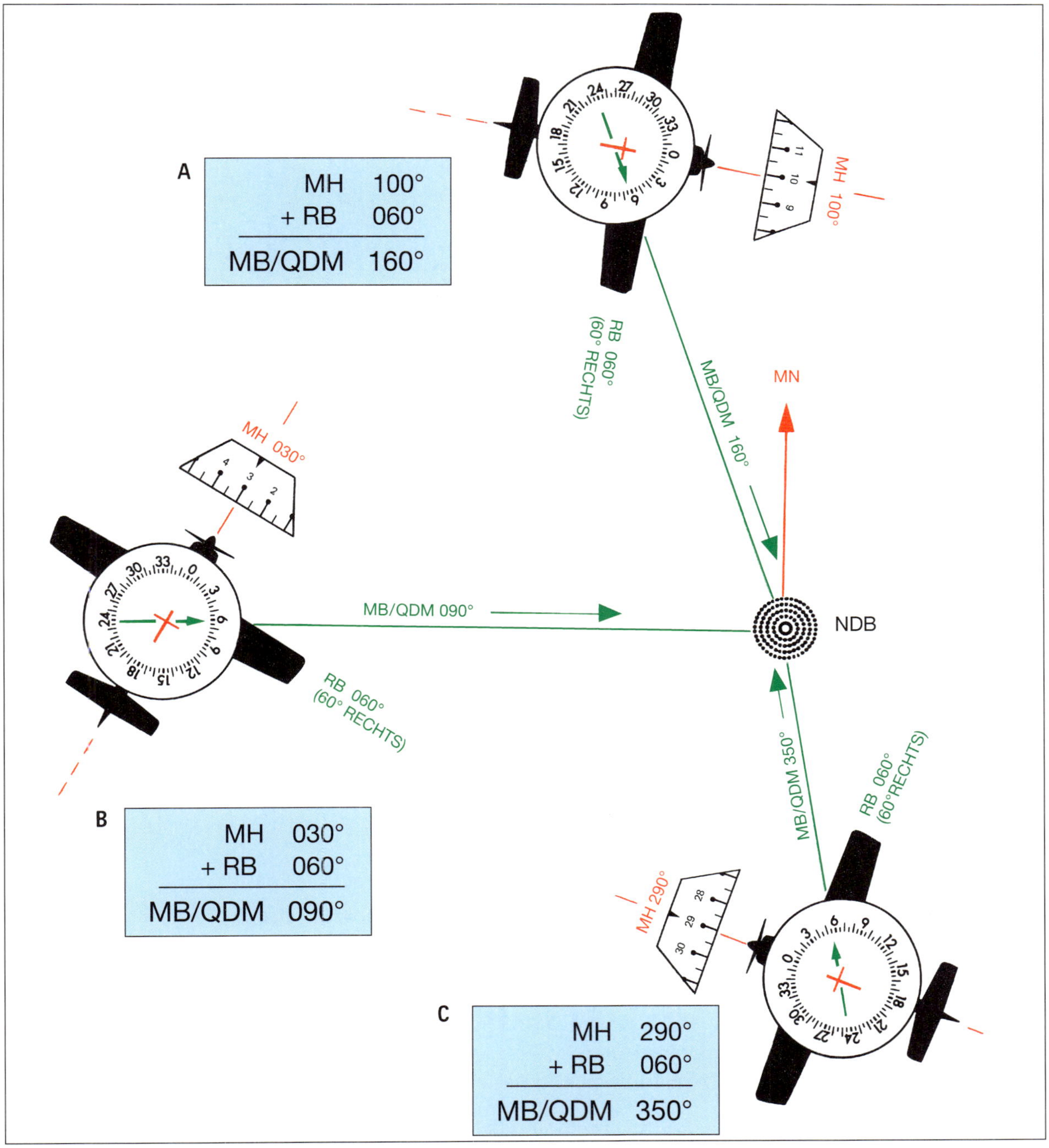

Bild 3.25 Orientierung mit dem automatischen Funkpeilgerät (ADF) – die Bodenstation (NDB) liegt in allen Fällen (A, B und C) **RECHTS!**

- Will man nun in diesen Fällen (Bodenstation **RECHTS** von der Flugzeugnase) die missweisende Richtung zum NDB (MB/QDM) bestimmen, so braucht man nur die 60° **(RECHTS** von der Flugzeugnase) zum jeweiligen **MH (M**agnetic **H**eading) **addieren!**
- In Beispiel A (Bild 3.25) steuert der Flugzeugführer ein **MH** von **100°,** und das Funkfeuer **(NDB) liegt 60° RECHTS** von der Flugzeugnase:

MB/QDM = 100° + 60° (RECHTS) = 160°

Kennt der Flugzeugführer erst einmal die Richtung ZUR Bodenstation (NDB), dann gibt es für ihn keinerlei Orientierungsschwierigkeiten mehr. Er weiß jetzt, **wo** (in welcher Richtung) das Flugzeug in Bezug auf das NDB steht und **welchen MH** er steuern muss, um ZUM Funkfeuer zu gelangen.

In der nächsten Abbildung (Bild 3.26) wird ein **NDB** gezeigt, das **330° RECHTS** vom missweisenden Steuerkurs **(= MH)** des Flugzeugs liegt. Der Flugzeugführer liest vom ADF-Anzeigegerät (Radiokompass) ein **RB 330°** ab und steuert **MH 060°.**

In dieser Situation ist es sinnvoller und einfacher, die Peilanzeige als **30° LINKS** von der Flugzeugnase zu interpretieren, obwohl die Seitenpeilung **(RB)** eigentlich **330°** beträgt.

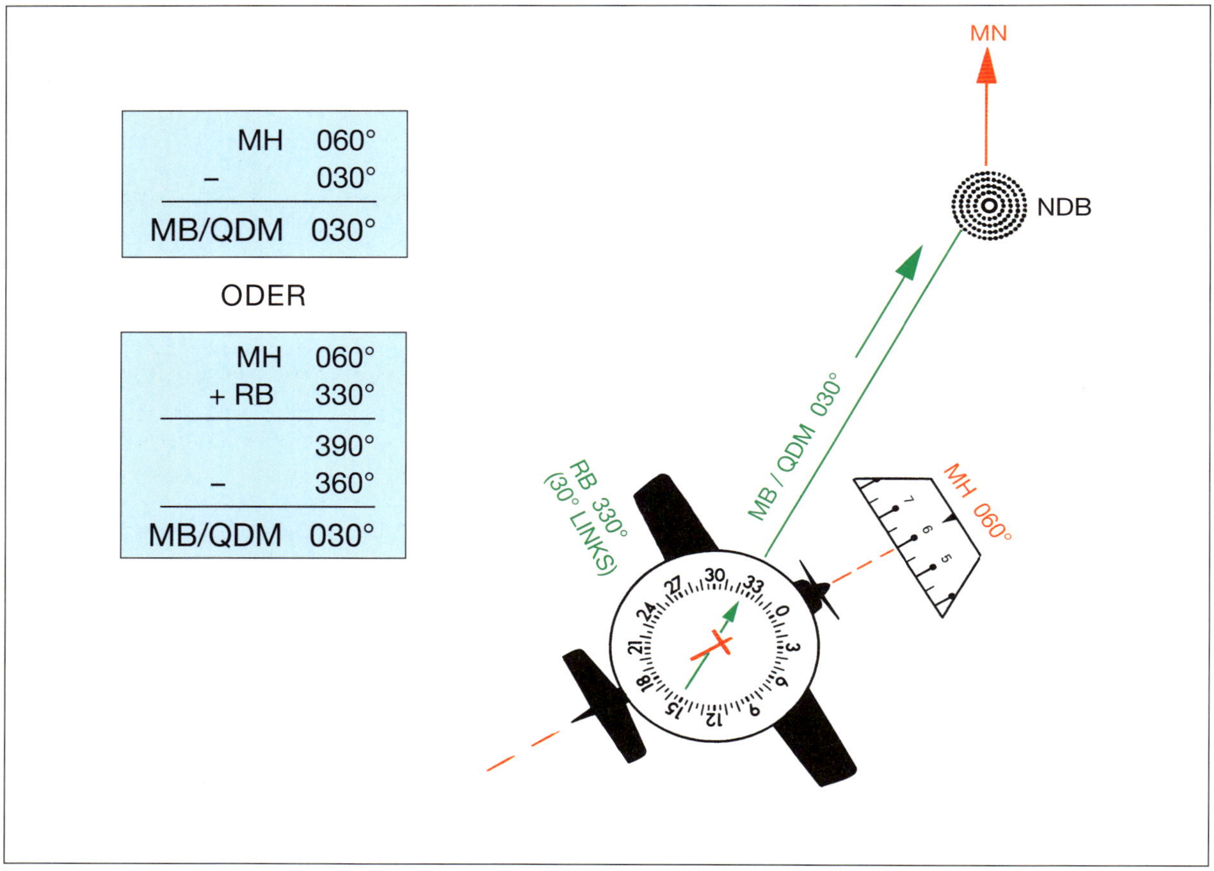

Bild 3.26 Orientierung mit dem automatischen Funkpeilgerät (ADF) – die Bodenstation (NDB) liegt **LINKS** von der Flugzeugnase!

- Die erwähnten **30° (LINKS** von der Flugzeugnase) **subtrahiert** man einfach vom **MH 060°** und erhält dadurch die missweisende Richtung ZUM Funkfeuer, also das **QDM** (= MB).

MB/QDM = 060°– 30° (LINKS) = 030°

- Man kann aber auch in allen Fällen (Bodenstation RECHTS oder LINKS von der Flugzeugnase) die schon behandelte **Formel** (vgl. Abschnitt 3.2.5.1, c) „Die missweisende Peilung") anwenden:

MB/QDM = MH + RB

Für unser Beispiel in Bild 3.26 sähe das wie nebenstehend aus:

MH	060°
+ RB	330°
	390°
–	360°
MB/QDM	**030°**

Der zunächst ermittelte Wert ist hier größer als 360°!

Um das **richtige MB/QDM** zu erhalten, **subtrahieren** wir in solchen Fällen **immer 360°** vom errechneten Wert.

3.2.5.3 Das Zielflugverfahren (Homing) mit dem automatischen Funkpeilgerät (ADF)

Die wohl einfachste und bei VFR-Fliegern allgemein gebräuchlichste Methode, eine Bodenstation (NDB) anzufliegen, ist das so genannte

Zielflugverfahren (homing).

Dabei muss der Flugzeugführer die **Nase** des Flugzeugs (= 0° auf dem Radiokompass) immer genau **ZUM NDB** hin ausrichten, das heißt, er muss die **Spitze** der **Anzeigenadel** während des Senderanfluges ständig auf **RB 000°** halten.

Nachdem die Richtung vom momentanen Standort des Flugzeugs ZUR Bodenstation (NDB) nach einem der im vorhergehenden Abschnitt (3.2.5.1) behandelten Verfahren bestimmt ist, wird der Zielflug (homing) eingeleitet, indem man einfach auf dem kürzesten Wege ZUM NDB einkurvt und dann **RB 000°** auf dem ADF-Anzeigegerät (Radiokompass) einhält (siehe Bild 3.27, A).

Der Steuerkurs des Flugzeugs (heading) und der Kurs über Grund (track) stimmen beim Zielflugverfahren **nur** dann überein, wenn **Windstille** herrscht oder direkter Gegen- oder Rückenwind auf das Flugzeug einwirkt **(Bild 3.27, A).**

Die Funkseitenpeilung **(RB** = **R**elative **B**earing) bleibt auf **0°** stehen, solange keine Windversetzung (Abtrift) auftritt. Wird das Flugzeug beim Zielanflug (homing) durch Seitenwind (crosswind) versetzt, dann wandert die Anzeigenadel des Radiokompasses langsam nach der Seite aus, aus der der Wind kommt (Luvseite = dem Wind zugewandte Seite).

Der Flugzeugführer muss also **laufend Kursänderungen** durchführen, um die Nase des Flugzeugs (Flugzeuglängsachse) wieder zum NDB hin auszurichten. Diese Steuerkursänderungen müssen immer so groß sein, dass sie genau dem Betrag des Abweichens der Anzeigenadel aus der Nullstellung (zero position) entsprechen.

Es ist leicht einzusehen, dass die Bodenstation (NDB) bei diesem „Homing-Verfahren" nicht auf **geradem** Kurs über Grund (track) angeflogen wird, sondern dass das Flugzeug sich wegen des Seitenwindeinflusses auf einer Kurvenlinie auf den Sender zubewegt, die als

- **Zielkurve** oder **„Hundekurve" (curve of pursuit)**

bezeichnet wird (siehe Bild 3.27).

Die **Nachteile des Zielflugverfahrens** (homing) liegen klar auf der Hand:

1. Der Steuerkurs muss bei Seitenwind laufend geändert werden!
2. Die Anflugzeit (Strecke) ist infolge der Zielkurve länger als beim direkten Anflug!

Je schwächer der Seitenwind und je kürzer die Strecke zum Funkfeuer (NDB) ist, umso weniger krümmt sich der Flugweg während des Zielfluges (homing).

Merke: Deshalb soll das Zielflugverfahren (homing) nur für kürzere Strecken – also in der Nähe der Bodenstation (NDB) – und bei nicht zu starkem Seitenwind angewandt werden!

Der **Überflug** des Funkfeuers (NDB) wird dadurch angezeigt, dass sich die **Anzeigenadel** des Radiokompasses (ADF-Anzeigegerät) **von RB 000°** über RB 270° **(links querab)** oder RB 090° **(rechts querab)** auf **RB 180°** (Heck des Flugzeugs) **dreht** (siehe Bild 3.27, D).

Wichtig: In der Praxis lässt sich das **Zielflugverfahren** (homing) **nur ZUM Sender HIN** (= Senderanflug) durchführen!

Zielflüge VOM Sender WEG (= Senderabflüge) können **nur** dann geflogen werden, wenn **kein Seitenwind** auf das Flugzeug einwirkt!

Versucht man, das Zielflugverfahren VOM Sender WEG (homing away) bei Seitenwindeinfluss anzuwenden – die Anzeigenadel wird dabei auf **RB 180°** gehalten –, dann wird das Flugzeug im Laufe der Zeit mit dem Wind immer mehr zur **Leeseite** (= dem Wind abgewandte Seite) hin versetzt; das heißt, das Flugzeug wird weiter und weiter vom gewünschten Kurs über Grund abgetrieben, weil die Flugzeugnase mehr und mehr zur Leeseite hin gedreht werden muss, um die Anzeigenadel auf **RB 180°** zu halten!

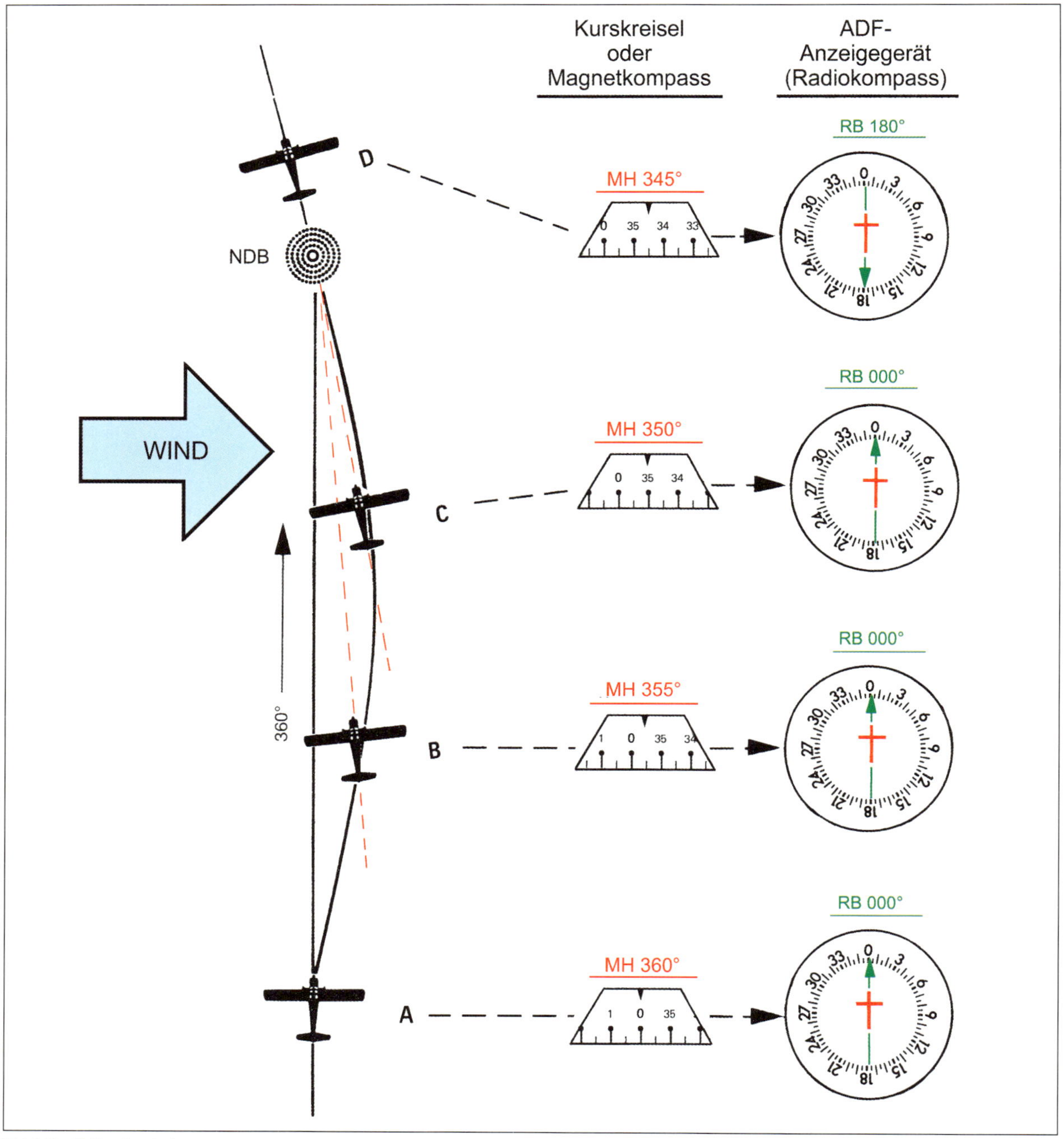

Bild 3.27 Zielflug (homing) mit dem ADF

3.2.5.4 Erfliegen einer stehenden Peilung (Constant Bearing Procedure)

Wollen wir – im Gegensatz zum vorher behandelten Zielflugverfahren (homing) – unser Flugzeug mit Hilfe des ADF vom momentanen Standort (position) auf einem **direkten** Kurs über Grund (track) zum NDB führen, dann müssen wir **bei Seitenwind die Flugzeugnase** um den Betrag der Abtrift (drift) **in den Wind drehen** – das heißt, wir müssen den **Windeinfluss durch** einen entsprechenden **Vorhaltewinkel** (Luvwinkel = WCA) **ausgleichen** –, bis die Peilanzeige auf dem ADF-Anzeigegerät (Radiokompass) sich nicht mehr verändert. Die „stehende Peilung" (constant bearing) zeigt uns dann an, dass das Flugzeug nicht mehr vom Wind versetzt wird und auf direktem Kurs ZUM NDB fliegt.

Das Verfahren zum Erfliegen einer stehenden Peilung (constant bearing) beginnt damit, dass die Flugzeugnase erst einmal – wie beim Zielflugverfahren – vom augenblicklichen Standort aus ZUM Sender HIN ausgerichtet wird **(= RB 000°).** In unserem Beispiel (Bild 3.28) steuert der Flugzeugführer danach **MH 270°** und liest auf dem Radiokompass **RB 000°** ab. In dieser Ausgangssituation ist das Flugzeug noch ca. 12 Minuten vom NDB entfernt.

Nach 4 Minuten Flugzeit mit MH 270° zeigt der Radiokompass **RB 355°** an (Abtrift nach **rechts** – Wind von **links).**

Um nun von diesem Standort aus auf einem direkten Kurs über Grund (track) ZUM NDB fliegen zu können, muss die Nase des Flugzeugs (Flugzeuglängsachse)

- um den Betrag des Peilsprungs (hier 5°) während der Versetzung ZUM Sender HIN gedreht werden

und

- eine zusätzliche Verbesserung in Form eines Vorhaltewinkels (Luvwinkel = WCA) durchgeführt werden,

um eine weitere Versetzung (Abtrift) auszuschließen.

Dieser Luvwinkel (WCA) – also die zusätzliche Verbesserung – kann bei nicht bekannten Windverhältnissen mit folgender Faustformel leicht bestimmt werden:

Faustformel: Luvwinkel (WCA) $= \dfrac{\textbf{Restzeit zur Station x Peilsprung}}{\textbf{Dauer der Versetzung}}$

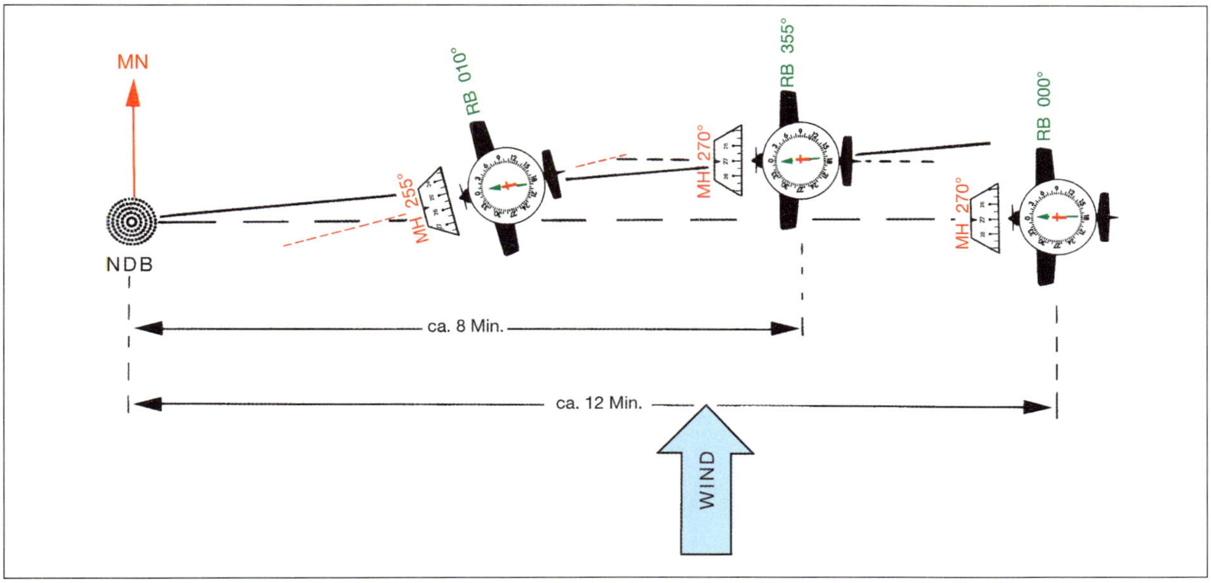

Bild 3.28 Erfliegen einer stehenden Peilung (constant bearing procedure)

Für unser Beispiel in Bild 3.28 ergibt sich zur Bestimmung der **Gesamtkursverbesserung** folgende kleine Rechenoperation:

1. Peilsprung während der Versetzung: 5°
2. Zusätzliche Verbesserung – WCA: $\dfrac{8\text{ (Min.) x }5\text{ (°)}}{4\text{ (Min.)}} = 10°$
3. Gesamtverbesserung: 5° + 10° = 15° nach LINKS (–)
4. **Neuer Steuerkus – MH** für stehende Peilung: 270° – 15° = **255°**

Die **Anzeigenadel** des Radiokompasses **bleibt** bei richtig gewähltem Luvwinkel (WCA) während des gesamten weiteren Senderanfluges **stehen** (deshalb „stehende" Peilung) und ist genau um den Betrag des Luvwinkels (WCA) von der **0°-Marke** des Anzeigegeräts versetzt.

In unserem Beispiel betrug der WCA –10°. Der Radiokompass zeigt aus diesem Grund **RB 010°** an, was bedeutet, dass die angepeilte Bodenstation (NDB) um **10° RECHTS** von der Flugzeugnase steht.

Sollte sich nach der vorgenommenen Verbesserung die Peilanzeige verändern, dann **stimmt der Luvwinkel nicht.** In der Praxis verändert man den Luvwinkel (WCA) in solchen Fällen durch Schätzungen.

Merke:
- **Luvwinkel zu groß – Anzeigenadel wandert von der 0°-Marke weg!**
- **Luvwinkel zu klein – Anzeigenadel wandert zur 0°-Marke hin!**

3.2.5.5 Das Kursflugverfahren (Tracking) mit dem automatischen Funkpeilgerät (ADF)

Soll ein Bodensender (NDB) auf einem vorbestimmten Anflugkurs (inbound track) angeflogen oder auf einem vorbestimmten Abflugkurs (outbound track) verlassen werden, dann muss der Flugzeugführer das so genannte

- **Kursflugverfahren (tracking)**

anwenden. Es unterscheidet sich vom vorher besprochenen Verfahren des Erfliegens einer stehenden Peilung (constant bearing procedure) nur darin, dass bei auftretender Abtrift (Windversetzung) das Flugzeug zum vorbestimmten Anflug- oder Abflugkurs (inbound track oder outbound track) zurückgeführt werden muss.

Kursflug (tracking) bereitet bei Windstille oder bei direktem Gegen- oder Rückenwind keinerlei Schwierigkeiten. Bei Seitenwind muss jedoch immer ein Vorhaltewinkel (Luvwinkel/WCA) errechnet werden (vgl. Abschnitt 3.2.5.4 „Erfliegen einer stehenden Peilung"), der die **Soll-Anzeige** des Radiokompasses bestimmt.

Treten dann beim Kursflug (tracking) trotz des angebrachten Luvwinkels (WCA) Peilabweichungen auf, die durch Auswandern der Anzeigenadel angezeigt werden, kann man anhand der Abweichung leicht feststellen, nach welcher Seite das Flugzeug vom vorbestimmten An- oder Abflugkurs (inbound or outbound track) versetzt worden ist.

Da der Steuerkurs (MH) nicht verändert wurde und die Anzeigenadel immer ZUM Funkfeuer (NDB) zeigt, bedeutet eine größer werdende Peilung (Auswandern der Nadel nach rechts) während eines Senderanfluges, dass das Flugzeug nach **links** und bei einem Senderabflug, dass das Flugzeug nach **rechts** versetzt wurde.

Eine kleiner werdende Peilung (Auswandern der Anzeigenadel nach links) deutet an, dass beim Senderanflug (tracking inbound) eine Versetzung des Flugzeugs nach **rechts** und beim Senderabflug (tracking outbound) eine Versetzung nach **links** erfolgte.

Merke: Für **Senderanflüge** (tracking inbound):

- Peilung wird **GRÖSSER** = Versetzung nach **LINKS!**
  Peilung wird **KLEINER** = Versetzung nach **RECHTS!**

Für **Senderabflüge** (tracking outbound):

- Peilung wird **GRÖSSER** = Versetzung nach **RECHTS!**
  Peilung wird **KLEINER** = Versetzung nach **LINKS!**

Dazu ein paar Beispiele:

3.2.5.5.1 Senderanflug (Tracking Inbound)

a) Soll-RB: 010°
Ist-RB: 005°

Folgerung: Das Flugzeug befindet sich **5° RECHTS** vom vorbestimmten Anflugkurs (inbound track)!

b) Soll-RB: 350°
Ist-RB: 355°

Folgerung: Das Flugzeug befindet sich **5° LINKS** vom vorbestimmten Anflugkurs (inbound track)!

3.2.5.5.2 Senderabflug (Tracking Outbound)

a) Soll-RB: 190°
Ist-RB: 185°

Folgerung: Das Flugzeug befindet sich **5° LINKS** vom vorbestimmten Abflugkurs (outbound track)!

b) Soll-RB: 170°
Ist-RB: 175°

Folgerung: Das Flugzeug befindet sich **5° RECHTS** vom vorbestimmten Abflugkurs (outbound track)!

Es empfiehlt sich, diese Beispiele einmal gedanklich und zeichnerisch auf einem Blatt Papier nachzuvollziehen.

Die erforderliche Kursverbesserunag zurück zum vorbestimmten An- oder Abflugkurs hängt von der Entfernung von der Bodenstation (NDB) und von den Windverhältnissen ab. Sie muss in jedem Fall **größer** als der beobachtete **Peilsprung** sein! In der fliegerischen Praxis hat sich eine

- **Kursverbesserung von ± 20° bis 30°**

ZUM vorbestimmten An- oder Abflugkurs hin bewährt. Diese Methode schließt eine zu steile oder zu späte Annäherung des vorbestimmten Kurses (Sollkurs) in den meisten Fällen aus.

3.2.5.5.3 Kursflug ZUR Bodenstation (Tracking Inbound)

Die nebenstehende Abbildung zeigt uns einen typischen Kursflug ZUR Bodenstation (NDB) HIN (Senderanflug). Der **vorbestimmte Anflugkurs** (inbound track) **beträgt 350°.**

- Der Flugzeugführer nahm ursprünglich an, dass **Windstille** herrscht. Deshalb richtete er die Flugzeugnase am **Standort A** auf **350°** aus und las auf dem Radiokompass **RB 000°** ab.
- Am **Standort B** angekommen stellte er fest, dass das Flugzeug nach **RECHTS** versetzt wurde. Es muss also ein Seitenwind von **LINKS** auf das Flugzeug eingewirkt haben.

  Der Radiokompass zeigt jetzt **RB 355°** an, was bedeutet, dass der **vorbestimmte Anflugkurs über Grund** (inbound track) **5° LINKS vom Standort** des Flugzeugs liegt.

Merke: Eine Kursverbesserung zurück zum vorbestimmten Anflugkurs über Grund (inbound track) wird in der Praxis immer dann ausgeführt, wenn das Flugzeug um 5° oder mehr davon versetzt worden ist!

- Der Flugzeugführer bringt eine **20°-Kursverbesserung ZUM vorbestimmten Anflugkurs über Grund** an, um das Flugzeug dorthin zurückzubringen **(siehe C).** Er steuert nun **MH 330°**. Diese Standardkorrektur von 20° (oder maximal 30°) wird das Flugzeug ZUM geforderten Anflugkurs über Grund (inbound track) zurückbringen, es sei denn, der Wind ist sehr stark.

  Nach der Korrekturkurve auf **MH 330°** zeigt der Radiokompass **RB 015°** an. Der Bodensender (NDB) liegt also jetzt **15° RECHTS** von der Flugzeugnase.
- Am **Standort D** hat das Flugzeug den vorbestimmten Anflugkurs über Grund (inbound track) wieder erreicht. Der Radiokompass zeigt **RB 020°** an.

Wir erinnern uns noch einmal:

MH + RB	**=**	**MB/QDM**
also		
MH 330° + RB 020°	**=**	**MB/QDM 350°**

- Das Funkfeuer (NDB) liegt jetzt (Standort D) **20° RECHTS** von der Flugzeugnase. Um nun auf dem vorbestimmten Anflugkurs (inbound track) zu verbleiben, muss mit einem **Vorhaltewinkel** (Luvwinkel/WCA) weitergeflogen werden, da **Seitenwind von LINKS** auf das Flugzeug einwirkt.

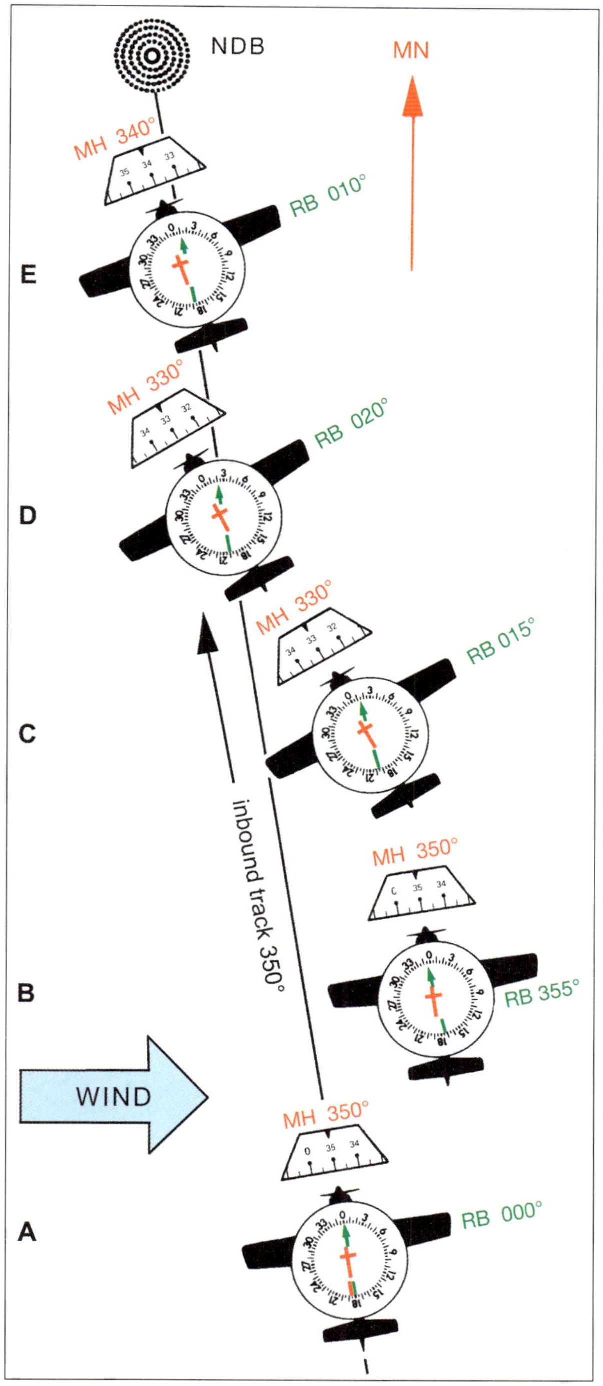

Bild 3.29 Kursflug **ZUM NDB HIN** (tracking inbound)

Der **Luvwinkel (WCA)** wird entweder **geschätzt** oder nach der **unter Abschnitt 3.2.5.4 „Erfliegen einer stehenden Peilung“** besprochenen **Faustformel** berechnet.

- In unserem Beispiel am **Standort E** können wir sehen, dass der Flugzeugführer, nachdem er den vorbestimmten Anflugkurs (inbound track) wieder erreicht hatte (Standort D), mit **MH 340°** weiterflog und jetzt mit einem **Luvwinkel (WCA = Wind Correction Angle)** von **–10°** (Vorhalten um 10° nach LINKS) den Kursflug ZUR Bodenstation (tracking inbound) durchführt. Der **Radiokompass** zeigt ihm dabei **RB 010°** an (= 10° Vorhalten nach LINKS).

  Jetzt **bleibt** das **Flugzeug** bis zum Erreichen des NDB **auf dem vorbestimmten Anflugkurs** (inbound track) – natürlich vorausgesetzt, dass die Peilung sich nicht mehr ändert. Ist das doch der Fall, dann muss eine erneute Kursverbesserung zurück zum „inbound track“ erfolgen.

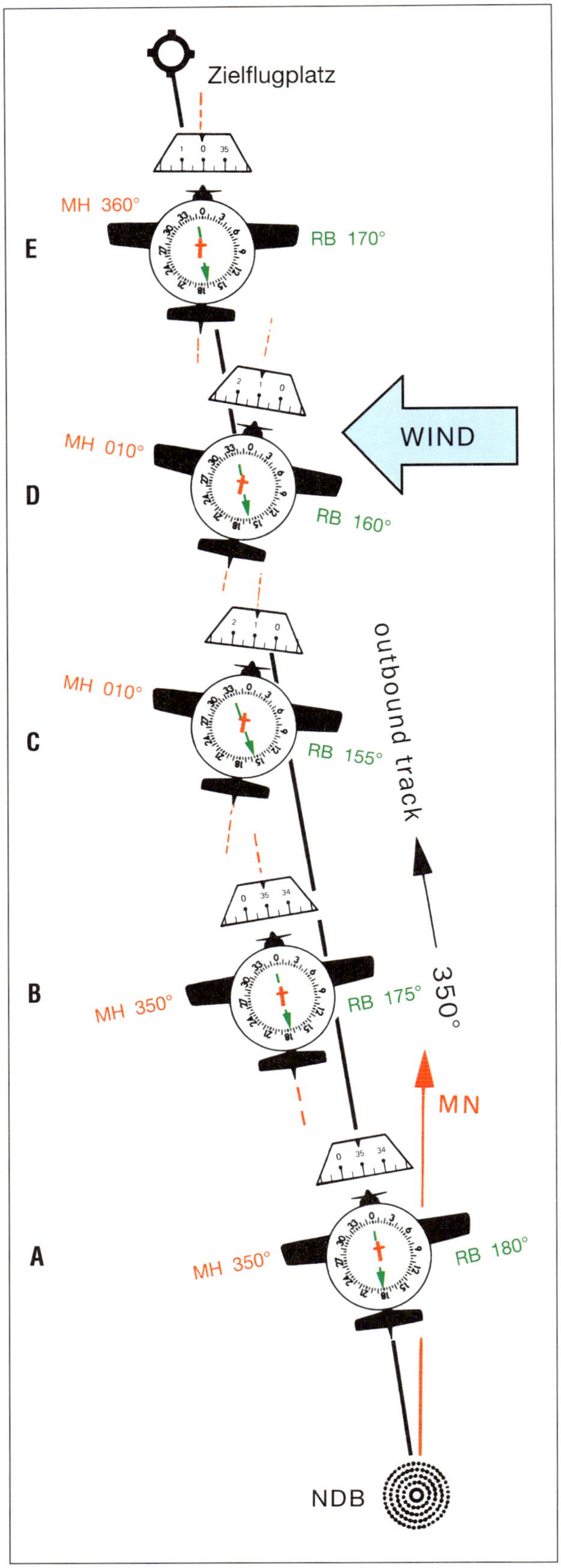

Bild 3.30 Kursflug **VOM NDB WEG** (tracking outbound)

3.2.5.5.4 Kursflug VON der Bodenstation WEG (Tracking Outbound)

Das Kursflugverfahren **VON der Station (NDB) WEG** (Senderabflug; tracking outbound) unterscheidet sich von dem eben behandelten Kursflug **ZUR Bodenstation HIN** (tracking inbound) nur dadurch, dass bei der Durchführung nicht die Nase des Flugzeugs **(= RB 000°),** sondern das **Heck** (tail) des Flugzeugs **(= RB 180°)** als **Bezugspunkt** dient.

Unser Flugzeug aus Bild 3.29 hat inzwischen die Bodenstation überflogen, und der Flugzeugführer will nun auf einem **vorbestimmten Abflugkurs** (outbound track) von **350°** weiterfliegen, weil auf dieser Linie sein Zielflugplatz (siehe Bild 3.30) liegt.

Die Windverhältnisse haben sich – wie wir gleich sehen werden – geändert. Der **Wind** wirkt während des Senderabfluges zum Zielflugplatz **von RECHTS** auf das Flugzeug ein.

Erklärungen zu Bild 3.30:

- Am **Standort A** ist der Flugzeugführer sich nicht mehr über die Windverhältnisse im Klaren. Er fliegt deshalb zuerst einmal auf dem vorbestimmten Abflugkurs über Grund (outbound track) **MH 350°** mit einer **RB-Anzeige von 180°.** Die Bodenstation (NDB) liegt genau hinter dem Flugzeug (Heck).
- Am **Standort B** stellt er fest, dass das Flugzeug durch **Seitenwind von RECHTS** um **5°** vom vorbestimmten Abflugkurs über Grund (outbound track) **nach LINKS versetzt** worden ist, denn der Radiokompass zeigt jetzt **RB 175°** an.
- Der Flugzeugführer wendet nun die standardmäßige 20°-Verbesserung (maximal 30°) zur Windseite (Luvseite) hin an, um das Flugzeug wieder auf den gewünschten Abflugkurs über Grund (outbound track) zurückzubringen.

  Nach der Korrekturkurve auf **MH 010°** – siehe **Standort C** – zeigt der Radiokompass **RB 155°** an. Das **NDB** liegt jetzt also **25° RECHTS vom Flugzeugheck** (tail).
- Am **Standort D** ist das Flugzeug aufgrund der 20°-Kurve nach RECHTS wieder auf dem vorbestimmten Abflugkurs über Grund (outbound track) angekommen, denn der Flugzeugführer liest hier **RB 160°** vom Radiokompass ab (= NDB liegt 20° **RECHTS** vom Flugzeugheck).
- Der Kursflug VON der Bodenstation WEG (tracking outbound) auf dem vorbestimmten Abflugkurs über Grund zum Zielflugplatz hin wird jetzt mit einem (berechneten oder geschätzten) Luvwinkel (WCA) von **+10°** (= Vorhaltewinkel um 10° nach **RECHTS)** durchgeführt, um den Seitenwindeinfluss von **RECHTS** auszugleichen.

  Der Darstellung am **Standort E** können wir entnehmen, dass das Flugzeug nun mit einem **MH 360°** und einer stehenden Peilung **RB 170°** auf direktem missweisenden Kurs über Grund **(M**agnetic **T**rack = **MT)** – also auf **MT 350°** – zum Zielflugplatz fliegt.

3.2.5.6 Das Anschneiden eines vorbestimmten An- oder Abflugkurses über Grund (Track Interception)

Das Anschneiden oder Aufsuchen eines **vorbestimmten An- oder Abflugkurses (inbound or outbound track)** – auf dem man sich **noch nicht befindet** – nennt man in der Fliegersprache

- **track interception.**

Der vorbestimmte An- oder Abflugkurs muss also erst einmal aufgesucht (angeschnitten) und, nachdem das geschehen ist, geflogen werden (Kursflug/tracking).

Die richtige Wahl des Anschneidewinkels (intercept angle), mit dem das Flugzeug den vorbestimmten Kurs über Grund (track) anschneiden soll, ist dabei sehr wichtig. Ist dieser **Schnittwinkel** (intercept angle) **zu klein** gewählt worden, dann erreicht das Flugzeug die **vorbestimmte Kurslinie** (track) **zu spät** oder **gar nicht.**

Um solche „Ausrutscher" in der Praxis zu vermeiden, müssen wir **immer** einen **Anschneidewinkel** (intercept angle) wählen, der in jedem Fall **größer** ist **als** der **Winkel** zwischen der augenblicklichen **Standlinie** und der vorbestimmten Kurslinie **(track).** Er sollte aber niemals größer als 90° sein!

Bei der „track interception" ist die räumliche Orientierung in Bezug zur Bodenstation (NDB) und zur anzufliegenden Kurslinie (track) unerlässlich.

In der Praxis müssen wir unterscheiden zwischen dem

- Anschneiden eines vorbestimmten **Anflugkurses** über **Grund ZUR Bodenstation HIN (interception inbound)**

und dem

- Anschneiden eines vorbestimmten **Abflugkurses** über **Grund VON der Bodenstation WEG (interception outbound).**

3.2.5.6.1 Anschneiden eines vorbestimmten Anflugkurses (Interception Inbound)

Die folgende Abbildung (Bild 3.31.a) zeigt uns das Verfahren des Anschneidens eines vorbestimmten Anflugkurses über Grund (inbound track interception). Das Flugzeug befindet sich im Moment auf einem „inbound track" von **050° (siehe Standort A).**

Der Flugzeugführer soll von dort aus einen Anflugkurs über Grund (inbound track) von 080° anschneiden (interception) und dann auf diesem ZUR Bodenstation HIN fliegen (tracking inbound). Er wählt einen **45°-Anschneidewinkel (interception angle)** aus, um zum geforderten Anflugkurs zu gelangen, der LINKS von ihm liegt.

Welchen Kurs (MH) muss er nun steuern?

Ganz einfach: Der Steuerkurs (MH), mit dem der geforderte Anflugkurs (inbound track) angeschnitten werden soll (intercept heading), ergibt sich hier aus der Differenz zwischen gefordertem Anflugkurs **(080°)** und dem gewählten Anschneidewinkel **(45°),** also nach folgender Rechnung:

080°– 45° = 035° (intercept heading).

Nachdem der Steuerkurs zum Anschneiden des geforderten Anflugkurses (intercept heading) auf diese Art bestimmt ist, dreht der Flugzeugführer nach LINKS auf **MH 035°** (intercept heading) ein und **schneidet** somit den **vorbestimmten Anflugkurs (inbound track) mit 45° an** (intercept angle).

- Der geforderte Anflugkurs über Grund (inbound track) von **080°** wird am **Standort B** erreicht. Der Radiokompass zeigt hier **RB 045° (= Anschneidewinkel/intercept angle)** an.

  Das Funkfeuer **(NDB)** liegt also **45° RECHTS** von der Flugzeugnase.

- Jetzt muss der Flugzeugführer nur noch nach **RECHTS auf MH 080° einkurven** und den Kursflug ZUM NDB HIN (tracking inbound) durchführen.

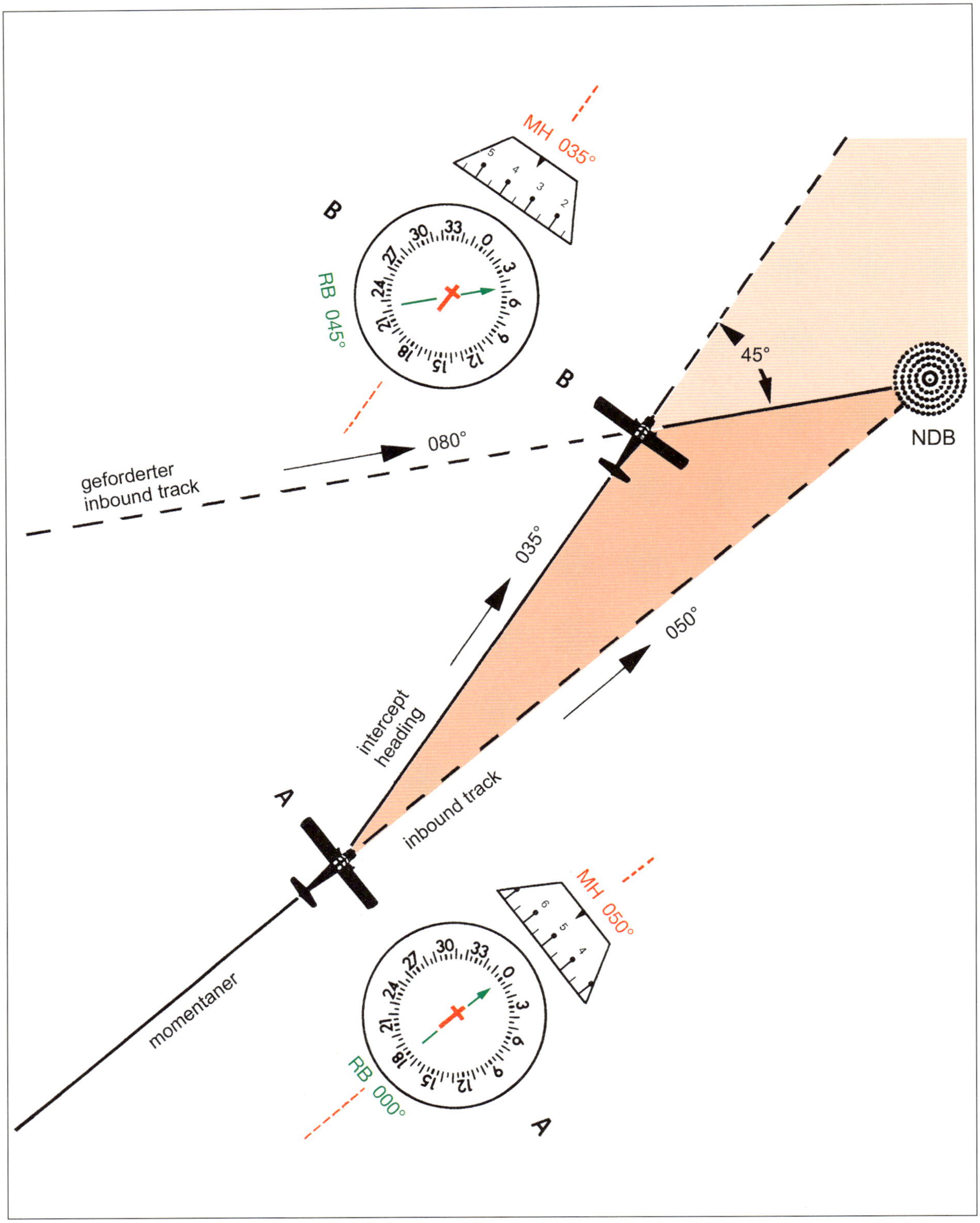

Bild 3.31.a Anschneiden eines vorbestimmten Anflugkurses über Grund **ZUM NDB HIN** (interception inbound) mit 45°

Das Anschneiden von vorbestimmten An- oder Abflugkursen über Grund **mit 45°** hat sich in der Praxis für Leichtflugzeuge sehr gut bewährt.

Soll der vorbestimmte (geforderte) Kurs über Grund **schnell** erreicht werden, empfiehlt es sich jedoch, diesen mit **90°** anzuschneiden (siehe folgendes Bild 3.31.b).

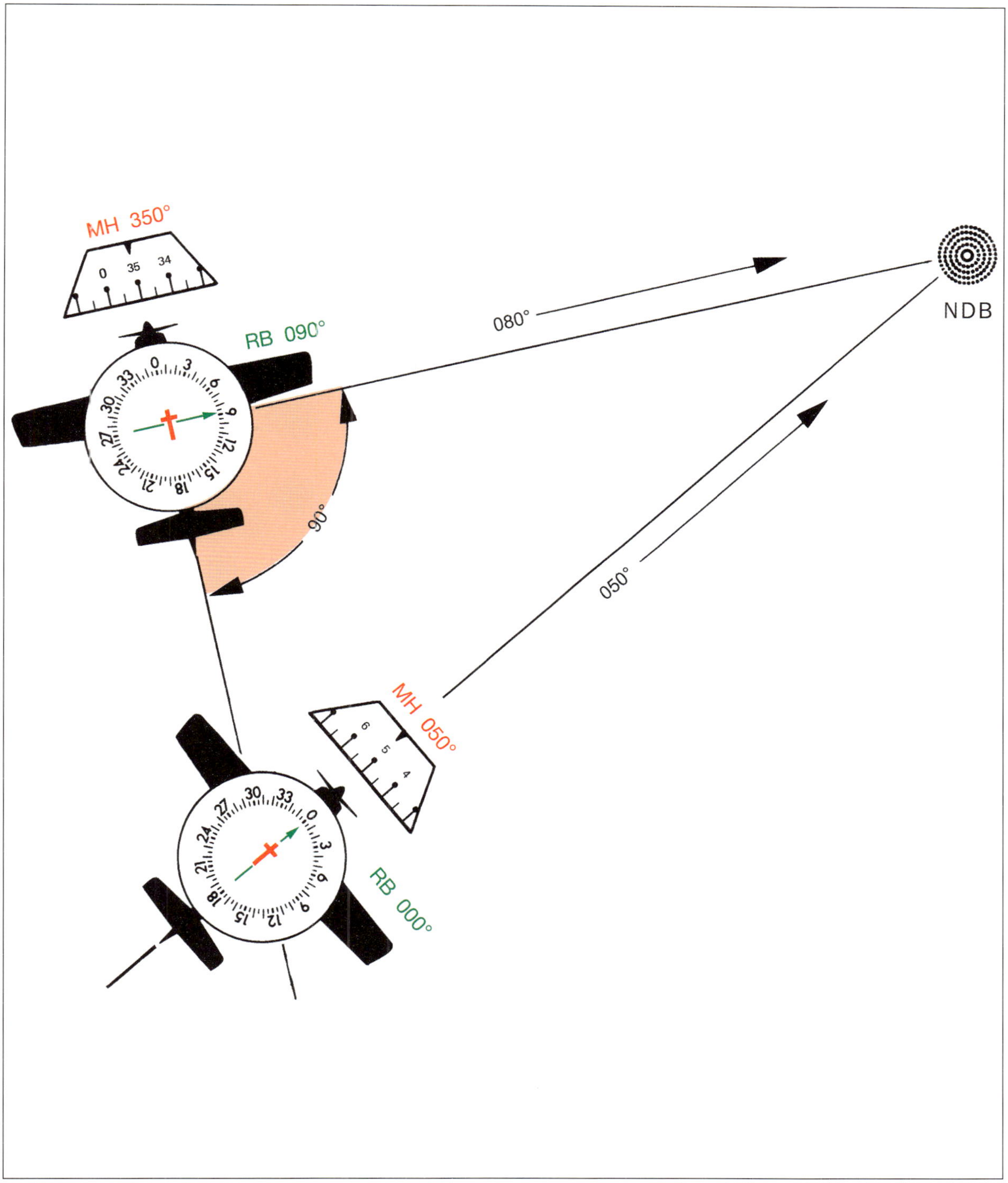

Bild 3.31.b Anschneiden mit 90° (90°-interception)

3.2.5.6.2 Anschneiden eines vorbestimmten Abflugkurses (Interception Outbound)

Wollen wir einen vorbestimmten (geforderten) Abflugkurs über Grund VON der Bodenstation (NDB) WEG (outbound track) anschneiden, treten grundsätzlich die gleichen Kriterien wie beim Anschneiden von Anflugkursen auf. Wir müssen nur darauf achten, dass hierbei der Anschneidewinkel (intercept angle) beim Erreichen des geforderten Abflugkurses (outbound track) auf dem Radiokompass bei der Anwendung der 45°-Methode als **RB 135°** (siehe Bild 3.32, A) oder **RB 225°** (siehe Bild 3.32, B) angezeigt wird.

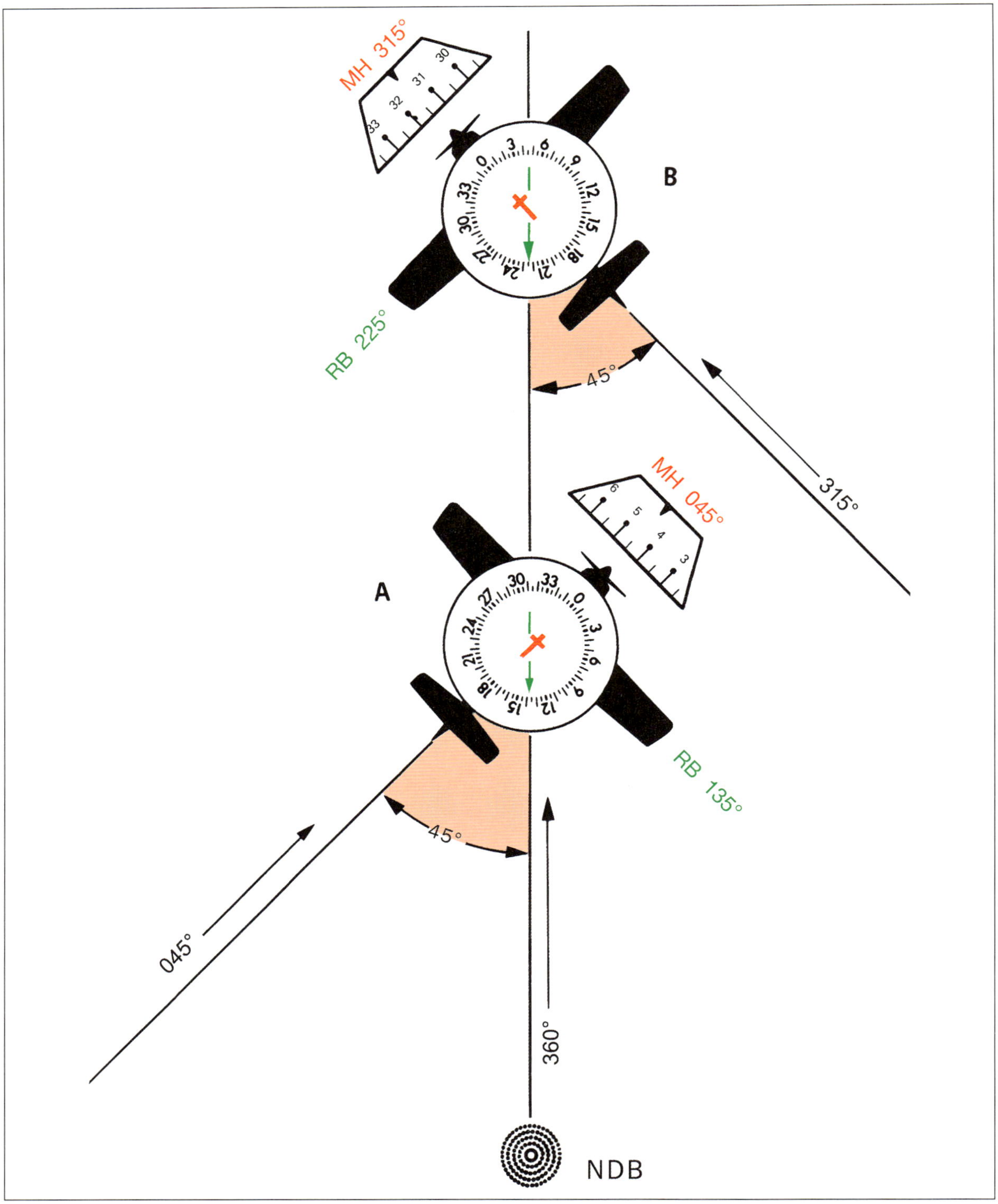

Bild 3.32 Anschneiden eines vorbestimmten Abflugkurses über Grund **VOM NDB WEG** (interception outbound)

Nun noch ein wichtiger Hinweis für das **Anschneiden** von vorbestimmten An- oder Abflugkursen (interception inbound/outbound):

- Bei jedem Anschneiden von An- und Abflugkursen muss die RB-Anzeige des Radiokompasses – entweder von der Flugzeugnase (0°) oder vom Flugzeugheck (180°) – zum Zeitpunkt des Erreichens der geforderten Kurslinie genau mit dem gewählten Anschneidewinkel (intercept angle) übereinstimmen!

3.2.5.7 Abstandsbestimmungen (Time/Distance Checks) mit dem automatischen Funkpeilgerät (ADF)

Hat der Flugzeugführer während eines Überlandfluges nur eine Bodenstation zur Verfügung – das ist in Europa selten der Fall –, dann kann er seinen Standort nicht mit zwei oder mehreren Funkstandlinien **(LOP** = **L**ines **o**f **P**osition) von verschiedenen Bodenstationen bestimmen (vgl. hierzu Abschnitt 3.2.5.1,e) „Der Funkstandort des Flugzeugs").

Für solche Ausnahmesituationen sind zur Orientierung oder zur Navigationskontrolle verschiedene

- **Abstandsbestimmungs-Methoden (time/distance checks)**

entwickelt worden, die entweder über die verbleibende Flugzeit oder über die verbleibende Entfernung zur Bodenstation Auskunft geben.

Alle behandelten Methoden – wir werden uns nur mit den drei gebräuchlichsten befassen – gelten sowohl für

- **die ADF- und VOR-Navigation (Eigenortungsverfahren)**

  als auch für

- **die Navigation mit UKW-Peilstellen (VDF; Fremdortungsverfahren).**

3.2.5.7.1 Die 90°-Methode zur Bestimmung der Flugzeit oder der Entfernung zur Bodenstation (90-Degree-Method)

Bei der Durchführung der 90°-Abstandsbestimmungsmethode muss die Längsachse des Flugzeugs mit der Richtung zur Bodenstation (NDB, VOR oder UKW-Peiler – VDF) einen Winkel von 90° bilden.

Um das zu erreichen, muss der Flugzeugführer vom momentanen Anflug- oder Abflugkurs (inbound/outbound track) weg nach RECHTS oder LINKS einkurven und das Flugzeug (die Längsachse) in **Querab-Stellung** (wing tip position) zur Bodenstation bringen (siehe Bild 3.33).

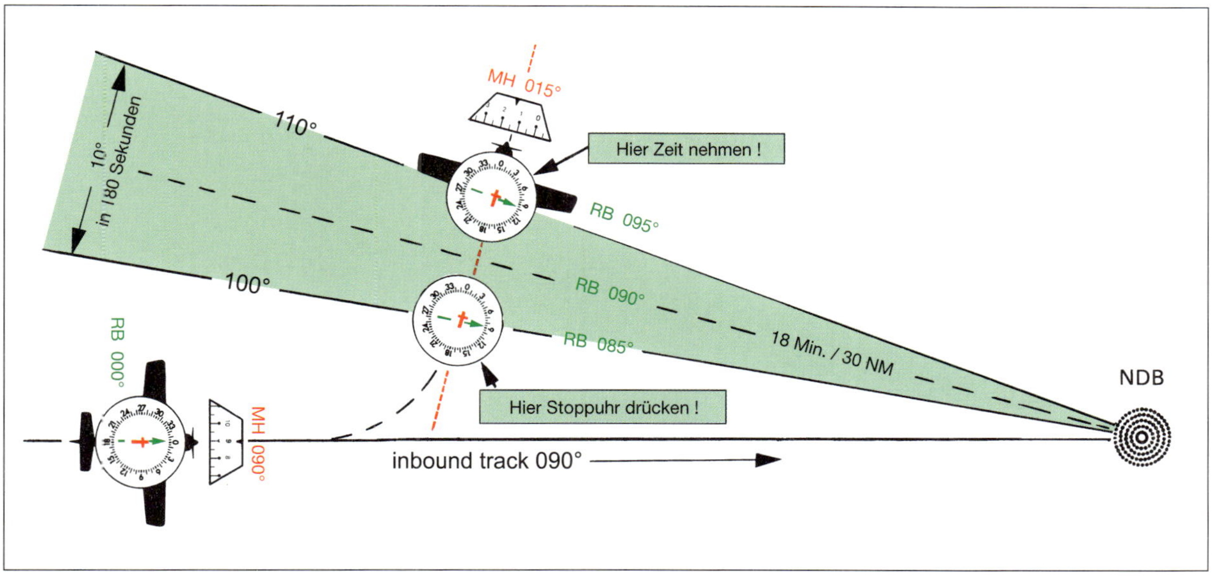

Bild 3.33 90°-Methode mit dem ADF

Die 90°-Methode wird genauer, wenn der **Anfangswinkel 85°** – wie in Bild 3.33 mit dem ADF dargestellt – und nicht 90° beträgt. Der **Peilsprung** sollte immer **10°** ausmachen (günstig für die später folgende Berechnung) und darf niemals größer als 20° sein, weil die Abstandsbestimmung dann zu ungenau wird.

Bild 3.33 zeigt uns, wie eine 90°-Abstandsbestimmung mit dem ADF durchgeführt wird. Liegt die **Bodenstation RECHTS** vom Flugzeug, dann muss die **Anfangsseitenpeilung RB 085°** betragen **(RB 275°,** wenn die **Station LINKS** liegt).

Hier drückt der Flugzeugführer die Stoppuhr und stoppt sie wieder, wenn ein Peilsprung von 10° – also RB 095° (bzw. RB 265°) – auf dem Radiokompass angezeigt wird. Mit den folgenden einfachen Formeln können wir nun entweder die **Flugzeit** oder die **Entfernung** zur Bodenstation ermitteln:

1. Flugzeit in Minuten

$$\textbf{Flugzeit in Minuten} = \frac{\textbf{Zeit in Sekunden für Peilsprung}}{\textbf{Peilsprung in Grad}}$$

Für unser Beispiel in Bild 3.33 ergibt sich danach folgende Lösung:

Der Peilsprung betrug innerhalb von 180 Sekunden **10°!** Also: $\frac{180}{10}$ = **18 Minuten zur Station!**

2. Entfernung in NM

$$\textbf{Entfernung in NM} = \frac{\textbf{GS/TAS x Zeit in Minuten für Peilsprung}}{\textbf{Peilsprung in Grad}}$$

Lösung für unser Beispiel in Bild 3.33 unter der Annahme, dass die **GS** des Flugzeugs **100 kt** beträgt (ist die GS nicht bekannt, dann kann auch die TAS eingesetzt werden):

Die **Zeit** für den 10°-Peilsprung betrug **3 Minuten** (= 180 Sekunden)! Also: $\frac{100 \times 3}{10}$ = **30 NM von der Bodenstation entfernt!**

Die **90°-Methode** ist mit folgenden Nachteilen behaftet:

- Der **Peilsprung** darf nicht größer als 20° sein!
- Der **Windeinfluss** kann in der Praxis nicht berücksichtigt werden!
- Fliegt das Flugzeug auf einem bestimmten An- oder Abflugkurs auf die Station zu oder von ihr weg, dann muss eine **beträchtliche Kursänderung** durchgeführt werden!

Das **90°-Abstandsbestimmungsverfahren** kann in der Praxis auch dann angewendet werden, wenn der Flugweg RECHTS oder LINKS an der Bodenstation vorbeiführt (siehe Bild 3.34).

1.

Bestimmung der **Flugzeit** für Beispiel aus Bild 3.34:

$\frac{120}{10}$ = **12 Minuten zur Bodenstation!**

2.

Berechnung der **Entfernung** für Beispiel aus Bild 3.34 (GS 90 kt):

$\frac{90 \times 2}{10}$ = **18 NM von der Bodenstation entfernt!**

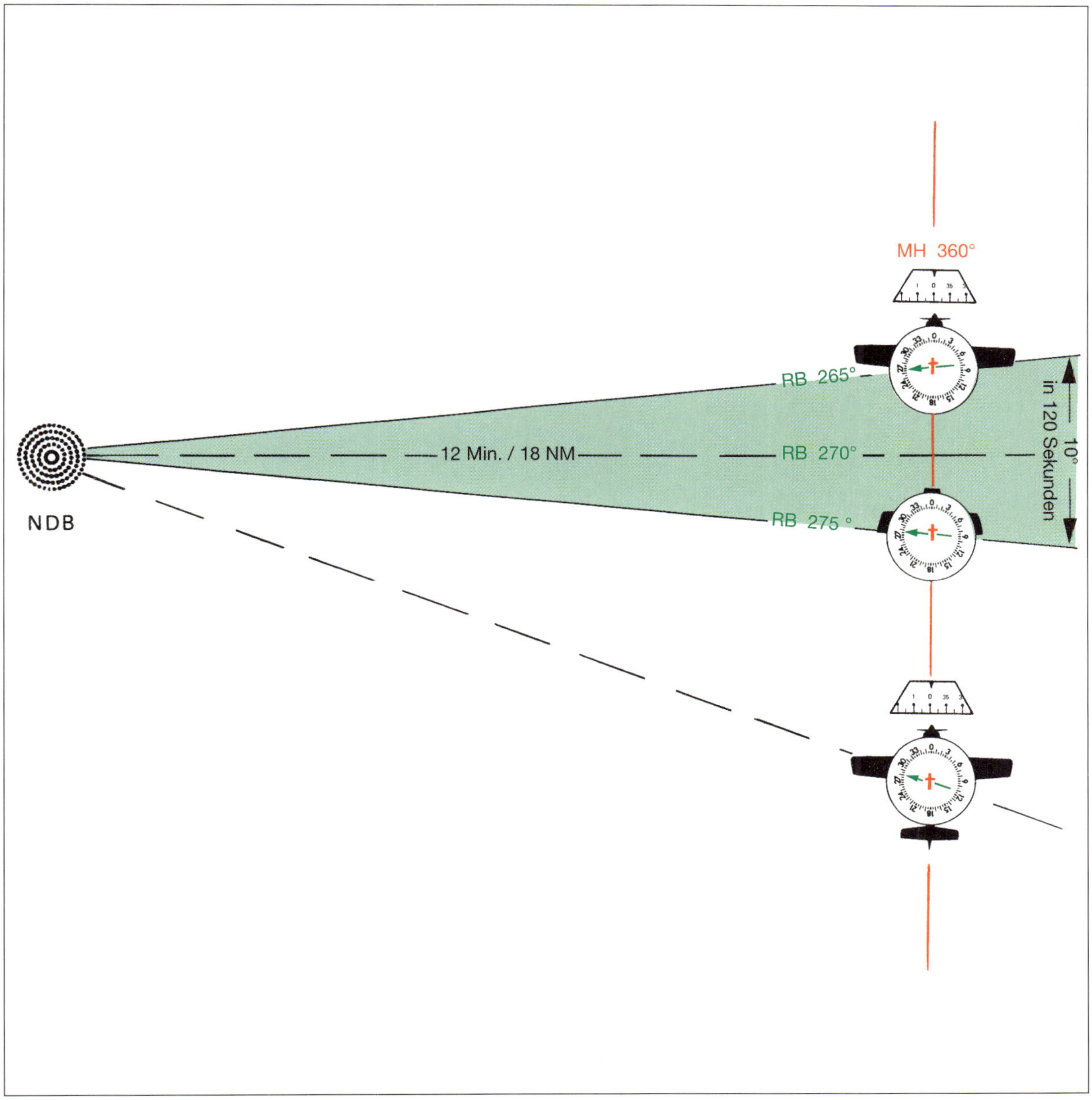

Bild 3.34 Abstandsbestimmung durch die 90°-Methode im Vorbeiflug

3.2.5.7.2 Die 30°-Methode zur Bestimmung der Flugzeit oder der Entfernung zur Bodenstation (30-Degree-Method)

Die Anwendung der 30°-Methode setzt voraus, dass vor Beginn des Verfahrens (siehe Bild 3.35) eine **stehende Peilung** (constant bearing) erflogen sein muss (vgl. hierzu Abschnitt 3.2.5.4). Danach ändert der Flugzeugführer den Steuerkurs (MH) um

- **30° nach LINKS oder RECHTS.**

Diese 30°-Kursänderung sollte möglichst mit dem Wind – also leewärts – durchgeführt werden, damit schnell ein größerer Peilsprung herbeigeführt wird.

Zum Zeitpunkt des Einleitens der 30°-Kurve drückt man die Stoppuhr und wartet, bis ein Peilsprung von mindestens 5° oder mehr eintritt – auch hier empfiehlt sich ein **Peilsprung von 10°!**

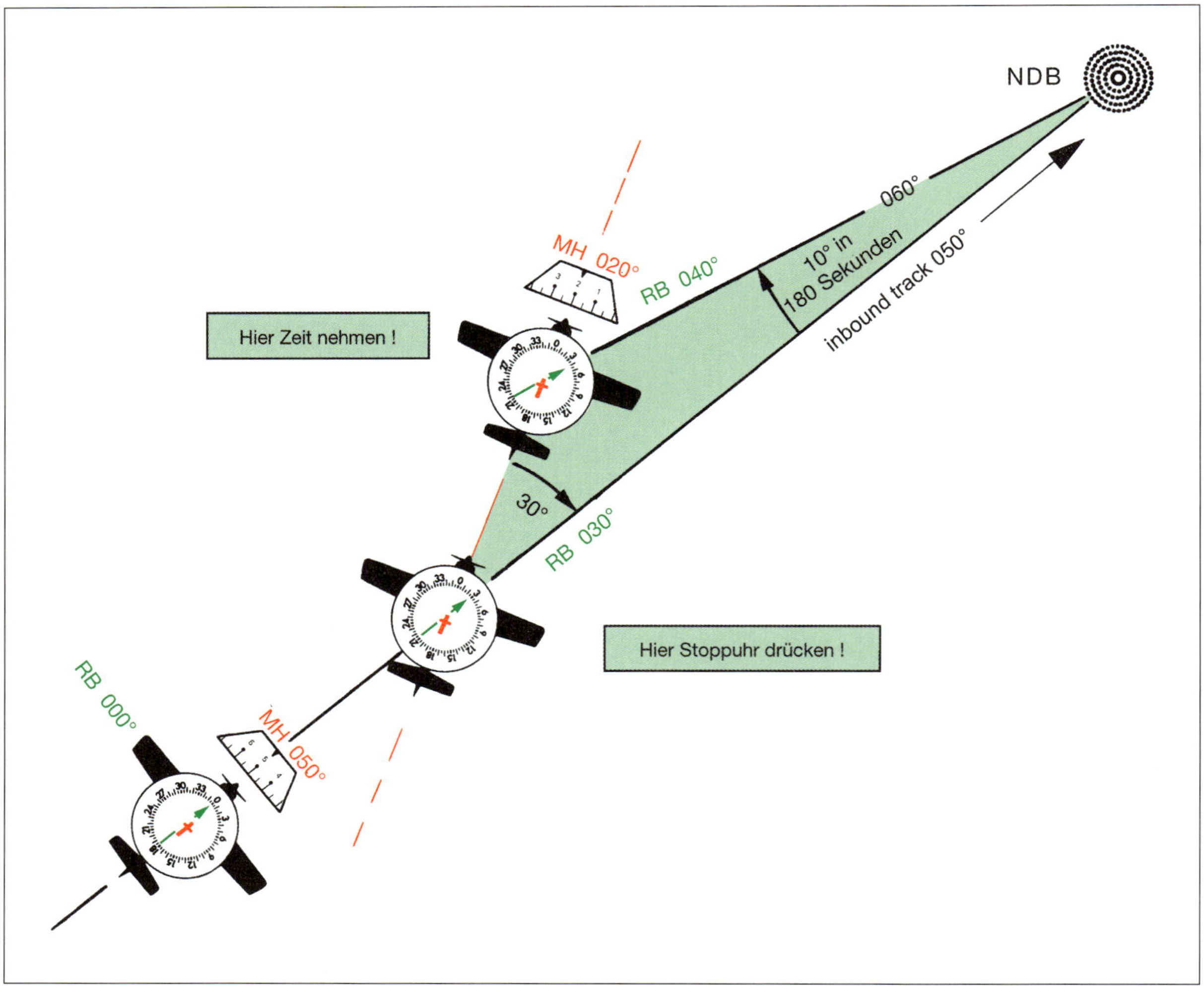

Bild 3.35 30°-Methode mit ADF

Mit der gestoppten Zeit und dem dabei aufgetretenen Peilsprung kann nun nach folgenden Formeln die Flugzeit oder die Entfernung zur Bodenstation bestimmt werden:

1. Flugzeit in Minuten

$$\textbf{Flugzeit in Minuten} = \frac{\textbf{Zeit in Sekunden für Peilsprung}}{\textbf{2 x Peilsprung in Grad}}$$

Lösung für unser Beispiel aus Bild 3.35:

In 180 Sekunden stellte sich ein **Peilsprung** von 10° ein!

Also: $\frac{180}{2 \times 10} = \frac{180}{20} =$ **9 Minuten zur Station!**

2. Entfernung in NM

$$\textbf{Entfernung in NM} = \frac{\textbf{GS/TAS x Zeit in Minuten für Peilsprung}}{\textbf{2 x Peilsprung in Grad}}$$

Lösung für unser Beispiel aus Bild 3.35 unter der Annahme, dass die **GS 90 kt** beträgt (TAS einsetzen, wenn GS nicht bekannt):

Die **Zeit** für den 10°-Peilsprung betrug **3 Minuten** (= 180 Sekunden)!

Also: $\frac{90 \times 3}{2 \times 10} = \frac{270}{20} =$ **13.5 NM von der Bodenstation entfernt!**

Auch die **30°-Methode** hat einige Nachteile:

- **Der Windeinfluss** kann in der Praxis nicht berücksichtigt werden!
- **Zu kleine Peilsprünge** (unter 10°) können größere Ungenauigkeiten verursachen!
- Der **erforderliche Peilsprung** tritt – im Vergleich zur 90°-Methode – langsamer ein!

Die in den letzten beiden Abschnitten behandelten Abstandsbestimmungen – die 90°- und die 30°-Methode – liefern, ohne Windberücksichtigung, bei richtiger Anwendung brauchbare Ergebnisse. Man kann davon ausgehen, dass die errechneten Zeiten innerhalb von 30 bis 40 NM um die Bodenstation herum eine Genauigkeit von ± 3 Minuten haben.

3.2.5.7.3 Die 45°-Methode zur Bestimmung der Flugzeit oder der Entfernung zur Bodenstation (45-Degree-Method)

Dieses **Verfahren** basiert auf der Anwendung eines **gleichschenkligen Dreiecks (siehe Bild 3.36),** das ja bekanntlich zwei gleich lange Schenkel (Seiten) hat. Ein solches Dreieck eignet sich deshalb gut für die Zeit- oder Entfernungsbestimmung zur Bodenstation.

Das Flugzeug muss vor Beginn der Abstandsbestimmung so gedreht werden, dass die Bodenstation entweder 45° **RECHTS** oder **LINKS** von der **Flugzeugnase** liegt **(RB 045°** oder **RB 315°).**

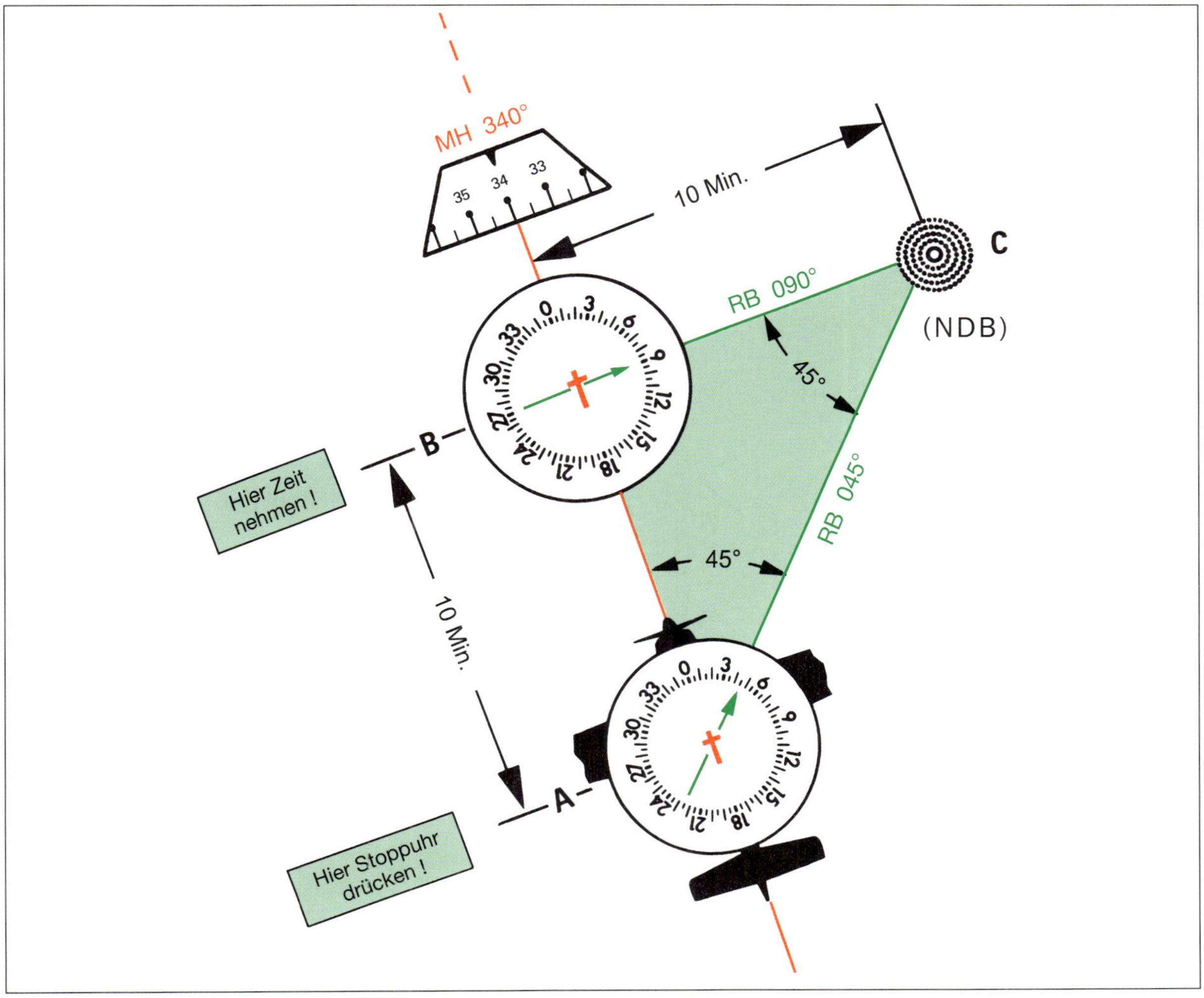

Bild 3.36 45°-Methode mit ADF

Am **Standort A** drückt der Flugzeugführer die Stoppuhr und fliegt mit seinem gegenwärtigen Steuerkurs (MH) so lange weiter, bis die **Peilung sich verdoppelt** hat **(RB 090°** bzw. **RB 270°)** – siehe **Standort B!** Die Bodenstation liegt nun genau rechtwinklig (90°) zur Flugzeuglängsachse und das 45°-Verfahren ist damit beendet (Uhr stoppen!).

- Der Abbildung können wir klar entnehmen, dass die **Strecke A–B** genauso lang ist wie die Strecke B–C (gleichschenkliges Dreieck).
- Das Flugzeug legte in unserem Beispiel (Bild 3.36) die Strecke A–B in 10 Minuten zurück. Unter der Annahme, dass **Windstille** herrscht (hierin liegt die Fehlerquelle des Verfahrens), wird das Flugzeug also die Strecke B–C in der gleichen Zeit (10 Minuten) zurücklegen. Die **Entfernung zur Bodenstation** lässt sich nun mit dem Navigationsrechner (vgl. Band 4 A, Flugnavigation, Abschnitt 6.3 „Wichtige Bemerkungen zur Koppelnavigation“) ebenfalls schnell berechnen.

3.2.6 Die Genauigkeit der ADF-Anzeige

Moderne ADF-Anlagen haben unter normalen Betriebsbedingungen – also **ohne** die unter **Abschnitt 2.4 „Mögliche Störungen beim Empfang von Funkwellen“** behandelten Störungen – eine

- **Peilgenauigkeit von ± 3°.**

Die **Peilanzeige** des ADF wird aber auch noch durch **Brechung** (Ablenkung) der elektromagnetischen Wellen **beim Auftreffen auf Metallteile des Flugzeugs (vgl. Abschnitt 3.2.6.1 „Funkbeschickung – Quadrantal Error“)** und durch **Neigung** des Flugzeugs im Kurvenflug **(vgl. Abschnitt 3.2.6.2 „Neigungsfehler – Dip Error“)** beeinflusst.

3.2.6.1 Funkbeschickung – viertelkreisige Funkfehlweisung (Quadrantal Error)

Ähnlich wie unser Magnetkompass (vgl. Band 4 A, Flugnavigation, Abschnitt 5.1.2 „Die Kompassablenkung“) durch Metallteile des Flugzeugs abgelenkt wird (Kompassablenkung/Deviation), werden elektromagnetische Wellen beim Auftreffen auf das Flugzeug im Allgemeinen zur Flugzeuglängsachse hin gebrochen (Bündelung in Richtung der Flugzeuglängsachse) und aus ihrer ursprünglichen Richtung abgelenkt. Dadurch wird die Peilung um einen bestimmten Betrag verfälscht.

Der Fehler tritt kaum in Erscheinung, wenn das Funkfeuer (NDB)

- genau voraus (Nase),
- genau achteraus (Heck) oder
- genau querab

liegt. Weil die Ablenkung zwischen den genannten Richtungen (jeweils 45°) am größten ist, wird der Fehler in der Fachsprache als

- **viertelkreisige Funkfehlweisung (quadrantal error)**

bezeichnet.

Dieser Fehler wird bei modernen ADF-Anlagen nach dem Einbau durch eine **„Funkbeschickungsaufnahme“** festgestellt und dann **mit** dem so genannten **„quadrantal error corrector“** – einer fest eingebauten Korrektureinrichtung – **beseitigt.**

3.2.6.2 Der Neigungsfehler (Dip Error)

Die Rahmenantenne (loop antenna) – oder bei den neueren Anlagen die Suchspule des Goniometers – wird laufend automatisch in die Minimum-Stellung zur Bodenstation gedreht. Da sich die Rahmenantenne (oder die Suchspule) nur um eine Achse bewegen kann – sie kann sich drehen, aber nicht kippen – tritt speziell **im Kurvenflug** ein Fehler auf, der durch die Querneigung (Schräglage) des Flugzeugs hervorgerufen wird. Dieser Fehler wird deshalb als

- **Neigungsfehler (dip error)**

bezeichnet. Seine Größe hängt vom Standort zum Sender (Entfernung), von der Flughöhe und vor allem vom Querneigungswinkel (angle of bank) des Flugzeugs in der Kurve ab. Der Neigungsfehler tritt besonders dann in Erscheinung, wenn das Flugzeug mit Querneigung kurvt und die **Bodenstation** in Richtung Flugzeugnase oder Flugzeugheck **(RB 000°** oder **RB 180°)** liegt.

Merke: Die Peilanzeige des Radiokompasses sollte deshalb nur im Horizontalflug ohne Querneigung als zuverlässig betrachtet werden!

4 Das UKW-Drehfunkfeuer (VOR) und die VOR-Bordanlage mit Navigationsverfahren

4.1 Das UKW-Drehfunkfeuer (VOR = Very High Frequency Omnidirectional Radio Range)

4.1.1 Allgemeines und Verwendungszwecke

Das UKW-Drehfunkfeuer – in der Fliegerei allgemein unter der Bezeichnung **VOR** (**V**HF **O**mnidirectional Radio **R**ange) bekannt – ist eine im **UKW-Bereich (VHF)** arbeitende Funknavigationsanlage für die Kurz- und Mittelstreckennavigation, die dem Flugzeugführer in der Praxis **360 fliegbare Kurse (RADIALS)** zur Verfügung stellt.

Theoretisch erzeugt das UKW-Drehfunkfeuer (VOR) eine unendlich große Anzahl von Kursen (RADIALS), die von der VOR-Antenne aus – wie die Speichen eines Rades – als **Leitstrahlen** in **alle Richtungen** ausgestrahlt werden. An Bord des Flugzeugs können wir jedoch mit der **VOR-Bordanlage (vgl. Abschnitt 4.2)** nur **360** dieser VOR-Kurse (RADIALS) navigatorisch auswerten.

Diese in der englischen Fachsprache als **Radials** bezeichneten VOR-Kurse (Leitstrahlen) werden nach ihrer **missweisenden Richtung VON der Bodenstation** (magnetic direction FROM the station) bezeichnet – z. B.: RADIAL 210 = missweisende Richtung VON der Bodenstation 210°!

Alle VOR-Kurse (RADIALS) können vom Flugzeugführer sowohl für

> **Senderanflüge** ZUR Bodenstation HIN **(TO** the station)
>
> als auch für
>
> **Senderabflüge** VON der Bodenstation WEG **(FROM** the station)

benutzt werden. Näheres darüber erfahren Sie in Abschnitt **4.2.4 „VOR-Navigationsverfahren“!**

Neben diesen Vorteilen werden die VOR (UKW-Drehfunkfeuer) aufgrund ihres hohen Frequenzbereichs (UKW/VHF) nicht von atmosphärischen Störungen beeinflusst und schließen auch weitgehend die bei der **NDB/ADF-Navigation** auftretenden – schon behandelten – anderen Nachteile aus.

Das UKW-Drehfunkfeuer (VOR) hat in den letzten Jahren das ungerichtete Funkfeuer (NDB) von seinem Platz als Haupt-Funknavigationshilfe für die Kurz- und Mittelstreckennavigation fast vollständig verdrängt und wird heute in den meisten Staaten der ICAO für die

- **Streckenführung (track guidance) auf ATS-Routen (Luftstraßen),**
- **als Wartefunkfeuer (holding)** und
- **als Anflughilfe (approach aid)**

verwendet.

4.1.2 Arbeitsweise des UKW-Drehfunkfeuers (VOR)

Eine **VOR-Bodenstation** wird im Deutschen UKW-Drehfunkfeuer genannt. Die Bezeichnung **Drehfunkfeuer** hat einen tieferen Grund, denn man kann die Arbeitsweise der VOR sehr gut mit der eines **Flugplatzleuchtfeuers** (aerodrome beacon) vergleichen.

Würde ein solches Leuchtfeuer – es dreht sich mit einer bekannten Geschwindigkeit – jedesmal, wenn der scharf gebündelte Scheinwerferstrahl durch die Richtung „missweisend Nord“ (Magnetic North) läuft, einen Rundumblitz aussenden, so könnte ein Beobachter, der die Zeit zwischen dem Rundumblitz und dem Durchgang des gebündelten Scheinwerferstrahls durch seinen Standort misst, sofort die missweisende Richtung (Magnetic Bearing) VOM Leuchtfeuer ZU seinem Standort HIN (QDR) bestimmen.

Dreht sich der gebündelte Scheinwerferstrahl z. B. mit einer Geschwindigkeit von 1° pro Sekunde (sehr langsam) und misst der Beobachter genau 120 Sekunden vom Aufleuchten des Bezugs-Blitzes bis zum Durchgang des umlaufenden Scheinwerferstrahls, dann weiß der Beobachter, dass er sich auf der missweisenden RADIAL-Standlinie 120° (RADIAL 120°) VOM Leuchtfeuer WEG befindet (siehe Bild 4.1).

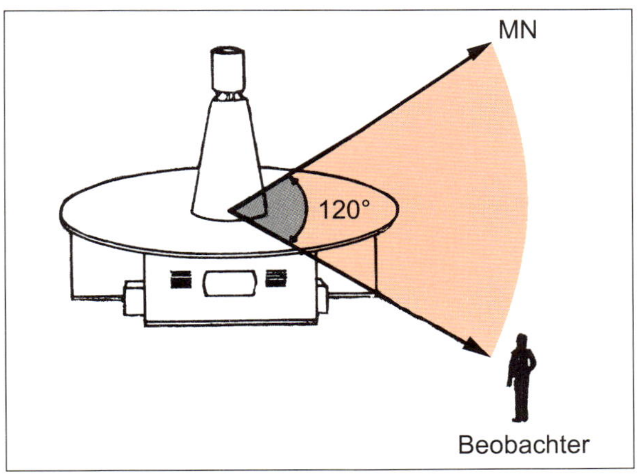

Bild 4.1 Vergleich Flugplatzleuchtfeuer/VOR

Das UKW-Drehfunkfeuer strahlt natürlich keinen Bezugs-Lichtblitz und auch keinen umlaufenden Lichtstrahl aus. Es ist eine **Funknavigationsanlage, die elektromagnetische Wellen** für die umseitig beschriebenen Zwecke ausstrahlt. Die Antennenanlage einer VOR-Bodenstation besteht aus einer zylinderförmigen Käfigantenne, die – wie der Rundumblitz eines Leuchtfeuers – ein

- ungerichtetes elektromagnetisches Feld in Kreisform – das so genannte Bezugssignal (reference signal) – aussendet.

In der Käfigantenne befindet sich eine **rotierende Richtantenne (Dipol),** die sich mit 30 Umdrehungen pro Sekunde (1 800 U/min) dreht und ein

- gerichtetes elektromagnetisches Feld in der Form einer „8“ (Doppelkreis = Kardioide) – das so genannte Umlaufsignal (variable signal) – ausstrahlt.

Dieses Umlaufsignal können wir mit dem sich drehenden Scheinwerferstrahl des Leuchtfeuers vergleichen. Beide Antennen werden von einem UKW-Sender gespeist.

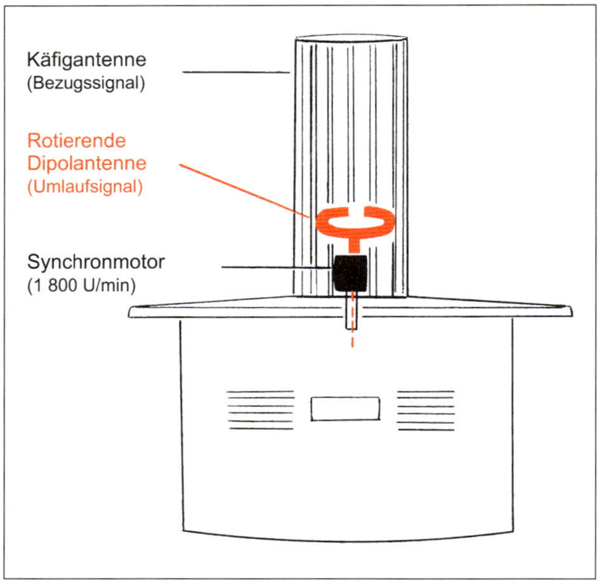

Bild 4.2 VOR-Bodenstation mit **Käfigantenne** (Bezugssignal) und darin rotierender **Richtantenne** (Umlaufsignal)

Die **VOR-Antennenkombination** strahlt also **zwei Signale** aus:

- Das **Umlaufsignal (variable signal)** über die **rotierende Dipolantenne (Richtantenne)**

  und

- das **Bezugssignal (reference signal)** über die **feste ungerichtete Käfigantenne.**

Die beiden Signale sind nur in der Richtung **„missweisend Nord“** (Magnetic North) **phasengleich.** In allen anderen Richtungen um die VOR herum besteht ein bestimmter Phasenunterschied (phase difference) zwischen dem Umlaufsignal (variable signal) und dem Bezugssignal (reference signal).

Merke: Die Richtung VON der **VOR-Bodenstation** wird durch elektronische Messung des Phasenunterschieds zwischen dem Bezugssignal (reference signal) und dem Umlaufsignal (variable signal) – im **VOR-Empfänger** der Bordanlage – festgestellt!

Jedem Richtungswinkel (Azimutwinkel) ist ein bestimmter Phasenwinkel zugeordnet (siehe Bild 4.3). Der elektrische Phasenwinkel ist also ein Bezugsmaß für den Richtungswinkel. Die von der VOR-Bordanlage (vgl. Abschnitt 4.2) elektronisch gemessene Phasendifferenz wird auf dem VOR-Anzeigegerät – entweder **Kursanzeigegerät (CDI** = **C**ourse **D**eviation **I**ndicator) oder **RMI (R**adio **M**agnetic **I**ndicator) – als Richtungsinformation dargestellt.

Alle UKW-Drehfunkfeuer werden von einer Kontrollanlage (Monitor) fernüberwacht und sind als Doppelanlagen (zwei Sender) ausgelegt. Fällt die Anlage aus oder ändert sich das Phasenverhältnis zwischen dem Bezugssignal und dem Umlaufsignal, dann schaltet die Kontrollanlage (Monitor) den defekten Teil der VOR aus und setzt den zweiten Sender (Notsender) in Betrieb. Dabei wird in der technischen Überwachung der zuständigen Flugsicherungsstelle ein akustischer und optischer Alarm ausgelöst.

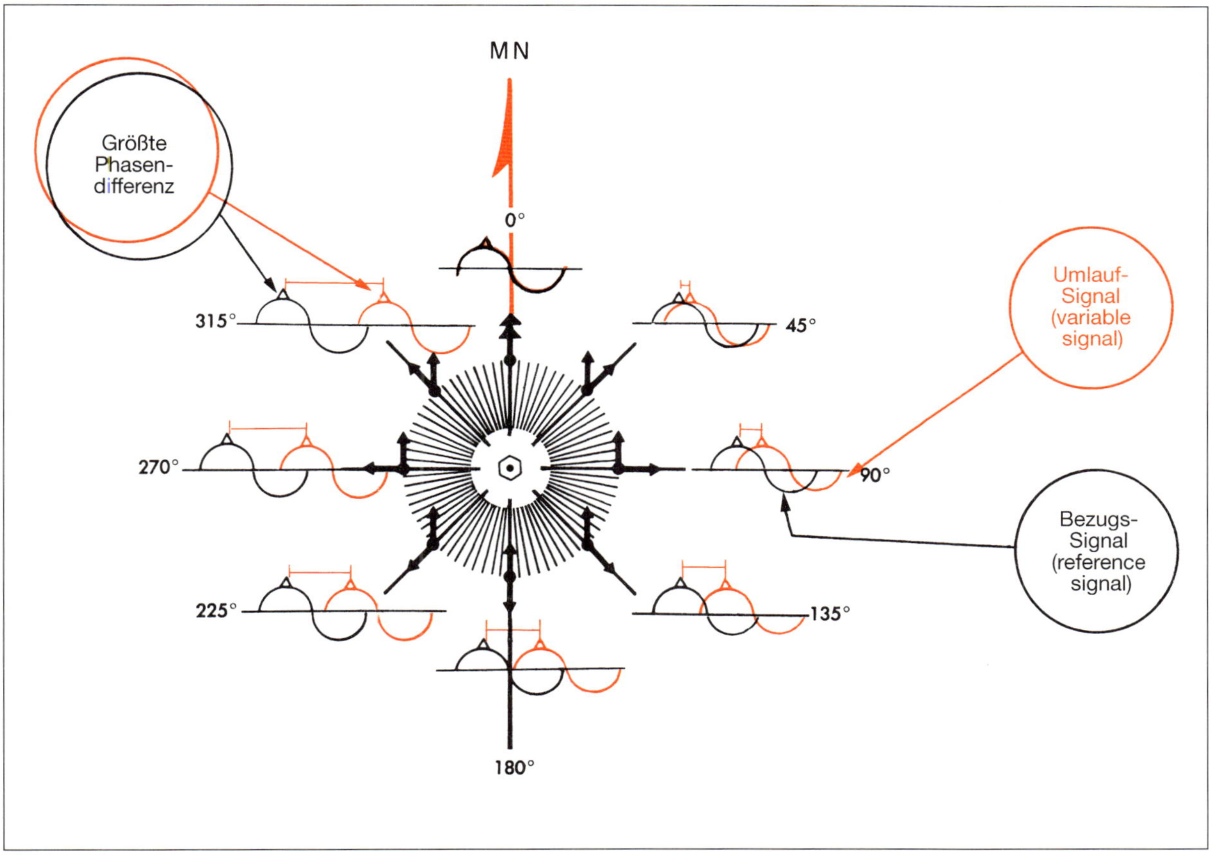

Bild 4.3 Phasenunterschied zwischen Bezugs- unc Umlaufsignal

4.1.3 Frequenzbereich der UKW-Drehfunkfeuer (VOR)

Alle UKW-Drehfunkfeuer müssen gemäß ICAO-Anhang 10 (Annex 10) im Frequenzbereich von

- **111.975 ... 117.975 MHz**

– also im UKW/VHF-Bereich – betrieben werden. Der Kanalabstand (channel separation) soll **50 kHz (0,05 MHz)** betragen. Die höchste benutzbare Betriebsfrequenz ist mit 117.95 MHz festgelegt.

In Ausnahmefällen können UKW-Drehfunkfeuer (VOR) mit geringer Reichweite, die so genannten

- **Platz-UKW-Drehfunkfeuer (TVOR = T**erminal **VOR)** auch im Frequenzbereich von **108 ... 111.975 MHz**

arbeiten, wobei allerdings zu beachten ist, dass hinter dem Punkt nur gerade Zehntel-MHz (z. B. 108.80, 109.60 usw.) verwendet werden, um die ebenfalls in diesem Frequenzbereich arbeitenden ILS-Landekurssender (Instrumentenlandesystem) auf den ungeraden Zehntel-MHz-Frequenzen (z. B. 109.7, 110.1 usw.) nicht zu stören.

4.1.4 Die Sendearten der UKW-Drehfunkfeuer (VOR)

Normalerweise arbeiten UKW-Drehfunkfeuer (VOR) mit der Sendeart (type of emission)

- **A 2 A (tonmoduliert).**

In der Bundesrepublik Deutschland strahlen zurzeit ca. 20 **VOR-Bodenstationen** zusätzlich zur Kennung (vgl. Abschnitt 4.1.5 „Die Kennung von UKW-Drehfunkfeuern [VOR]“) zu festgelegten Zeiten so genannte Start- und Landeinformationen

(ATIS = **A**utomatic **T**erminal **I**nformation **S**ervice) für den betreffenden Flughafen aus (vgl. Band 2, Grundlagen der Flugwetterkunde, Abschnitt 21 „Wetterfunksendungen“ und aktueller Flieger-Taschenkalender, Abschnitt AD). Diese vorwiegend als **Anflughilfe (engl.: approach aid)** fungierenden UKW-Drehfunkfeuer (VOR) haben eine Einrichtung für Ton- und Sprachmodulation (A 2 A/A 3 E = gemischte Übertragung) und ihre Sendeart wird im Luftfahrthandbuch (AIP), Abschnitt ENR, mit der Bezeichnung

- **A 9 W (gemischte Übertragung)**

angegeben.

4.1.5 Die Kennung von UKW-Drehfunkfeuern (VOR)

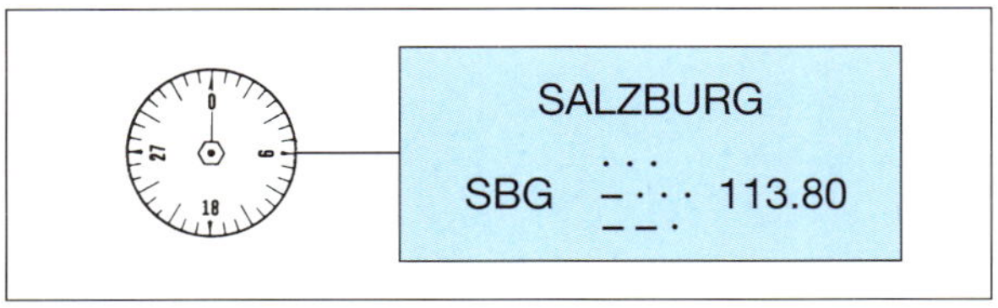

Bild 4.4 Beispiel für die Angabe der Frequenz und der Kennung auf Luftfahrtkarten **(Nur für Übungszwecke!)**

Jede VOR-Bodenstation strahlt im Abstand von ca. 30 Sekunden eine

- **3-Buchstaben-Kennung (three-letter identification)**

im Morse-Code mit einer Modulationsfrequenz von 1 020 Hz aus **(A 2 A).**

4.1.6 Die Reichweite von UKW-Drehfunkfeuern (VOR)

Die **Reichweite von VOR-Bodenstationen** ist grundsätzlich durch die unter Abschnitt **2.3.3.3** ausführlich behandelte **quasi-optische Funkwellenausbreitung** (line-of-sight radio wave propagation) **im UKW/VHF-Bereich** beschränkt.

In diesem schon recht hohen Frequenzbereich ist – wie wir schon wissen – ein sicherer Empfang nur möglich, wenn

- zwischen der Bodenstation (VOR) und dem Luftfahrzeug (Empfänger) Hindernisfreiheit besteht (quasi-optische Sichtlinie)!

Die Reichweite ist also nicht allein von der Sendeleistung der Bodenstation (VOR), sondern vor allem von der **Flughöhe des Flugzeugs** abhängig **(siehe folgende Tabelle):**

Flughöhe in ft GND	Ungefähre Reichweite in NM	Flughöhe in ft GND	Ungefähre Reichweite in NM
500 ft	27 NM	4 000 ft	78 NM
1 000 ft	39 NM	5 000 ft	87 NM
2 000 ft	55 NM	10 000 ft	123 NM
3 000 ft	67 NM	15 000 ft	150 NM

Merke: Sehr geringe Flughöhen verursachen in der Praxis fast immer Funksprechschwierigkeiten (COM) und unsichere VOR-Anzeigen (NAV), weil die Bodenstation unter dem „quasi-optischen Funkhorizont“ liegt.

Auch Berge zwischen der Bodenstation und dem Flugzeug können den Empfang unmöglich machen!

Im Luftfahrthandbuch (AIP), ENR 4, sind für die dort aufgeführten UKW-Drehfunkfeuer (VOR) Reichweiten angegeben, die zum Teil erheblich von den Werten unserer vorhergehenden Tabelle abweichen. Diese Werte sind eigentlich keine Reichweiten, sondern durch Flugvermessungen festgestellte sichere navigatorisch nutzbare Bereiche, und werden als Betriebsüberdeckung bezeichnet.

Die DFS Deutsche Flugsicherung hat aus diesem Grund folgenden Hinweis im Luftfahrthandbuch (AIP VFR, ENR) veröffentlicht:

Luftfahrzeugführer werden darauf hingewiesen, dass Funknavigationsanlagen nur innerhalb der angegebenen Reichweite benutzbar sind. Außerhalb der Reichweite können Navigationsfehler auftreten.

- Eine Benutzung außerhalb dieser Reichweiten (NDB) und Bereiche (VOR) kann gefährliche Navigationsfehler zur Folge haben!

4.1.7 Genauigkeit und mögliche Fehler der UKW-Drehfunkfeuer (VOR)

VOR-Bodenstationen haben theoretisch eine Genauigkeit von 1°, da ein Grad Phasenunterschied einer Richtungsänderung von einem Grad entspricht.

In der Praxis wird jedoch eine so große Genauigkeit nur selten erreicht. Die ICAO hat im Anhang 10 (Annex 10, Band 1) zum ICAO-Abkommen mit dem Titel „Aeronautical Telecommunications" die Genauigkeit von VOR-Anlagen mit

- **± 2°**

festgelegt, das heißt, wir können in der Praxis davon ausgehen, dass die Kursausrichtung der einzelnen VOR-Kurse (RADIALS – engl.: course alignment) um nicht mehr als 2° nach RECHTS oder LINKS vom eigentlichen Wert abweicht.

Neben den gerade erwähnten zulässigen Abweichungen (± 2°) treten bei einigen VOR-Bodenstationen in bestimmten Richtungssektoren geländebedingte oder durch erdmagnetische Einflüsse hervorgerufene

- **Kursunregelmäßigkeiten (course roughness)**

  oder

- **Kursschwingungen (Sprünge/course scalloping)**

auf, die in der Regel nicht größer als ± 3° sein sollen. Hinweise über solche Kursunregelmäßigkeiten (course roughness) und Kursschwingungen (course scalloping) sind für die betroffenen VOR-Bodenstationen im Luftfahrthandbuch **(AIP, ENR 4)** veröffentlicht.

Grundsätzlich muss man beim VOR-System zwischen zwei Hauptfehlerquellen unterscheiden, nämlich zwischen

- **dem System-Fehler (Anlage selbst)**

  und

- **den durch Ausbreitungseffekte hervorgerufenen Geländefehlern.**

So kann es z. B. vorkommen, dass Bodenhindernisse (Gebirge, Berge, Hügel usw.) in der Umgebung der VOR-Bodenstation einen Teil der ausgestrahlten Energie in andere Richtungen reflektieren.

Ein Flugzeug empfängt dann in diesem Bereich nicht nur das direkte, sondern auch das reflektierte Signal. Das die Richtung bestimmende Umlaufsignal (variable signal) wird durch solche Reflexionen verfälscht und verursacht fehlerhafte Kursanzeigen.

4.1.8 Arten von UKW-Drehfunkfeuern (VOR)

• **VOR**	Normales UKW-Drehfunkfeuer (VOR) für die **Streckennavigation** auf ATS-Strecken (Airways)! **Sendeleistung: ca. 200 W**
• **VORTAC**	**VOR** kombiniert mit **TACAN (TACAN** = **TAC**TICAL **A**IR **N**AVIGATON; vgl. Kapitel 6 „Das Entfernungsmessgerät").
• **TVOR**	Platz-UKW-Drehfunkfeuer (**T**VOR = **T**erminal VOR), das vorwiegend als **Navigationshilfe für An- und Abflüge** in der Nähe des Flugplatzes benutzt wird! **Sendeleistung: ca. 50 W**
• **DVOR**	Die Doppler-VOR ist ein UKW-Drehfunkfeuer, das das Umlaufsignal (variable signal) mit Hilfe der Doppler-Technik erzeugt. Die bei normalen VOR-Stationen übliche Rotation der Richtantenne (Dipol) mit 30 U/s (1 800 U/min) wird bei DVORs durch ein schrittweises Anschalten von im Kreis angeordneten Antennen (Antennenkreis von 39 Antennen, Ø 13,3 m) simuliert. **Vorteile:** Kein Rotationsmechanismus, höhere Genauigkeit (± 0,5°), geländebedingte Reflexionsfehler wesentlich vermindert, geringe Störanfälligkeit.
• **DVORTAC**	**DVOR** kombiniert mit **TACAN (TACAN** = **TAC**TICAL **A**IR **N**AVIGATON; vgl. Kapitel 6 „Das Entfernungsmessgerät").

- **VOT** VOR-Empfänger-Testanlage **(VOT** = **VOR** Receiver **T**est facility) auf Flughäfen zur Überprüfung der VOR-Bordanlage. Die VOT strahlt in alle Richtungen nur ein Signal (RADIAL 360) aus und darf deshalb nicht navigatorisch genutzt werden! Der Kursanzeiger **(CDI** = **C**ourse **D**eviation **I**ndicator) des VOR-Anzeigegeräts muss nach dem Eindrehen von 360° FROM oder 180° TO genau in der Mitte stehen (Kursanzeiger – CDI: vgl. Abschnitt 4.2.3 „Die Bedienung der VOR-Bordanlage").

  Kennung von VOT-Anlagen: Punkte/Dots (…) mit 1020 Hz moduliert.

4.2 Die VOR-Bordanlage mit VOR-Navigationsverfahren

4.2.1 Frequenzbereich der VOR-Bordanlage

Alle handelsüblichen neueren VOR-Bordanlagen für Sport- und Reiseflugzeuge (Leichtflugzeuge) haben einen **Empfangsfrequenzbereich** von

- **108 … 117.975 MHz.**

Der Kanalabstand (channel spacing) muss 50 kHz (0.05 MHz) betragen.

Mit dem VHF-Navigationsempfänger (VHF-NAV Receiver) der VOR-Bordanlage können neben den VOR-Bodenstationen auch die Landekurssender des Instrumentenlandesystems (ILS **LOC**A**LIZ**ER = **LLZ)** empfangen werden, die im Frequenzbereich von 108 bis 111.975 MHz auf den ungeraden Zehntel-MHz-Frequenzen (z. B. 109.1, 110.9 usw.) arbeiten.

4.2.2 Beschreibung der VOR-Bordanlage

Eine VOR-Bordanlage besteht – unabhängig vom Gerätetyp und Hersteller – immer aus folgenden Bauteilen:

- VOR-Antenne,
- VHF-Navigationsempfänger (VHF-NAV Receiver) für VOR/LLZ-Empfang,
- Bedieneinrichtung (control panel) an der Frontplatte des VHF-Navigationsempfängers,
- VOR/LLZ-Anzeigegerät (VOR/LLZ Indicator).

4.2.2.1 Die VOR-Antenne

Die VOR-Antenne ist eine V-förmige Dipolantenne, die – im Gegensatz zu UKW-Sprechfunkantennen – horizontal am Rumpf oder am Seitenleitwerk des Flugzeugs angebracht ist. Ihre Aufgabe besteht darin, die horizontal gerichtete VOR-Ausstrahlung zu empfangen und an den VHF-Navigationsempfänger weiterzuleiten.

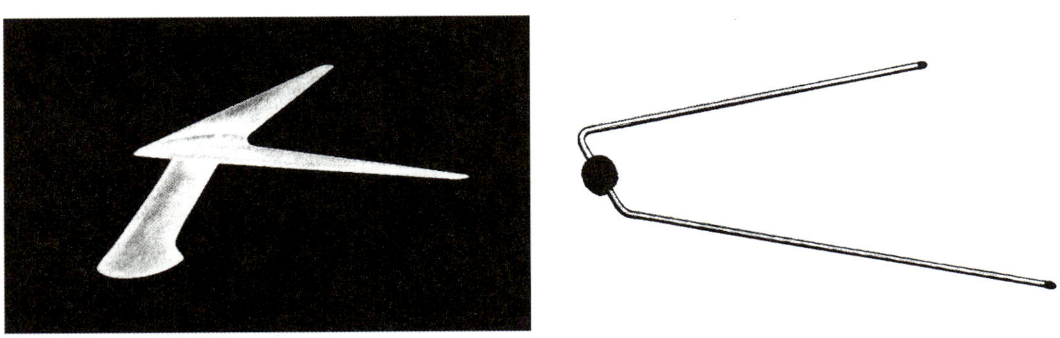

In dieser Form meist am Rumpf. In dieser Form meist am Seitenleitwerk.

Bild 4.5 VOR-Antennen

4.2.2.2 Der VHF-Navigationsempfänger

Moderne VHF-Navigationsempfänger (VHF-NAV Receiver) für Leichtflugzeuge sind volltransistorisiert und dank dieser Technik so klein geworden, dass sie – mit der Bedieneinrichtung (control panel) an der Frontplatte kombiniert – direkt in das Instrumentenbrett (instrument panel) eines jeden Flugzeugs eingebaut werden können.

Einige der heute auf dem Markt angebotenen VHF-Navigationsempfänger sind mit einem UKW-Sende- und Empfangsgerät für den Sprechfunkverkehr (VHF Transceiver) in einem Block zusammengefasst (NAV/COMM), während andere nur als separate Einheit zur Verfügung stehen (NAV).

Die von der VOR-Antenne eingehenden VOR-Signale (Bezugs- und Umlaufsignal) werden im VHF-Navigationsempfänger bezüglich ihrer Phasendifferenz verglichen (vgl. Abschnitt 4.1.2 „Die Arbeitsweise des UKW-Drehfunkfeuers [VOR]") und gehen dann ausgewertet an das VOR-Anzeigegerät weiter, das uns anzeigt, auf welchem VOR-Leitstrahl (RADIAL) wir stehen oder ob wir uns rechts oder links vom eingewählten Kurs befinden.

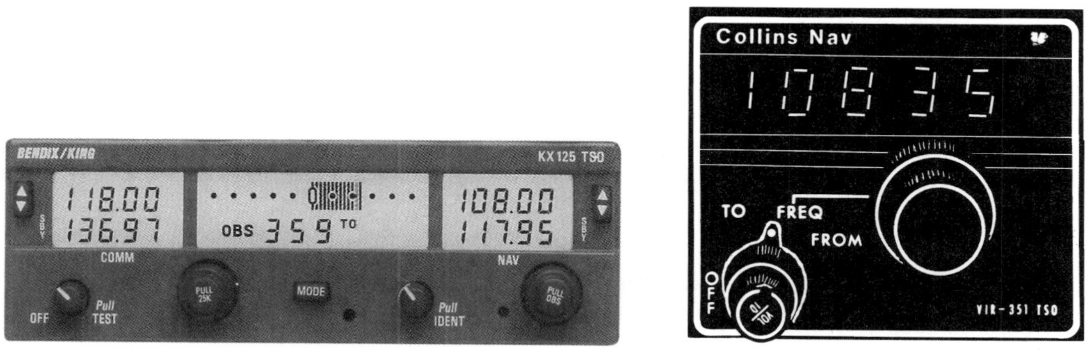

a) KX 125 NAV/COMM
NAV mit UKW-Sende- und Empfangsgerät für Sprechfunkverkehr kombiniert

b) NAV
separate Einheit

Bild 4.6 VHF-Navigationsempfänger

Ein US-Hersteller hat

- **VHF-Navigationsempfänger,**
- **Bedieneinrichtung**
  und
- **VOR-Anzeigegerät**

in einer Einheit zusammengefasst (siehe Bild 4.7):

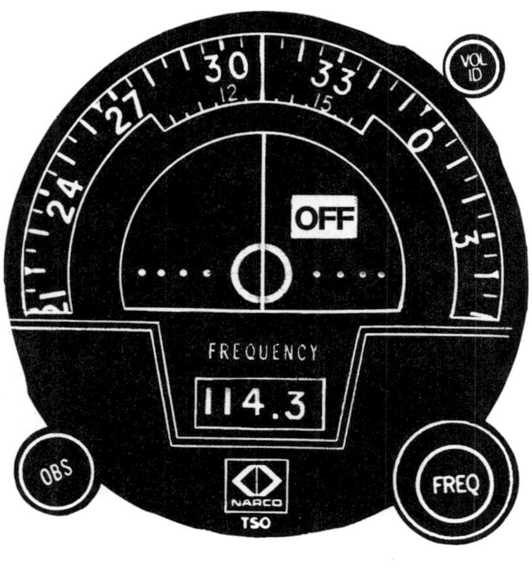

Bild 4.7 VHF-Navigationsempfänger, Bedieneinrichtung und VOR/LLZ-Anzeigegerät in einer Einheit

4.2.2.3 Die Bedieneinrichtung der VOR-Bordanlage

Die Bedieneinrichtung (control panel) der VOR-Bordanlage befindet sich auf der Vorderseite (Frontplatte) des VHF-Navigationsempfängers. Sie besteht bei fast allen Geräten aus

- einem **EIN/AUS-Schalter (ON/OFF switch)**
  zum Ein- und Ausschalten des NAV-Empfängers (grundsätzlich erst nach Anlassen des Triebwerks, damit Schäden durch Spannungsspitzen vermieden werden),
- einem **Lautstärkeregler (volume control)**

  und
- **zwei Frequenzwahlknöpfen (frequency selector)**
  zur Wahl der MHz- und kHz-Stufen **(siehe folgende Bilder!).**

Viele Geräte sind neben den oben erwähnten Bedienorganen mit einem so genannten Kennungsfilter-Schalter (IDENT filter switch) ausgerüstet, mit dem beim Abhören von Sprachausstrahlungen (z. B. ATIS) **ein Filter eingeschaltet** werden kann, **der die Kennung** der Bodenstation (identification) während des Sprachempfangs **ausblendet.**

Anmerkung: Der VHF-Navigationsempfänger wird durch die Wahl der entsprechenden VOR- oder LLZ-Frequenz automatisch auf die Funktion „VOR-Betrieb" oder „LLZ-Betrieb" (ILS-Landekurs) umgeschaltet!

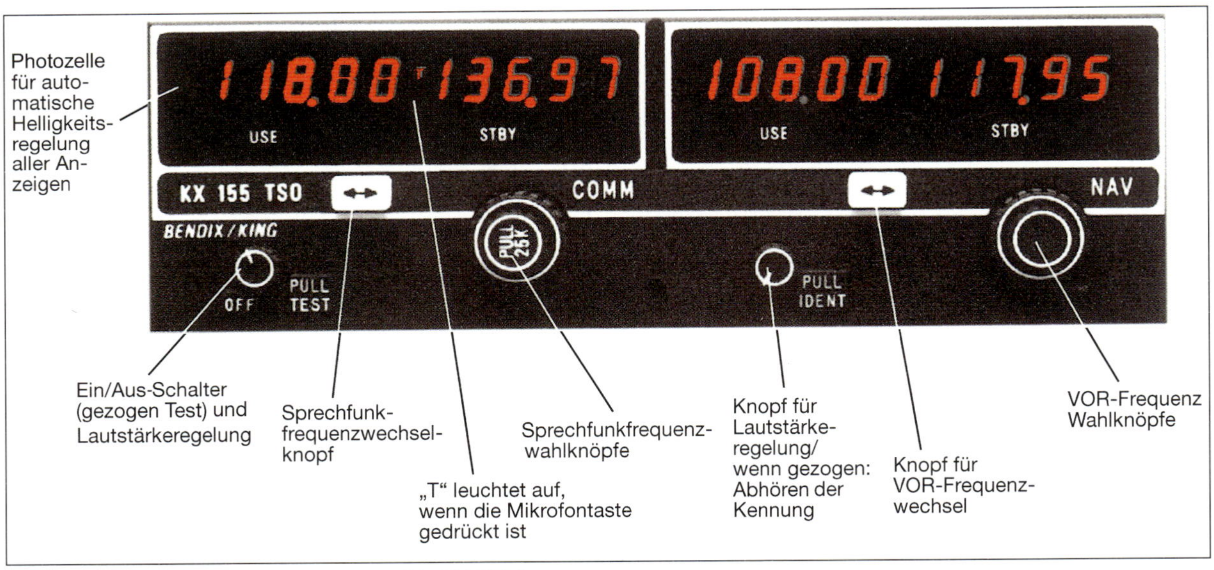

Bild 4.8 Bedieneinrichtung des Bendix/King COMM/NAV – KX 155 TSO

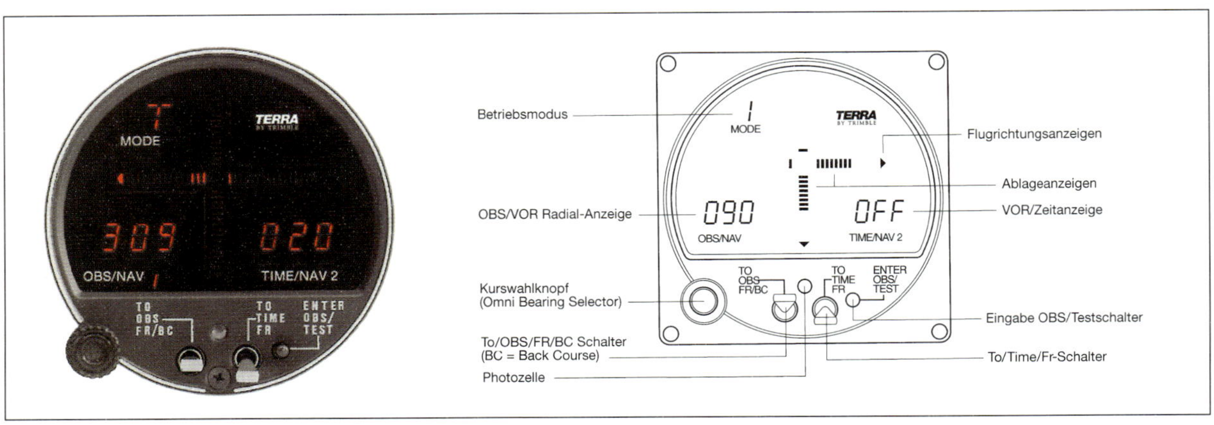

Bild 4.9 Bedieneinrichtung des Terra by Trimble TriNAV

4.2.2.4 Das VOR/LLZ-Anzeigegerät

Die vom VHF-Navigationsempfänger ausgewerteten VOR-Signale werden über eine Leitung an das so genannte

- **VOR/LLZ-Anzeigegerät (VOR/LLZ Indicator)**

übermittelt und auf diesem dem Flugzeugführer als brauchbare Navigationsinformation dargestellt.

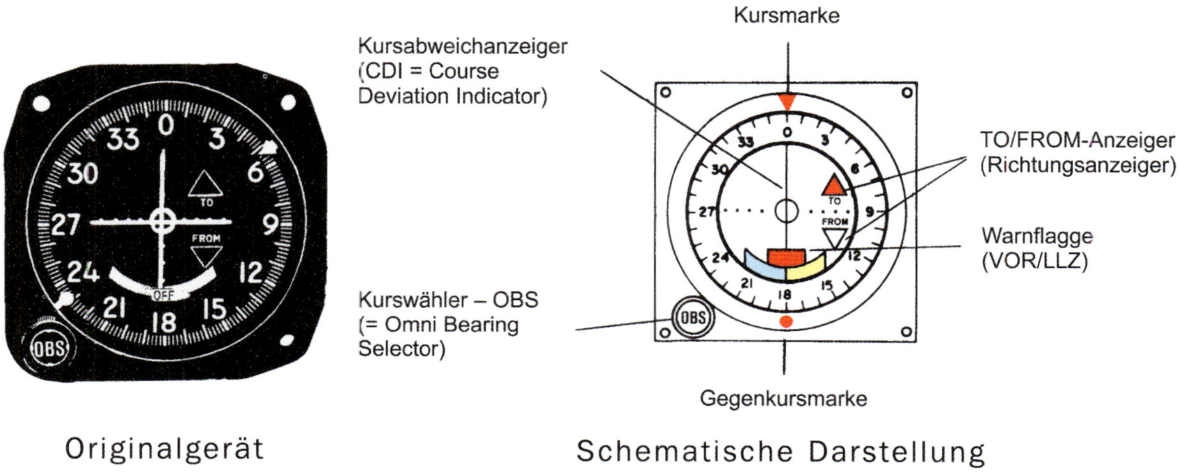

Bild 4.10 Das VOR/LLZ-Anzeigegerät (VOR/LLZ Indicator)

Das oben gezeigte **VOR/LLZ-Anzeigegerät** ist typisch für die Vielzahl der angebotenen Instrumente. Alle VOR-Anzeigegeräte sind kreisförmig (genormte Größe) und haben grundsätzlich – von kleineren Abweichungen abgesehen – die gleichen Bedienorgane. Sie bestehen – unabhängig vom Hersteller des Geräts – immer aus folgenden Komponenten:

1. Der Kurswähler (Omni Bearing Selector = OBS):

Mit dem Kurswähler – OBS (siehe Bild 4.10) stellt der Flugzeugführer den **gewünschten Kurs** ZUR VOR-Bodenstation HIN **(TO)** oder VON der Bodenstation WEG **(FROM)** ein.

Der OBS-Knopf muss so gedreht werden, dass der gewünschte **Sollkurs** unter der Kursmarke steht. Hierbei dreht sich entweder die Kursmarke um eine feststehende 360°-Skala, oder der Kurs wird mit Hilfe einer drehbaren 360°-Skala unter einer festen Kursmarke eingestellt (geräteabhängig). Unter der Gegenkursmarke wird der Gegenkurs zum eingewählten Kurs angezeigt (siehe Bild 4.10).

2. Der Kursabweichanzeiger (Course Deviation Indicator = CDI):

Die senkrecht stehende Nadel (siehe Bild 4.10) des VOR/LLZ-Anzeigegeräts heißt Kursabweichanzeiger (CDI) und zeigt uns die Lage des Flugzeugs bezogen auf den eingewählten VOR-Kurs an.

Steht die **CDI-Nadel genau in der Mitte**, so befindet sich das Flugzeug – unabhängig vom momentanen Steuerkurs – genau auf dem eingewählten VOR-Kurs ZUR VOR-Bodenstation HIN **(TO)** oder VON der Station WEG **(FROM).** Ein **Vollausschlag** der CDI-Nadel von der Mitte (Zentrum des Kreises) nach rechts oder links entspricht einer Kursabweichung von **10° (siehe Bild 4.11!).**

Die **CDI-Nadel** fungiert im Normalfall – d. h. bei richtiger Einstellung – sowohl beim **Anflug ZU** einer VOR-Station **(TO)** als auch beim **Abflug VON** der Station **WEG (FROM)** als „Kommandoanzeiger“ wie folgt:

- **CDI-Nadel RECHTS – Kursverbesserung nach RECHTS!**
- **CDI-Nadel LINKS – Kursverbesserung nach LINKS!**

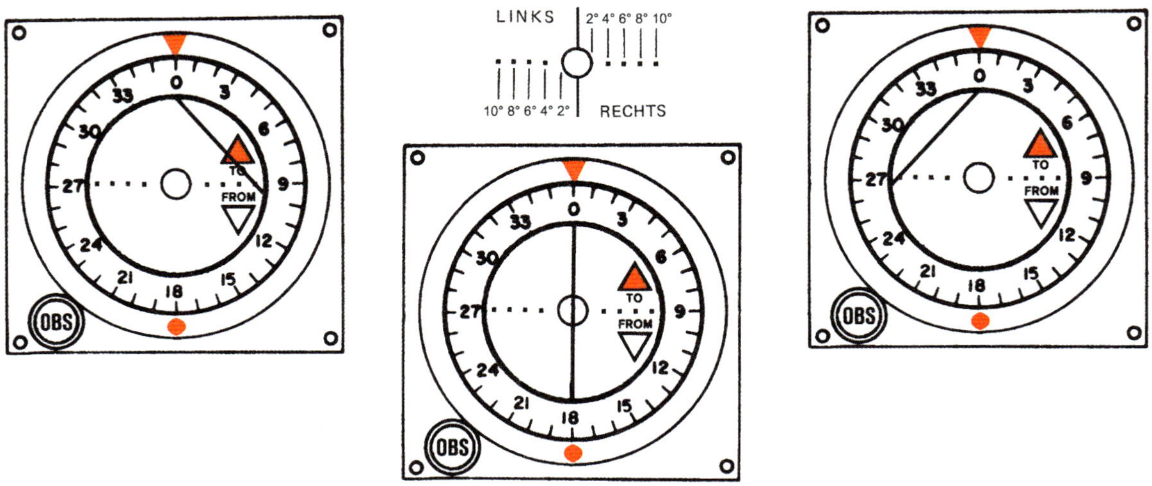

NADEL „B"
Flugzeug ist 10° LINKS vom eingewählten VOR-Kurs

NADEL „A"
Flugzeug ist genau auf dem eingewählten VOR-Kurs

NADEL „C"
Flugzeug ist 10° RECHTS vom eingewählten VOR-Kurs

Bild 4.11 Kursabweichanzeige durch CDI-Nadel

Der **Rand des Kreises selbst** und die horizontal angeordneten vier Punkte (dots) auf jeder Seite stellen ein Maß für die Kursabweichung dar (jeweils 2°; siehe Bild 4.11).

Bei einigen Geräten ist der Kreis (Kreisrand) durch einen fünften (zusätzlichen) Punkt auf jeder Seite ersetzt.

3. Der Richtungsanzeiger (TO/FROM Indicator oder **ambiguity meter):**

Der Richtungsanzeiger sagt dem Flugzeugführer, ob der mit dem **OBS** (Kurswähler) eingewählte Kurs

- **ZUR VOR-Bodenstation HIN führt** = **TO** = ▲
  oder
- **VON der VOR-Bodenstation WEG führt** = **FROM** = ▼

(siehe Bild 4.10)

Der Steuerkurs des Flugzeugs hat grundsätzlich **keinen Einfluss** auf die TO/FROM-Anzeige! Der Richtungsanzeiger (TO/FROM Indicator) ermittelt lediglich den Standort des Flugzeugs in Bezug auf die VOR-Bodenstation. Zeigt er **„TO"** an, dann bringt der eingewählte Kurs – wenn er auch tatsächlich geflogen wird! – das Flugzeug ZUR VOR-Bodenstation HIN (= **TO** the station); zeigt der Richtungsanzeiger **„FROM"** an, dann wird der eingewählte Kurs – unter der Voraussetzung, dass der Flugzeugführer ihn steuert! – das Flugzeug VON der Station WEG (= **FROM** the station) bringen.

Merke:

1. TO	=	VOR-Anflugkurs (missweisend) ZUR Station HIN	=	**QDM!**
2. FROM	=	VOR-Abflugkurs (missweisend) VON der Station WEG		
	=	Funkstandlinie (missweisend) VON der Station (auch RADIAL genannt) = LOP	=	**QDR!**

Der Kursabweichanzeiger **(CDI** = **C**ourse **D**eviation **I**ndicator) weist bei einer vollen Drehung des Kurswählers **(OBS** = **O**mni **B**earing **S**elector) um 360° immer zwei Mittelstellungen (= **genau auf** eingewähltem VOR-Kurs) auf:

1. Bei der Anzeige des **VOR-Anflugkurses** ZUR Station HIN = TO ▲
2. Bei der Anzeige des um **180°** verdrehten VOR-Abflugkurses VON der Station WEG (Gegenkurs zum Anflugkurs)
   = Funkstandlinie (LOP, missweisend) VON der Station = RADIAL FROM ▼

Das Flugzeug befindet sich in beiden Fällen auf

- **dem gleichen – missweisenden – VOR-Kurs (RADIAL)!**

Es liegt nun am Flugzeugführer, welche der beiden möglichen Anzeigen er für seine Navigation nutzen will:

• **TO ▲**	=	VOR-Anflugkurs ZUR Station HIN oder	=	**QDM!**
• **FROM ▼**	=	VOR-Abflugkurs VON der Station WEG = RADIAL (Funkstandlinie – LOP)	=	**QDR!**

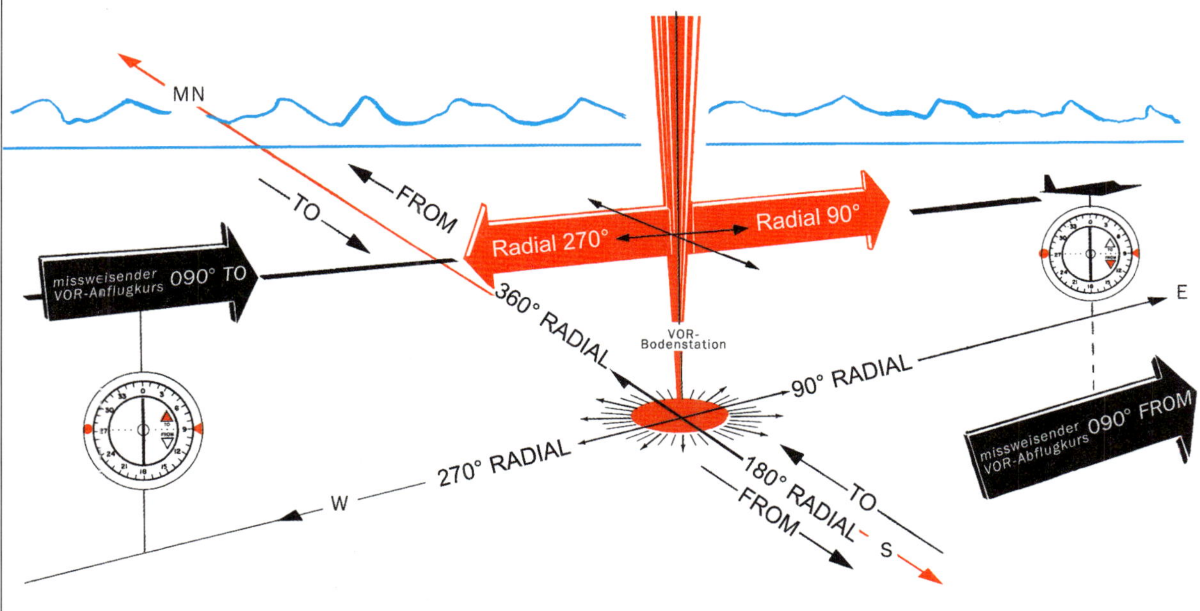

Fliegen wir auf einem VOR-KURS ZUR Station HIN (TO), dann entspricht der missweisende Kurs über Grund des Flugzeugs dem Gegenkurs des „RADIALS“!

Die 360 zur Verfügung stehenden VOR-Kurse werden „RADIALS“ genannt und nach ihrer missweisenden Richtung (Magnetic Direction) VON (FROM) der VOR-Station bezeichnet!

Bild 4.12 Grundlagen der VOR-Navigation

Doch nur wieder zurück zum **Richtungsanzeiger (TO/FROM Indicator)!** Wir müssen immer **beachten,** dass z. B. die Anzeige **„270° TO“** (siehe Bild 4.12) **elektronisch** der Anzeige **„090° FROM“** entspricht (gleiche Funkstandlinie!) und dass der Kursabweichanzeiger **(CDI = Course Deviation Indicator) nur dann „als Kommandoanzeige“** (z. B.: CDI-Nadel RECHTS – **Kursverbesserung nach RECHTS!)** zu betrachten ist, wenn wir mit der **Anzeige „TO“ ▲** auch wirklich **ZUR** Station **HIN** oder mit der **Anzeige „FROM“ ▼ VON** der Station **WEG** fliegen!

Die TO/FROM-Richtungsanzeige ändert sich automatisch

- beim Überflug der VOR-Bodenstation (station passage)

  oder
- im Vorbeiflug neben einer VOR-Bodenstation, wenn ein VOR-Kurs (RADIAL) durchflogen wird, der sich **um 90°** vom eingewählten Kurs unterscheidet **(siehe Bild 4.13 – TO/FROM-Linie)!**

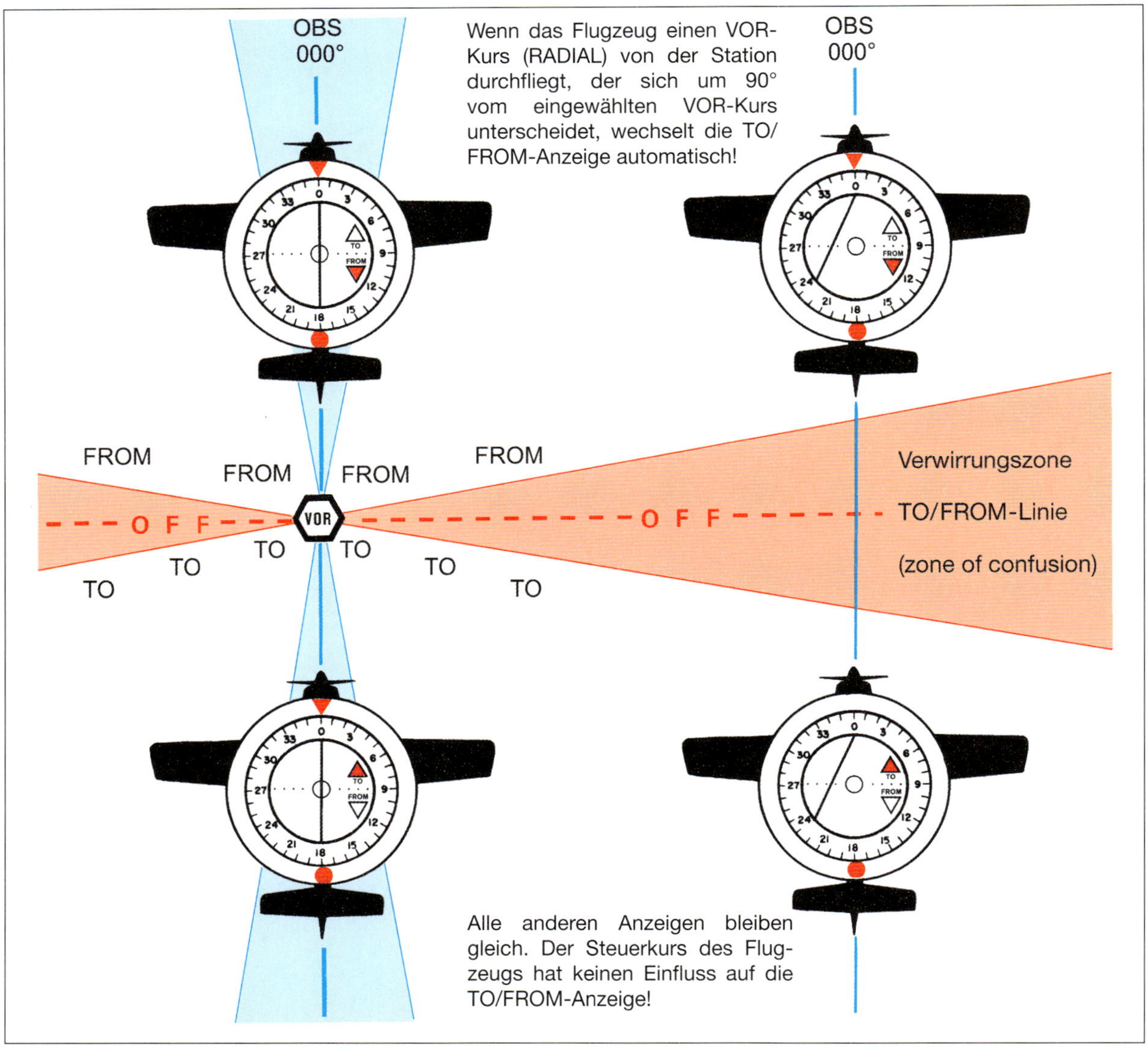

Bild 4.13 Das Prinzip der TO/FROM-Anzeige

4. Die VOR/LLZ-Warnflagge (VOR/LLZ warning flag):

Die VOR/LLZ-Warnflagge (siehe Bild 4.10) erscheint immer dann, wenn

- die empfangenen **VOR-Signale** wegen zu großer Entfernung von der Station oder wegen zu geringer Flughöhe **zu schwach** für die navigatorische Auswertung (Richtungsbestimmung) im VHF/NAV-Empfänger sind

  oder wenn

- die **VOR-Bodenstation** bzw. die VOR-Bordanlage **(Empfänger/Anzeigegerät)** ausgefallen ist!

Merke: Die VOR/LLZ-Warnflagge (OFF) muss beim Einsatz der VOR-Bordanlage für die Navigation vollständig verschwunden sein!

Ist die Warnflagge (OFF) ganz oder teilweise (bzw. zeitweise) zu sehen, dann dürfen wir die Anlage **nicht** für **navigatorische Zwecke** verwenden, da unter diesen Umständen mit gefährlichen Anzeigefehlern (Peilfehlern) zu rechnen ist.

Direkt über einer VOR-Bodenstation ist in einem bestimmten vertikalen Bereich, dem so genannten

- **Verwirrungs- oder Schweigekegel (cone of confusion** oder **cone of silence),**

ausstrahlungsbedingt **kein Empfang** der VOR-Signale möglich (siehe Bild 4.12, roter Kegel).

Deshalb erscheint beim Überflug einer VOR-Station (station passage) vor dem Wechsel der Richtungsanzeige „TO/FROM“ ebenfalls die Warnflagge „OFF“! In diesem Fall zeigt sie uns aber eine navigatorisch wichtige Information – nämlich den Stationsüberflug – an. Der „Verwirrungs- oder Schweigekegel“ (cone of confusion) wird in **größeren Flughöhen** immer breiter (= längere OFF-Anzeige während des Überfluges!).

Durchfliegt ein Flugzeug irgendwo neben der VOR-Bodenstation die rechtwinklig **(90°)** zum eingewählten VOR-Kurs verlaufende **„TO/FROM-Linie“** mit der horizontalen kegelförmigen Verwirrungszone (zone of confusion; siehe Bild 4.13!), dann zeigt sich die Warnflagge „OFF“ vor dem Wechsel der Richtungsanzeige „TO/FROM“ in gleicher Weise wie beim Stationsüberflug (station passage). Hier gilt jedoch: Je größer die seitliche Entfernung von der VOR-Station, umso längere OFF-Anzeige!

Zusätzlich kann an viele VHF-Navigationsempfänger (VHF-NAV Receiver) noch ein **Peilanzeigegerät mit automatisch nachgeführter Kompassrose** (slaved compass card) angeschlossen werden, das wir im Abschnitt 3.2.3 „Beschreibung des automatischen Funkpeilgeräts“ schon kennen gelernt haben – nämlich

- **das RMI-Anzeigegerät (RMI = Radio Magnetic Indicator)!**

Die **Nadelspitze** (Nr. 1 oder Nr. 2) zeigt immer ZUR eingewählten VOR-Bodenstation HIN, das heißt, der Flugzeugführer kann zu jeder Zeit

- die missweisende Richtung **ZUR** VOR-Station = **MB (Magnetic Bearing)** = **QDM** ablesen,

während am **Nadelende** (Nr. 1 oder Nr. 2)

- die missweisende Richtung **VON** der VOR-Station = **RADIAL** (VOR-Leitstrahl) = **QDR** angezeigt wird!

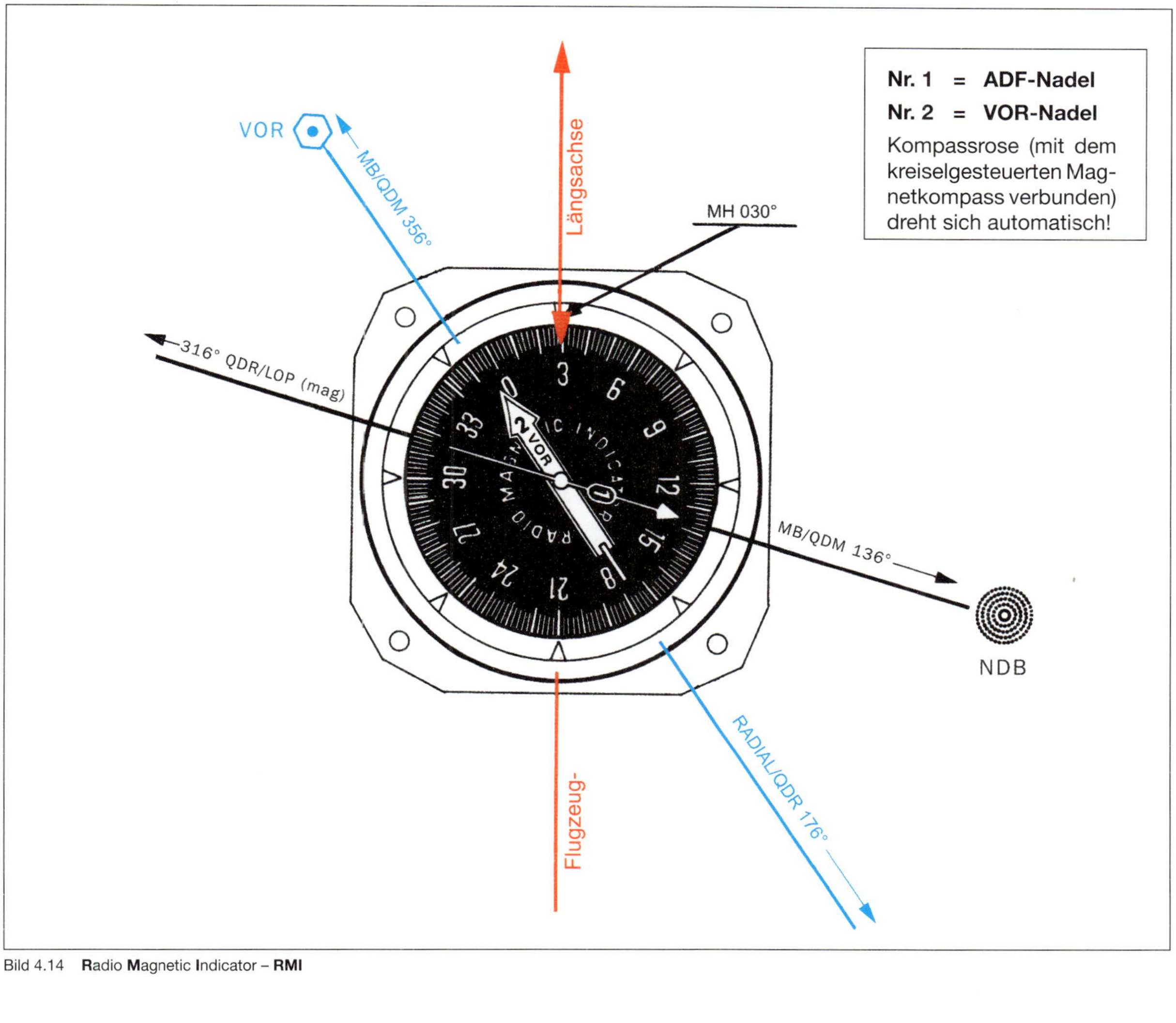

Bild 4.14 **R**adio **M**agnetic **I**ndicator – **RMI**

4.2.3 Die Bedienung der VOR-Bordanlage

Die richtige Bedienung der VOR-Bordanlage ist sehr einfach und dürfte nach der eingehenden Beschreibung aller Bedienelemente im vorhergehenden Abschnitt (4.2.2) nun keinerlei Schwierigkeiten mehr bereiten.

Der **VHF-NAV-Empfänger** und das **VOR/LLZ-Anzeigegerät** werden mit folgenden Handgriffen für die Navigation einsatzbereit gemacht:

1. **VHF-NAV-Empfänger** mit dem **EIN/AUS-Schalter** (ON/OFF switch) einschalten!
2. **Gewünschte Frequenz** (VOR-Bodenstation oder ILS-Landekurs = LLZ) mit den beiden **Frequenz-Wahlschaltern** (MHz und kHz) einwählen!

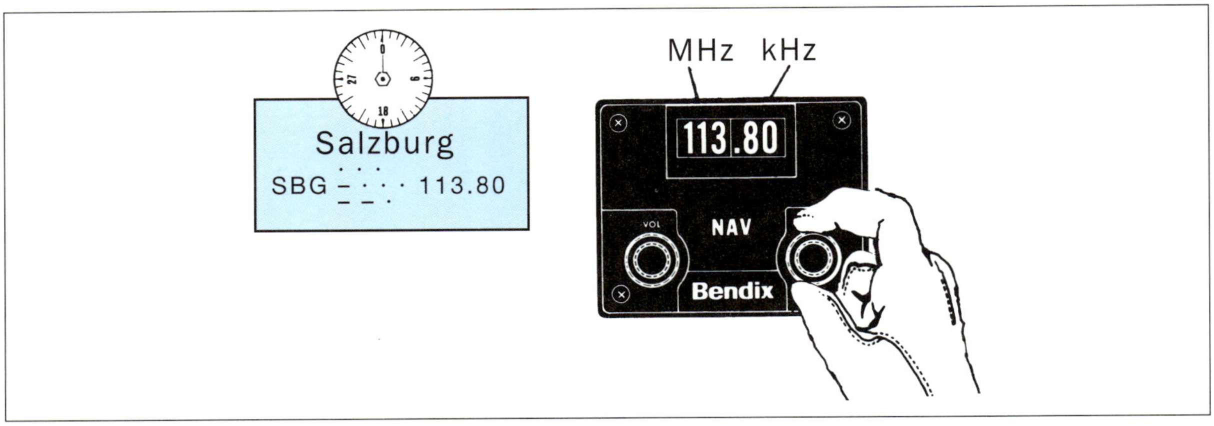

Bild 4.15 Frequenzwahl – die eingewählte Frequenz erscheint im Anzeigefenster.

3. **Lautstärke** (volume) mit dem **Lautstärkeregler** (volume control) auf gewünschten Pegel einstellen!
4. **Kennung** (identification) der VOR-Bodenstation (oder ILS-Landekurs = LLZ) **mindestens zweimal abhören,** um sicherzustellen, dass es sich auch wirklich um die gewünschte Station handelt!

   Ist das Gerät mit einem Kennungsfilter-Schalter (IDENT filter switch) ausgerüstet, dann muss dieser Schalter beim **Abhören der Kennung** immer auf die Stellung **„IDENT"** geschaltet werden! Dadurch wird eine eventuelle Sprachausstrahlung (z. B. ATIS) ausgeblendet.

Anmerkung: Der IDENT/VOICE-Schalter (Kennung/Sprache) wird nur beim Abhören von Sprachausstrahlungen (z. B. ATIS) auf die Stellung „VOICE" (Sprache) geschaltet!

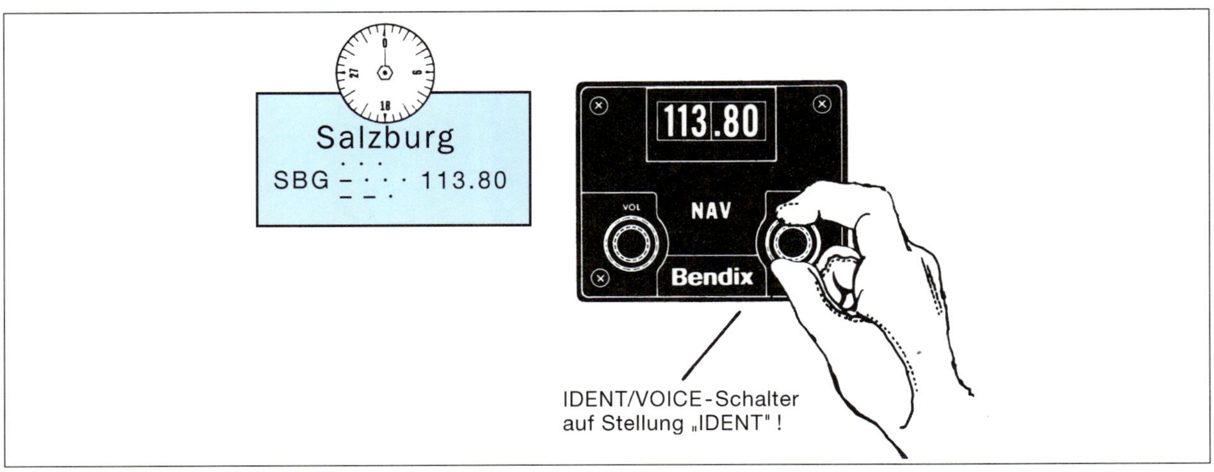

Bild 4.16 VOR-Bodenstation **identifizieren!** Kennung – IDENT – mindestens zweimal abhören!

5. **VOR/LLZ-Warnflagge (OFF-flag)** auf dem VOR/LLZ-Anzeigegerät beobachten! Die Warnflagge muss nun – bevor wir das Gerät navigatorisch einsetzen – vollständig verschwunden sein.

6. **Kurswähler (OBS** = **O**mni **B**earing **S**elector) am Anzeigegerät für Senderanflug (TO the station) so lange drehen, bis die „TO-Anzeige" erscheint und der Kursabweichanzeiger **(CDI** = **C**ourse **D**eviation **I**ndicator) – also die senkrechte Nadel – im **Zentrum** steht! Dann unter der Kursmarke den VOR-Kurs ZUR Bodenstation **(QDM)** ablesen (siehe folgendes Bild 4.17)!
7. Mit Hilfe der **Flugüberwachungs- und Navigationsinstrumente** (Wendezeiger, künstlicher Horizont und Kurskreisel/ Magnetkompass) auf den eingewählten VOR-Kurs ZUR Station **(TO** the station) einkurven und während des gesamten Senderanfluges **CDI-Nadel** in der **MITTE** halten!

Bild 4.17 Einstellung des VOR-Anzeigegeräts mit dem Kurswähler (OBS) für einen Senderanflug (TO!)

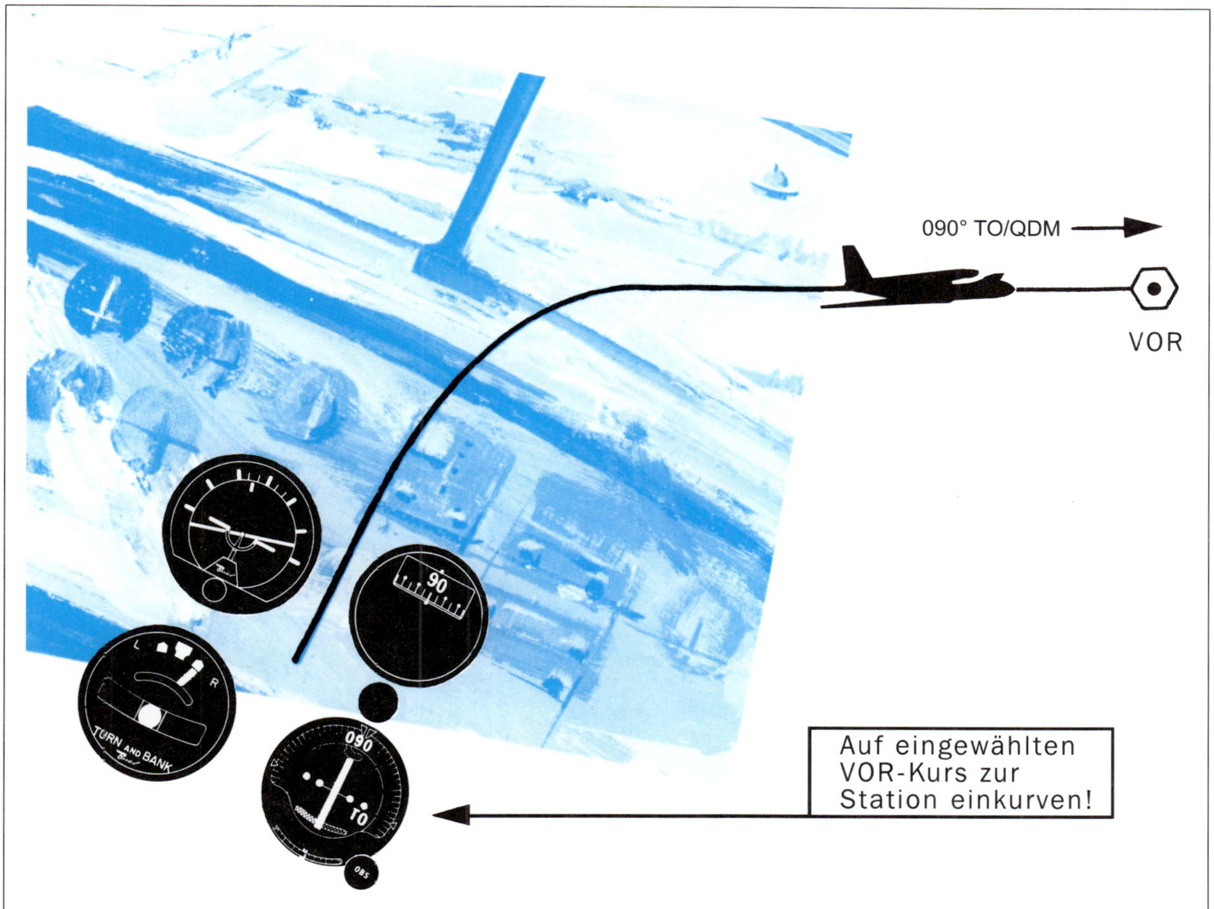

Bild 4.18 Einkurven auf eingewählten VOR-Kurs ZUR Bodenstation (TO!)

Anmerkung: Bei Senderabflügen (FROM the station) Kurswähler (OBS) so lange drehen, bis die „FROM-Anzeige" erscheint und die CDI-Nadel in der MITTE steht!

Dann unter der Kursmarke den VOR-Kurs VON der Bodenstation WEG (RADIAL – QDR) ablesen und darauf einkurven!

4.2.4 VOR-Navigationsverfahren

4.2.4.1 Begriffsbestimmungen

In der VOR-Navigation wird der Flugzeugführer mit zwei Richtungsbegriffen konfrontiert:

1. **Missweisender Kurs ZUR VOR-Bodenstation HIN**
   (magnetic course/track **inbound)** = **TO/QDM!**
2. **Missweisender Kurs VON der VOR-Station WEG**
   (magnetic course/track **outbound)** = **FROM/QDR = RADIAL!**

Richtungsangaben in Bezug auf eine VOR-Bodenstation erfolgen in der Praxis immer als

- **missweisende Richtung VON der Station WEG – also als „RADIAL FROM" (= Leitstrahl VON = QDR!).**

Auch im **Flugfunksprechverkehr** soll der **Standort** eines Flugzeugs immer auf diese Weise ausgedrückt werden, das heißt, man gibt sowohl beim Anflug ZUR Bodenstation (TO = inbound) als auch beim Abflug VON (FROM = outbound) derselben die RADIAL-Funkstandlinie (RADIAL FROM/Leitstrahl VON) an, auf der sich das Flugzeug momentan befindet!

So befinden sich z. B. in der folgenden Abbildung alle drei gezeigten Flugzeuge auf der **RADIAL-Standlinie 090°** VON der VOR-Bodenstation = **RADIAL 090°** (FROM the station)!

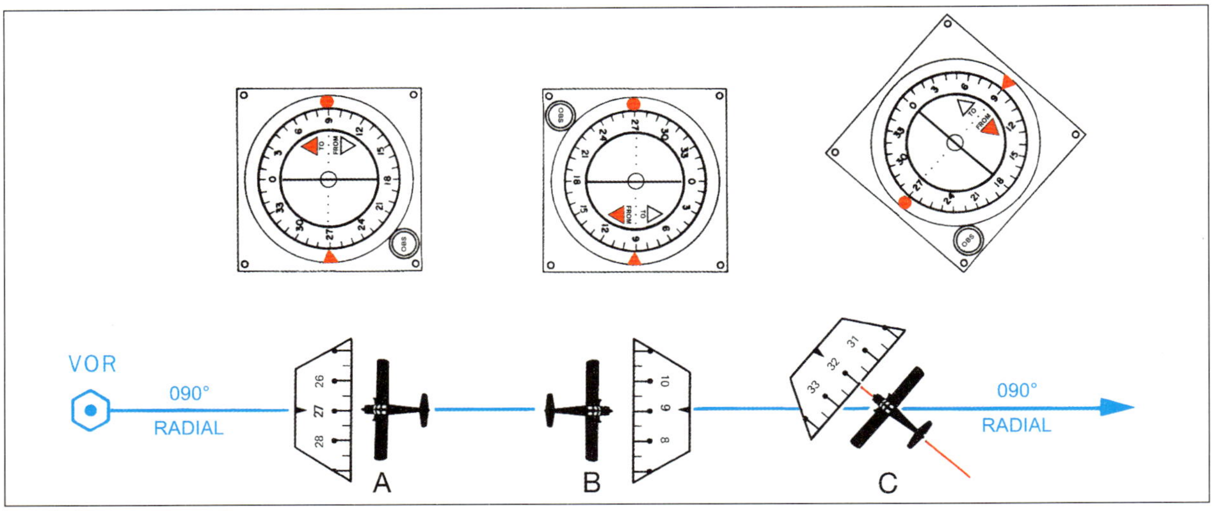

Bild 4.19 Alle drei Flugzeuge befinden sich auf RADIAL 090°, benutzen ihn aber zu verschiedenen Zwecken.

- **Flugzeug A** befindet sich bei Windstille auf dem RADIAL 090° und folgt einem missweisenden Kurs von 270° ZUR VOR-Bodenstation HIN (engl.: magnetic course/track inbound 270°). Daraus ergeben sich folgende Instrumentenanzeigen:

VOR/LLZ-Anzeigegerät: 270° TO ▲
Kurskreisel/Magnetkompass: MH 270°

- **Flugzeug B** befindet sich ebenfalls auf dem RADIAL 090°, folgt aber einem missweisenden Kurs von 090° VON der VOR-Bodenstation WEG (engl.: magnetic course/track outbound 090°). Der Flugzeugführer liest folgende Anzeigen von den Instrumenten ab:

VOR/LLZ-Anzeigegerät: 090° FROM ▼
Kurskreisel/Magnetkompass: MH 090°

- **Flugzeug C** durchfliegt gerade den RADIAL 090° mit einem MH von 320°. Der Flugzeugführer liest für eine Standortbestimmung folgende Werte von den Instrumenten ab:

VOR/LLZ-Anzeigegerät: 090° FROM ▼
Kurskreisel/Magnetkompass: MH 320°

4.2.4.2 Orientierungsverfahren mit VOR (Orientation Procedures)

Das **Orientierungsverfahren** mit dem **VOR/LLZ-Anzeigegerät** (VOR/LLZ Indicator) ist recht einfach:

- Beabsichtigt der Flugzeugführer einen Anflug **ZUR VOR-Bodenstation HIN,** dann muss er den Kurswähler **(OBS** = **O**mni **B**earing **S**elector) so lange drehen, **bis die CDI-Nadel** (Kursabweichanzeiger) in der **MITTE** (Zentrum des Kreises) steht und der Richtungsanzeiger **(TO/FROM Indicator) TO** (▲) anzeigt.

Merke: Danach auf dem **kürzesten Wege** auf den unter der Kursmarke angezeigten Kurs einkurven (MB/QDM) und diesen **missweisenden Kurs ZUR VOR-Bodenstation** (magnetic course/track inbound) fliegen!

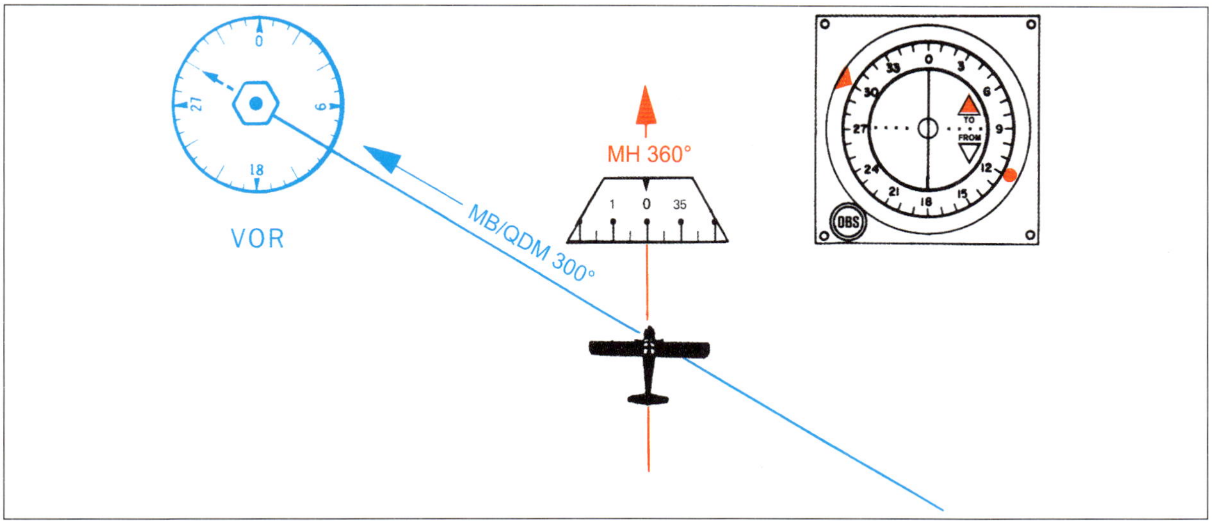

Bild 4.20 TO = MB ZUR VOR-Station = QDM

- Ist ein **Abflug** VON der VOR-Bodenstation WEG geplant, dann muss der Kurswähler (OBS) so lange gedreht werden, bis die CDI-Nadel im Zentrum steht und der Richtungsanzeiger (TO/FROM Indicator) FROM (▼) anzeigt.

Merke: Danach auf dem kürzesten Wege auf den unter der Kursmarke stehenden Kurs eindrehen (RADIAL/QDR) und diesen missweisenden Kurs VON der Bodenstation WEG (magnetic course/track outbound) fliegen!

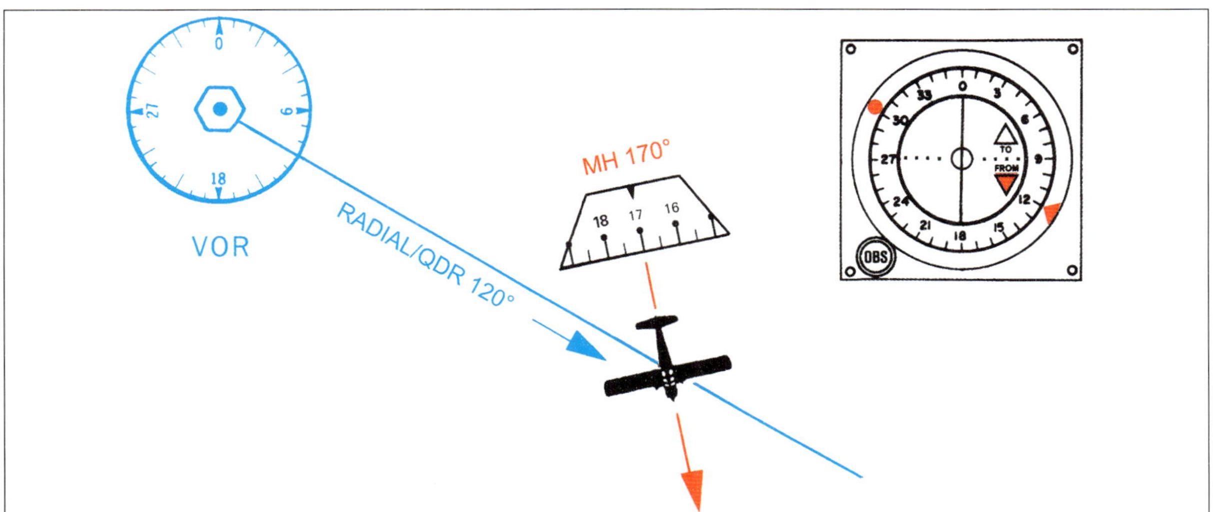

Bild 4.21 FROM = RADIAL VON der VOR-Station = QDR

4.2.4.3 Kursflug (Tracking) mit VOR

Den Begriff **Kursflug** (tracking) haben wir schon bei der **ADF-Navigation (vgl. Abschnitt 3.2.5.5)** kennen gelernt. Wollen wir nun nach der eben behandelten ersten Orientierung den ermittelten missweisenden Kurs ZUR Bodenstation HIN (magnetic course/track inbound) oder VON der Station WEG (magnetic course/track outbound) **genau** einhalten (= Kursflug/tracking), so müssen wir während des gesamten An- oder Abfluges dafür sorgen, dass die

- **CDI-Nadel (Kursabweichanzeiger) in der MITTE stehen bleibt (= Nullstellung)!**

Bei Windstille bereitet der Kursflug inbound/outbound (TO/FROM) keine großen Schwierigkeiten. Man muss lediglich den unter der Kursmarke des VOR/LLZ-Anzeigegeräts angezeigten missweisenden Kurs „TO/FROM" (= QDM/QDR) genau steuern

z. B. 270° TO = MH 270°,

und die CDI-NADEL wird in der Nullstellung **(MITTE)** stehen bleiben.

Das gleiche Verfahren gilt für direkten Gegen- oder Rückenwind (head wind/tail wind).

Bei **Seitenwindeinfluss** (cross wind) von **LINKS** oder **RECHTS** muss sich der Flugzeugführer jedoch in jedem Fall einen entsprechenden

- **Luvwinkel (WCA = Wind Correction Angle)**

erfliegen, um auf dem vorgesehenen (eingewählten) VOR-Kurs inbound/outbound (TO/FROM) zu verbleiben.

Bei unbekannten Windverhältnissen steuern wir zuerst einmal – wie in folgendem Bild 4.22 dargestellt – einen missweisenden Steuerkurs (MH), der genau dem angezeigten (missweisenden) VOR-Kurs inbound/outbound (TO/FROM) entspricht – siehe Flugzeug am Standort A, Bild 4.22!

- **Standort A:** Hier befindet sich das Flugzeug **auf dem eingewählten VOR-Kurs ZUR Station HIN** (magnetic course/track inbound = 360° TO).

  Der Flugzeugführer steuert MH 360° = **360° TO (QDM)!**

- **Standort B:** Seitenwind von **LINKS** hat das Flugzeug **um ca. 5° (siehe Nadelstellung) nach RECHTS versetzt**. Die CDI-Nadel (Kursabweichanzeiger) ist auf der Kursabweichskala (Kreis in der Mitte und jeweils 4 Punkte auf jeder Seite) nach **LINKS** ausgewandert!

  Wichtig: Da das VOR/LLZ-Anzeigegerät bei richtiger Einstellung (Anflug – TO/Abflug – FROM) immer als

- **Kommandogerät**

fungiert, muss der Flugzeugführer

- **der Bewegung der CDI-Nadel folgen („FLY INTO THE NEEDLE!"),**

das heißt, **er steuert in Richtung der ausgewanderten CDI-Nadel.**

Merke: CDI-Nadel LINKS – Kursverbesserung nach LINKS!
CDI-Nadel RECHTS – Kursverbesserung nach RECHTS!

Nach diesem wichtigen Einschub nun wieder zurück zu unserem Flugzeug am **Standort B (siehe Bild 4.22):** Um das Flugzeug wieder auf den gewünschten VOR-Kurs (über Grund) inbound (360° TO) zurückzubringen, muss der Flugzeugführer seinen Steuerkurs (MH) nach **LINKS** verbessern.

Bei normalen Windverhältnissen sollte man – wie unter **Abschnitt 3.2.5.5 „Das Kursflugverfahren mit dem automatischen Funkpeilgerät (ADF)"** schon erwähnt – immer eine Standardkorrektur von 20° (30° für langsamere Flugzeuge bis ca. 90 kt) zurück zum „Sollkurs" (required track) anwenden.

Diese **20°-Verbesserung** hat sich in der Praxis sehr gut bewährt.

- **Standort C:** Der Flugzeugführer hat die 20°-Verbesserung angewendet und seinen Steuerkurs (MH) um **20° nach LINKS** geändert. Er fliegt nun mit **MH 340°** zurück zum eingewählten VOR-Kurs inbound (360° TO)!
- **Standort D:** Der eingewählte (gewünschte) VOR-Kurs 360° TO ist wieder erreicht – die CDI-Nadel bewegte sich nach der 20°-Korrektur von Standort C an langsam wieder zur **MITTE** hin und steht nun in der Nullstellung (Zentrum des Kreises)!

Würde das Flugzeug jetzt mit dem alten Steuerkurs (MH 340°) weiterfliegen, so würde es den eingewählten Kurs **360° TO** durchfliegen und etwas später auf der anderen Seite **(LINKS)** vom Sollkurs liegen. Auch die Rückkehr zum ursprünglichen Steuerkurs – MH 360° – würde nicht helfen, denn der festgestellte Seitenwindeinfluss von **LINKS** sorgte schnell wieder dafür, dass das Flugzeug erneut nach **RECHTS** versetzt würde.

- Der Flugzeugführer in Bild 4.22 macht es richtig! Er wendet versuchsweise – nachdem die CDI-Nadel zur **MITTE** zurückgekehrt ist – einen Vorhaltewinkel von 10° nach **LINKS,** also einen

> - **Luvwinkel (WCA) von –10° (Minus 10°) an, um auf dem eingewählten VOR-Kurs zu verbleiben!**

Diese Methode – die **Hälfte der Standard-Korrektur** (20°) zum Sollkurs zurück als **Luvwinkel** (WCA) einzusetzen – hat sich in der Praxis ausgezeichnet bewährt. Der so auf einfachste Art versuchsweise ermittelte Luvwinkel (WCA) sorgt in jedem Fall erst einmal dafür, dass der Seitenwindeinfluss – zumindest teilweise – ausgeschaltet wird.

Später können wir dann feststellen, ob der **„Vorhalteversuch“** richtig, zu klein oder zu groß war:

> - **WCA richtig** – CDI-Nadel bleibt in der **MITTE**!
> - **WCA zu klein** – CDI-Nadel wandert (auf unser Beispiel bezogen) wieder nach **LINKS** aus!
> - **WCA zu groß** – CDI-Nadel wandert (auf unser Beispiel bezogen) nach **RECHTS** aus!

War der „10°-Vorhalteversuch“ (WCA ±10°) **zu klein,** dann kurven wir einfach mit der 20°-Standard-Verbesserung erneut zum eingewählten VOR-Kurs zurück und wenden dann einen

> - **Luvwinkel (WCA) von ±15° an!**

War der ursprüngliche „10°-Luvwinkel-Versuch“ (±10°) **zu groß** – der Windeinfluss war also nicht so stark wie erwartet – dann weicht das Flugzeug zur Luvseite (= dem Wind zugewandte Seite) hin vom Sollkurs ab. In solchen Fällen **dreht** man das Flugzeug einfach **parallel zum eingewählten Kurs** und wartet, bis der Wind das Flugzeug dorthin zurückversetzt („zurückgeblasen“) hat. Steht die CDI-Nadel dann wieder in der **MITTE,**

> - **verkleinern wir den Luvwinkel (WCA) auf ± 5°!**

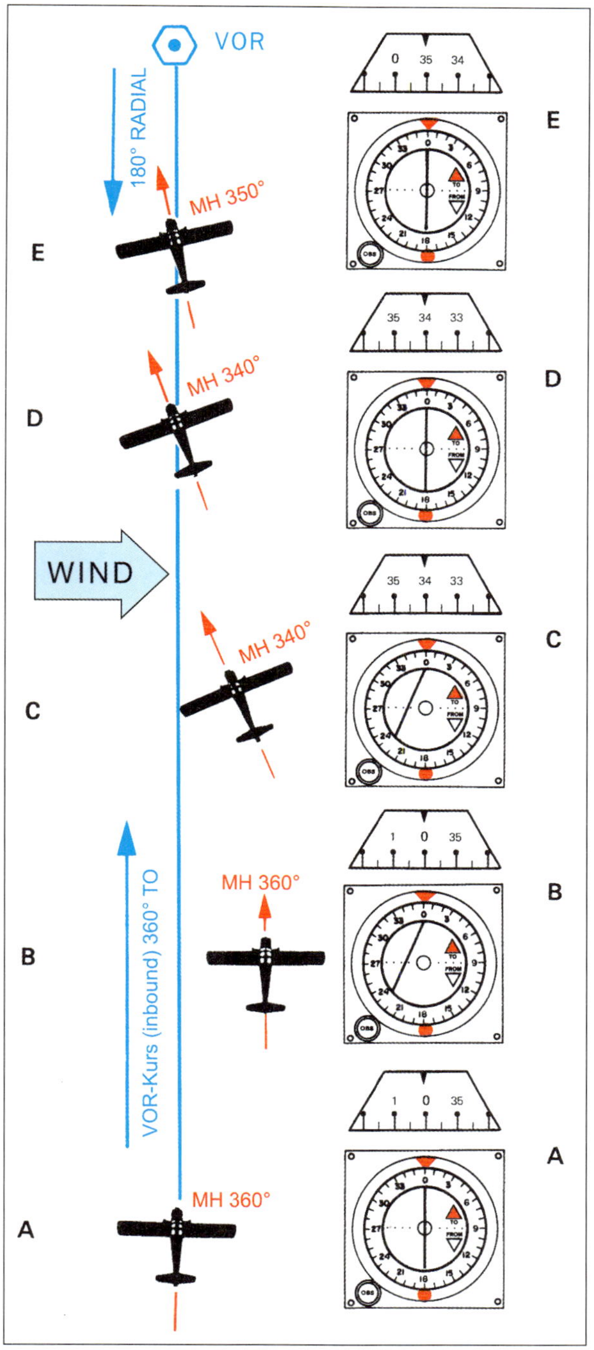

Bild 4.22 VOR-Kursflug ZUR Station HIN **(tracking inbound TO)**

Diese systematische Annäherung an den richtigen Luvwinkel (WCA) ist normalerweise die beste Methode, um schnellstmöglich den richtigen Steuerkurs (MH) für den Kursflug auf direktem Wege ZUR Station HIN (tracking inbound) oder VON der Station WEG (tracking outbound) zu finden. Sie ist in jedem Fall der anderen möglichen Methode – dem ständigen „Verfolgen“ oder „Nachjagen“ der CDI-Nadel (engl.: „following the needle“, „flying into the needle“ oder „chasing the needle“) – vorzuziehen, da die „wilde Jagd hinter der Nadel her“ fast immer mit längerer Flugzeit, größerem Kraftstoffverbrauch und wesentlich größerer Anstrengung verbunden ist.

Manchmal kommt es vor, dass ungewöhnlich starker Seitenwindeinfluss die Rückkehr zum gewünschten (eingewählten) VOR-Kurs trotz der 20°- oder 30°-Korrektur **verhindert!** In solchen Fällen muss der Flugzeugführer eine Kursverbesserung von 40° (oder mehr!) anwenden, wenn die CDI-Nadel nach einem angemessenen Zeitraum nicht zur **MITTE** zurückwandert. Dabei ist zu bedenken, dass z. B. bei einer notwendigen 40°-Korrektur ungefähr die Hälfte des Verbesserungswinkels – also 20°! – als **Luvwinkel** eingesetzt werden muss, um nach der Rückkehr zum Sollkurs auf diesem zu verbleiben.

Erreicht das Flugzeug die VOR-Bodenstation, so wird der

- **Überflug (station passage)**

durch den **Wechsel der Richtungsanzeige** von

- **TO auf FROM**

angezeigt! Jeder gute Flugzeugführer kennt im Normalfall die voraussichtliche Ankunftszeit **(ETA** = **E**stimated **T**ime of **A**rrival) über einer VOR-Bodenstation (Flugvorbereitung). Nähert sich dieser vorausberechnete Zeitpunkt, dann beobachtet er die TO/FROM-Richtungsanzeige aufmerksam:

Merke:

- **Solange das Flugzeug auf dem eingewählten VOR-Kurs ZUR Station HIN – inbound to – fliegt, zeigt der Richtungsanzeiger TO (▲) an!**
- **Überfliegt das Flugzeug die VOR-Bodenstation, dann schwankt die Richtungsanzeige für einen Augenblick und schlägt danach auf FROM (▼) um!**

Während des Stationsüberfluges (station passage) treten häufig Schwankungen des Kursabweichanzeigers (CDI-Nadel) auf, und fast immer erscheint auch die VOR/LLZ-Warnflagge **„OFF"** kurz.

Beabsichtigt der Flugzeugführer nun – nach dem Stationsüberflug –, seinen Flug auf demselben Kurs VON der VOR-Station WEG (outbound FROM) fortzusetzen, dann behält er einfach seinen alten Steuerkurs (MH) bei und führt unter Beachtung der gleichen Regeln, die für den Kursflug ZUR Station HIN (tracking inbound) gelten (siehe Bild 4.22), den Kursflug VON der Station WEG (tracking outbound) durch. Dabei ergibt sich nur eine Anzeigeänderung auf dem VOR/LLZ-Anzeigegerät:

- **Umkehr** der Richtungsanzeige von TO (▲) auf FROM (▼)!

Soll nach dem Stationsüberflug ein anderer Kurs VON der Station WEG (outbound/FROM) geflogen werden, so muss der Flugzeugführer lediglich mit dem Kurswähler (OBS) den neuen Kurs einstellen und das Flugzeug mit Hilfe der CDI-Nadel und des Kurskreisels (Magnetkompass) auf den gewünschten Leitstrahl VON der Station WEG (RADIAL) drehen **(Verfahren:** siehe Bild 4.23!).

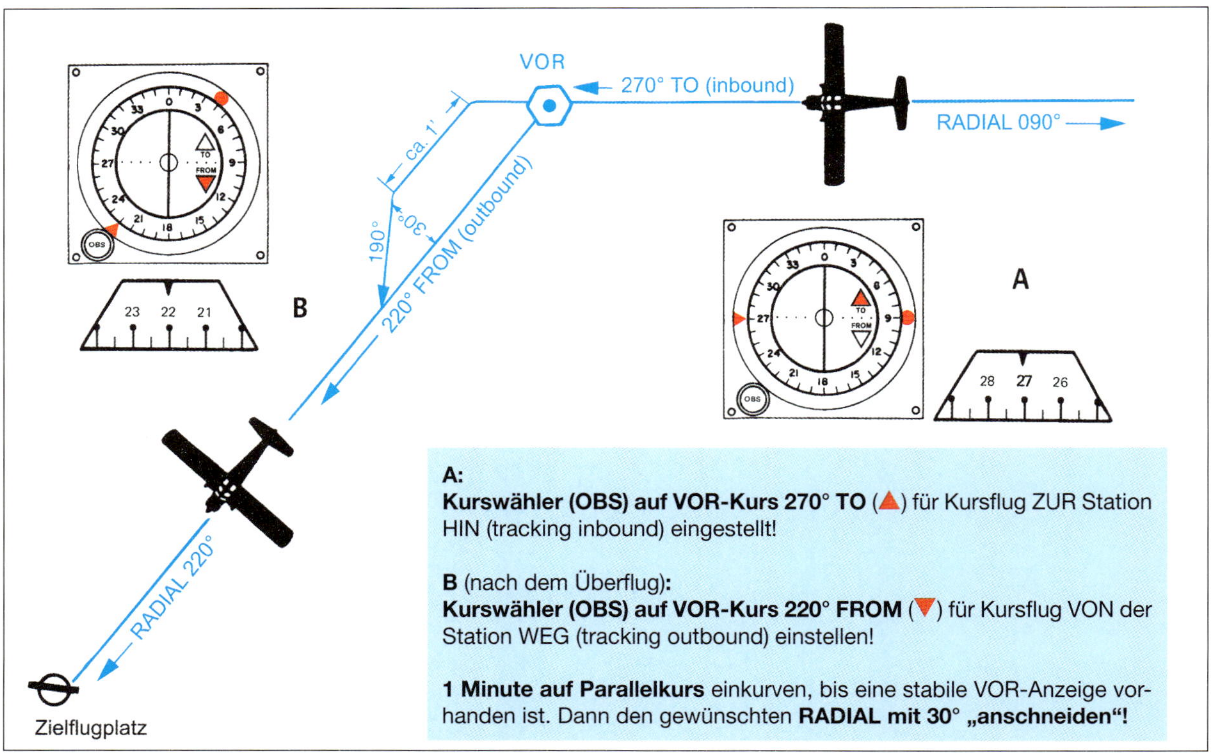

Bild 4.23 Stationsüberflug mit anderem Abflugkurs nach dem Überflug der Station

4.2.4.4 Anschneiden von gewünschten oder geforderten VOR-Kursen (Sollkursen) (VOR Track Interception)

Für das **Anschneiden** von gewünschten oder geforderten VOR-Kursen (track interception) gelten grundsätzlich die schon im Abschnitt 3.2.5.6 (ADF-Navigation) behandelten Regeln. Wir werden uns hier deshalb nur noch einmal anhand von Abbildungen und kurzen Erklärungen mit den wichtigsten Überlegungen befassen, die für das richtige und rechtzeitige Anschneiden (interception) von VOR-Kursen unerlässlich sind.

4.2.4.4.1 Anschneiden von gewünschten oder geforderten VOR-Kursen mit 30°, 45° oder 90° (30°-, 45°- oder 90°-interception)

Das in Bild 4.24 gezeigte Flugzeug befindet sich momentan auf dem **RADIAL 200°** mit einem **MH von 350°.** Der Flugzeugführer soll auf Anweisung der Flugverkehrskontrollstelle (ATC) den **RADIAL 180° anschneiden** und dann auf diesem VOR-Leitstrahl (RADIAL) ZUR VOR-Station HIN fliegen; auf Englisch lautet die Anweisung:

„INTERCEPT RADIAL 180° FROM PRESENT POSITION AND PROCEED ON RADIAL 180° INBOUND TO THE STATION!“

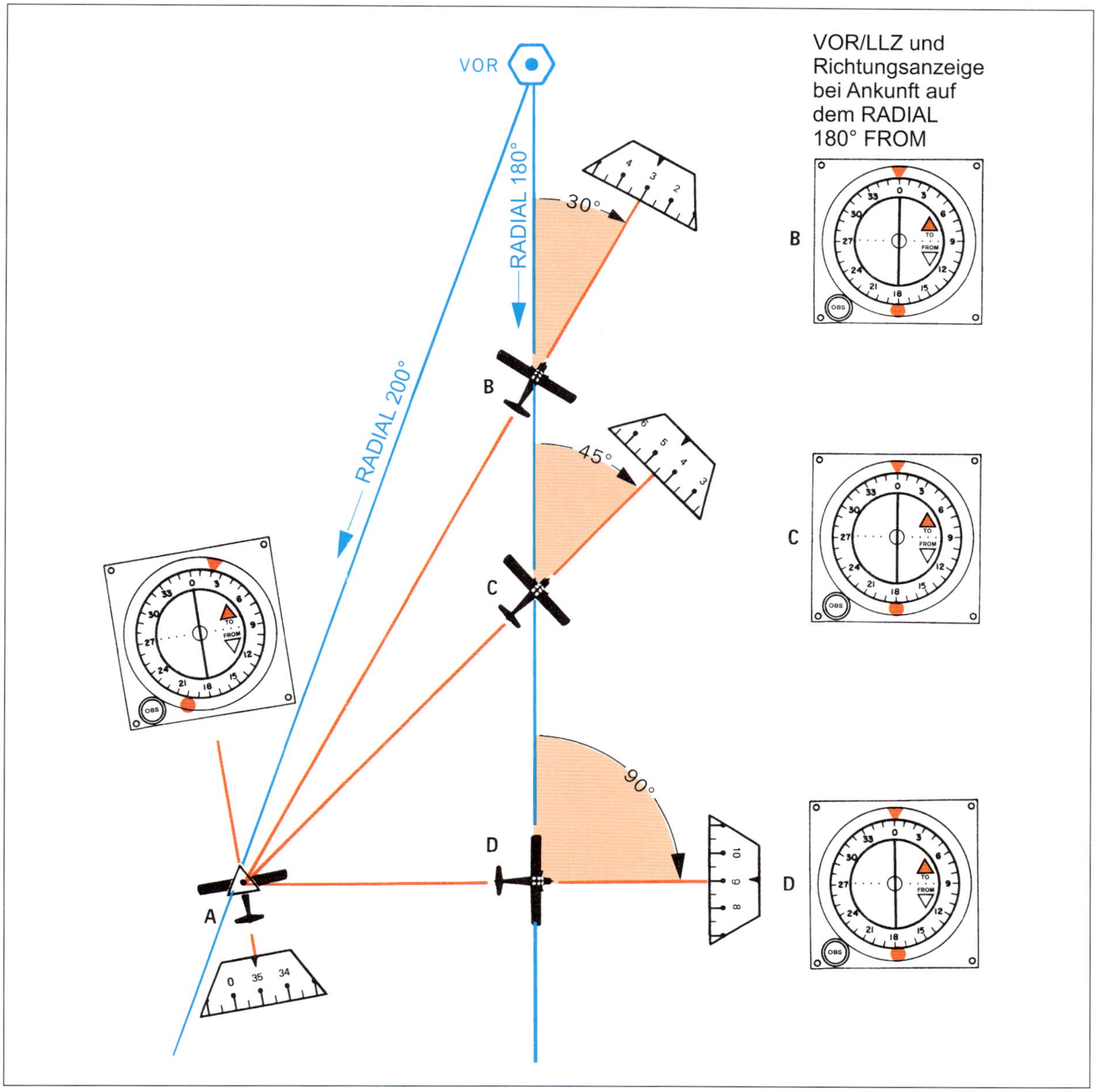

Bild 4.24 30°-, 45°- und 90°-interception (VOR)

Der Flugzeugführer kennt seinen Standort (position) in Bezug auf den anzuschneidenden RADIAL **(siehe A, Bild 4.24 – OBS-Einstellung 020° TO = RADIAL 200° – also LINKS vom anzuschneidenden RADIAL!).** Er verfährt nun folgendermaßen:

1. **Kurswähler (OBS) auf** anzuschneidenden VOR-Kurs – hier: **000° TO! – einstellen!**

> **Anzeige: CDI-Nadel RECHTS**
> = **Flugzeug LINKS** vom eingewählten VOR-Kurs!

2. **Anschneidewinkel (intercept angle) bestimmen!**

> **Anmerkung:** Als Standard-Anschneidewinkel sollte man 45° wählen! Es können aber auch andere Winkel – z. B. 30°, 60° usw. – verwendet werden. Immer darauf achten, dass der „intercept angle" (Anschneidewinkel) **größer** als der Winkel zwischen momentaner Standlinie (RADIAL) und anzuschneidender Standlinie (RADIAL) ist! Er sollte jedoch **niemals größer** als **90°** sein (siehe Bild 4.24)!

3. **Anschneide-Steuerkurs (intercept heading) wie folgt berechnen**:
   - CDI-Nadel **RECHTS** (Flugzeug **LINKS** vom eingewählten/anzuschneidenden VOR-Kurs!):

> **Merke:** **Anschneide-Steuerkurs (intercept heading)** = Eingewählter/anzuschneidender VOR-Kurs **plus** Anschneidewinkel (intercept angle)!

   - CDI-Nadel **LINKS** (Flugzeug **RECHTS** vom eingewählten/anzuschneidenden VOR-Kurs!):

> **Merke:** **Anschneide-Steuerkurs (intercept heading)** = Eingewählter/anzuschneidender VOR-Kurs **minus** Anschneidewinkel (intercept angle)!

Für unsere drei Anschneidebeispiele (in Bild 4.24: 30°-, 45°- und 90°-interception auf VOR-Kurs **000° TO** (= RADIAL 180° inbound!), ergeben sich also nach den obigen Merksätzen folgende Anschneide-Steuerkurse (intercept headings):

- **Flugzeug B:** Anschneidewinkel (intercept angle) 30°/anzuschneidender VOR-Kurs 000° TO (= RADIAL 180° inbound)!

> **000° plus 30° = MH 030°**

- **Flugzeug C:** Anschneidewinkel (intercept angle) 45°/anzuschneidender VOR-Kurs 000° TO (= RADIAL 180° inbound)!

> **000° plus 45° = MH 045°**

- **Flugzeug D:** Anschneidewinkel (intercept angle) 90°/anzuschneidender VOR-Kurs 000° TO (= RADIAL 180° inbound)!

> **000° plus 90° = MH 090°**

4. **Auf dem kürzesten Wege** (entscheiden, ob **LINKS** oder **RECHTS** herum) **zum berechneten Anschneide-Steuerkurs (intercept heading) einkurven!**

   Das Flugzeug fliegt nun ZUM anzuschneidenden VOR-Kurs HIN.

5. Wenn sich das Flugzeug dem eingewählten/anzuschneidenden VOR-Kurs nähert, wandert die CDI-Nadel langsam zur **MITTE** (Nullstellung)! Wartet der Flugzeugführer nun, bis die CDI-Nadel genau im Zentrum steht, und kurvt dann erst auf den eingewählten/anzuschneidenden VOR-Kurs ein, so geht er das Risiko ein, den Kurs zu „überschießen" (overshooting the course/track).

Er muss also **vor** Erreichen des eingewählten VOR-Kurses auf diesen einkurven, um nicht zu überschießen – aber wann?

In der Praxis hat sich folgende **Faustregel** ausgezeichnet bewährt:

- Wandert die CDI-Nadel während des Anschneidens (interception) schnell zur **MITTE** (Nullstellung), dann ist das Flugzeug nicht mehr weit von der VOR-Bodenstation entfernt. Die einzelnen RADIALS liegen hier dicht beieinander (denken Sie an die Speichen eines Rades)!

Deshalb in solchen Situationen mit einer Standardkurve (3° pro Sekunde) auf eingewählten VOR-Kurs einkurven, wenn die CDI-Nadel beginnt, sich zur **MITTE** zu bewegen!

- Wandert die CDI-Nadel bei Annäherung an den eingewählten VOR-Kurs nur sehr langsam zur **MITTE,** so ist die Entfernung zur VOR-Bodenstation noch relativ groß. Hier haben die einzelnen RADIALS einen größeren Abstand voneinander!

Aus diesem Grunde ist es angebracht, erst dann mit einer Standardkurve (3° pro Sekunde) auf den eingewählten VOR-Kurs einzukurven, wenn die CDI-Nadel den Rand des Kreises (= 2° vor Erreichen des Kurses) berührt!

4.2.4.4.2 Anschneiden eines geforderten oder gewünschten VOR-Kurses von einem unbekannten Standort aus (track interception from an unknown position)

Der Flugzeugführer kann in der Praxis – z. B. während eines CVFR-Fluges – von der Flugverkehrskontrollstelle (ATC) aufgefordert werden, einen bestimmten VOR-Kurs ZUR Station HIN (inbound) oder VON der Station WEG (outbound) anzuschneiden, ohne dass er zur Zeit weiß, wo der geforderte Kurs („Sollkurs") in Bezug auf den momentanen Standort des Flugzeugs liegt. Er kann sich RECHTS, LINKS, VOR oder HINTER ihm befinden!

In solchen Situationen führt das folgende einfache Orientierungsverfahren schnell zur Lösung der gestellten Aufgabe:

1. Die betreffende VOR-Bodenstation einwählen und identifizieren!
2. Sofort vom momentanen Steuerkurs (MH) auf dem kürzesten Wege (RECHTS oder LINKS herum) auf einen Steuerkurs (MH) einkurven, der das Flugzeug parallel zum geforderten VOR-Kurs ausrichtet (z. B. RADIAL 090° inbound = MH 270° oder RADIAL 090° outbound = MH 090°)!
3. Während der Kurve den Kurswähler (OBS) auf den geforderten VOR-Kurs einstellen (inbound – TO = ▲/outbound – FROM = ▼)!
4. Nach dem Ausleiten der Kurve – das Flugzeug fliegt nun parallel zum geforderten (eingewählten) VOR-Kurs! Ausschlag der CDI-Nadel beobachten (RECHTS oder LINKS!). Der geforderte VOR-Kurs („Sollkurs") liegt bei richtiger Einstellung (siehe 3.) immer auf der gleichen Seite, auf der sich die CDI-Nadel befindet – also:

- CDI-Nadel **RECHTS** – geforderter VOR-Kurs (Sollkurs) **RECHTS!**
- CDI-Nadel **LINKS** – geforderter VOR-Kurs (Sollkurs) **LINKS!**

5. Nun auf entsprechenden Anschneide-Steuerkurs (intercept heading) ZUM geforderten VOR-Kurs HIN – also ZUR CDI-Nadel HIN! – einkurven (vgl. Abschnitt 4.2.4.4, a)!

4.2.4.5 Standortbestimmungen mit VOR (VOR Position Fixing)

Gelegentlich ist es für den VFR-Flugzeugführer – z. B. bei Orientierungsverlust – eine große Hilfe, seinen Standort durch zwei oder mehrere sich schneidende RADIAL-Standlinien (RADIALS) von verschiedenen Bodenstationen neu zu bestimmen oder zu überprüfen.

Der sich aus einer solchen VOR-Kreuzpeilung ergebende Funkstandort (Symbol △) wird in der Fachsprache als

- **VOR-Kurskreuzung (VOR intersection oder VOR fix)**

bezeichnet! Das nachfolgende Bild 4.25 zeigt wie eine **VOR-Standortbestimmung** durchgeführt wird.

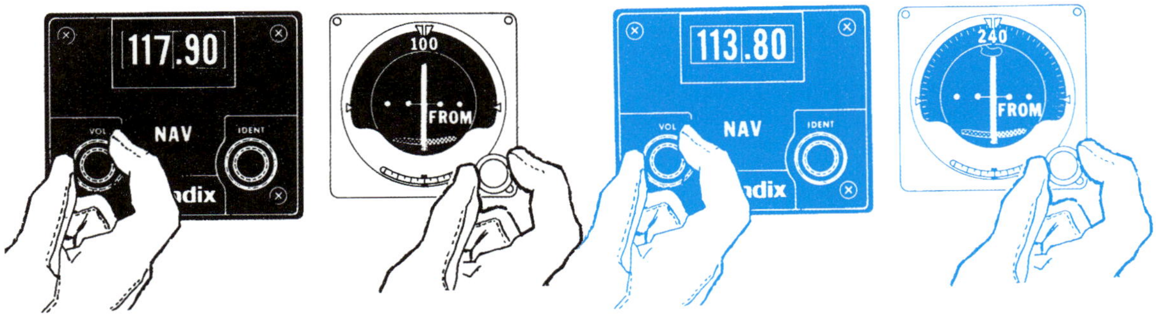

① **Erste VOR** – im Umkreis von höchstens 40 NM einwählen und identifizieren! Dann CDI-Nadel mit Kurswähler (OBS) zentrieren – Richtungsanzeige FROM und RADIAL unter der Kursmarke ablesen = missweisende LOP 1!

② **Zweite VOR** – mindestens 30° von LOP 1 versetzt! – einwählen und identifizieren! CDI-Nadel zentrieren – Richtungsanzeige FROM und RADIAL ablesen = missweisende LOP 2!

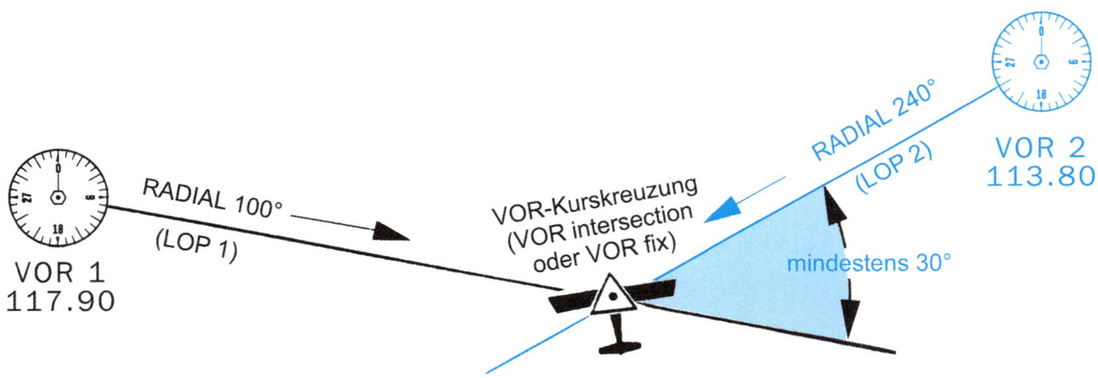

③ Zeichnen Sie die ermittelten (missweisenden) LOPs (RADIALS) mit Hilfe der missweisenden VOR-Kursrose in die Karte ein! – Schnittpunkt der beiden RADIALS (LOPs) = Standort (△).

Bild 4.25 Standortbestimmung mit VOR durch zwei sich schneidende RADIALS von verschiedenen VOR-Bodenstationen.

Merke: Ist um die ausgewählte VOR-Bodenstation herum keine missweisende Kursrose eingezeichnet, dann muss die ermittelte missweisende Funkstandlinie (= RADIAL) unter Berücksichtigung der Ortsmissweisung (vgl. Band 4 A, Flugnavigation, Abschnitt 5.1.1 „Die Ortsmissweisung“) als rechtweisende Funkstandlinie (LOP) in die Karte eingetragen werden!

Dabei gilt immer:

- **westliche Ortsmissweisung (VAR WEST) subtrahieren!**
- **östliche Ortsmissweisung (VAR EAST) addieren!**

4.2.4.6 Abstandsbestimmungen mit VOR (Time and Distance Checks)

Abstandsbestimmungen mit VOR werden nach den gleichen Verfahren durchgeführt, die in Abschnitt 3.2.5.7 („Abstandsbestimmungen mit dem automatischen Funkpeilgerät“) schon ausführlich behandelt wurden. Wir zeigen deshalb an dieser Stelle nur eine Abbildung, die darstellt, wie die **90°-Abstandsbestimmung** (Zeit und Entfernung) zu einer VOR-Bodenstation richtig durchgeführt wird.

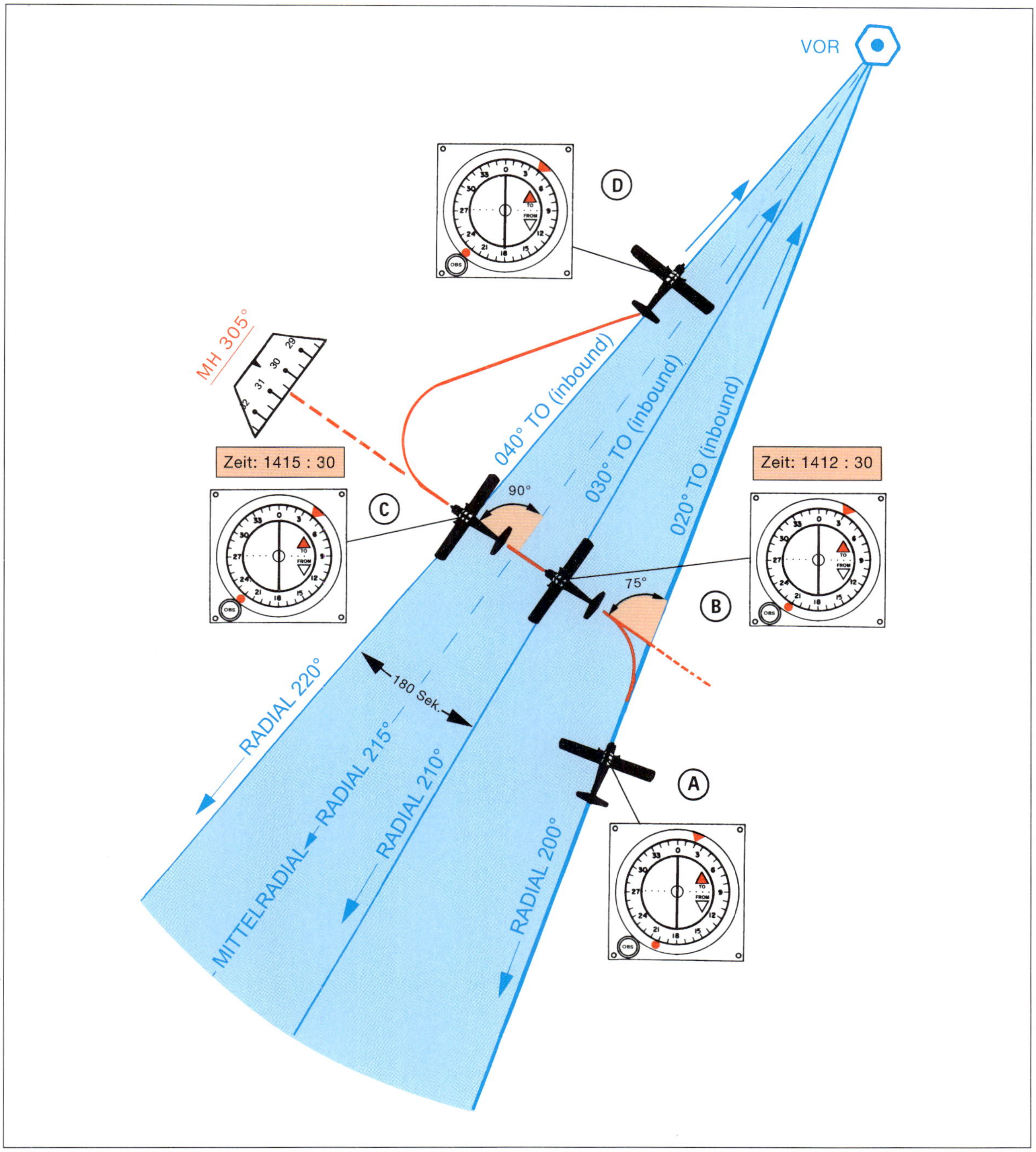

Bild 4.26 90°-Abstandsbestimmung mit VOR

- **Verfahren für die Durchführung einer 90°-Abstandsbestimmung mit VOR:**

1. Auf dem momentanen RADIAL ZUR Station HIN (inbound) fliegen! – In unserem Beispiel, **(Bild 4.26) Standort A,** ist das der RADIAL 200°; **Anzeige: 020° TO!**
2. Dann zwei RADIALS RECHTS oder LINKS vom inbound RADIAL aussuchen, zwischen denen die **Zeitnahme für die Abstandsbestimmung** erfolgen soll!

Anmerkung: Die beiden RADIALS sollten **mindestens 10°** – aber nicht mehr als 30° – auseinander liegen!

In unserem Beispiel **(Bild 4.26)** hat der Flugzeugführer die **LINKS** von ihm liegenden RADIALS 210° und 220° ausgewählt (= 10° Mindestabstand).

3. Kurswähler (OBS) – wie in **Bild 4.26, Standort B,** gezeigt – auf den ersten ausgesuchten RADIAL (RADIAL 210° = 030° TO!) einstellen und auf einen Steuerkurs (MH) einkurven, der genau rechtwinklig (90°) zum MITTELRADIAL zwischen den beiden ausgesuchten RADIALS verläuft!

   Im abgebildeten Beispiel **(Bild 4.26)** muss der Flugzeugführer auf MH 305° einkurven, da der MITTELRADIAL – zwischen 210° und 220°– 215° beträgt **(215° + 90° = MH 305°!).**

Merke: Wenn die CDI-Nadel die Mitte erreicht (Bild 4.26, Standort B) – das Flugzeug also den ersten ausgesuchten RADIAL durchfliegt – muss die Stoppuhr für die Zeitnahme gedrückt werden!

4. Danach den Kurswähler (OBS) – wie in **Bild 4.26, Standort C,** gezeigt – auf den zweiten ausgesuchten RADIAL (RADIAL 220° = 040° TO!) einstellen und mit dem rechtwinklig (90°) zum MITTELRADIAL verlaufenden Steuerkurs (hier: MH 305°) weiterfliegen!

Merke: Wenn die CDI-NADEL wiederum in der MITTE steht, dann hat das Flugzeug den zweiten ausgesuchten RADIAL erreicht (Peilsprung 10°) – Stoppuhr anhalten und Zeit notieren, die für den Peilsprung benötigt wurde!

5. Nach den beiden – schon bekannten – Formeln nun entweder die **Flugzeit** oder die **Entfernung** zur VOR-Bodenstation berechnen!

   Hier noch einmal die **Formeln (vgl. auch Abschnitt 3.2.5.7 „Abstandsbestimmungen mit dem automatischen Funkpeilgerät"):**

- **Zeit zur Station in Minuten** $= \dfrac{\textbf{Zeit (in Sekunden) für Peilsprung}}{\textbf{Peilsprung (in Grad)}}$

- **Entfernung zur Station in NM** $= \dfrac{\textbf{GS (TAS) x Zeit (in Min.) für Peilsprung}}{\textbf{Peilsprung (in Grad)}}$

Berechnen Sie bitte für unser Beispiel in Bild 4.26 (angenommene GS = 120 kt!):

1. Zeit zur Station in Minuten = ... **Minuten zur Station**

2. Entfernung zur Station in NM = ... **NM von der Station entfernt**

5 Das Instrumentenlandesystem (ILS = Instrument Landing System)

5.1 Allgemeines und Verwendungszweck

Das Instrumentenlandesystem, in der Fliegersprache kurz als **ILS (I**nstrument **L**anding **S**ystem) bezeichnet, ist das ICAO-Standardverfahren zur Durchführung von Anflug und Landung bei schlechtem Wetter **(IMC** = **I**nstrument **M**eteorological **C**onditions).

Es besteht aus einer **ILS-Bodenanlage** (vgl. Abschnitt 5.2) mit **Landekurssender (LLZ** = **L**oca**l**i**z**er), **Gleitwegsender (GP** = **G**lide **P**ath Transmitter) und den **Einflugzeichen (MKR** = **M**ar**k**e**r).**

Landekurssender (LLZ) und Gleitwegsender (GP) produzieren durch ihre scharf gebündelte Ausstrahlung in Anflugrichtung eine **Landekursebene** und eine **Gleitwegebene,** auf denen das Flugzeug mit Hilfe der **ILS-Bordanlage** (vgl. Abschnitt 5.3) die Piste (runway) sowohl **richtungs-** als auch **höhenmäßig** im Sinkflug genau anfliegen kann.

Wie in Abschnitt 4.2 (VOR-Bordanlage) schon erwähnt, können wir mit dem **VHF-Navigationsempfänger** der in vielen unserer Flugzeuge vorhandenen **VOR-Bordanlage** auch die **Landekurssender** (LLZ = Localizer) des Instrumentenlandesystems (ILS) im Frequenzbereich von 108 bis 111.975 MHz empfangen und mit dem **VOR/LLZ-Anzeigegerät** (VOR/LLZ Indicator) navigatorisch auswerten.

Obwohl das Instrumentenlandesystem (ILS) im Normalfall **nur bei IFR-Flügen** zur Anwendung gelangt, folgt aus dem oben genannten Grund nun eine kurze Erklärung dieser Navigationshilfe.

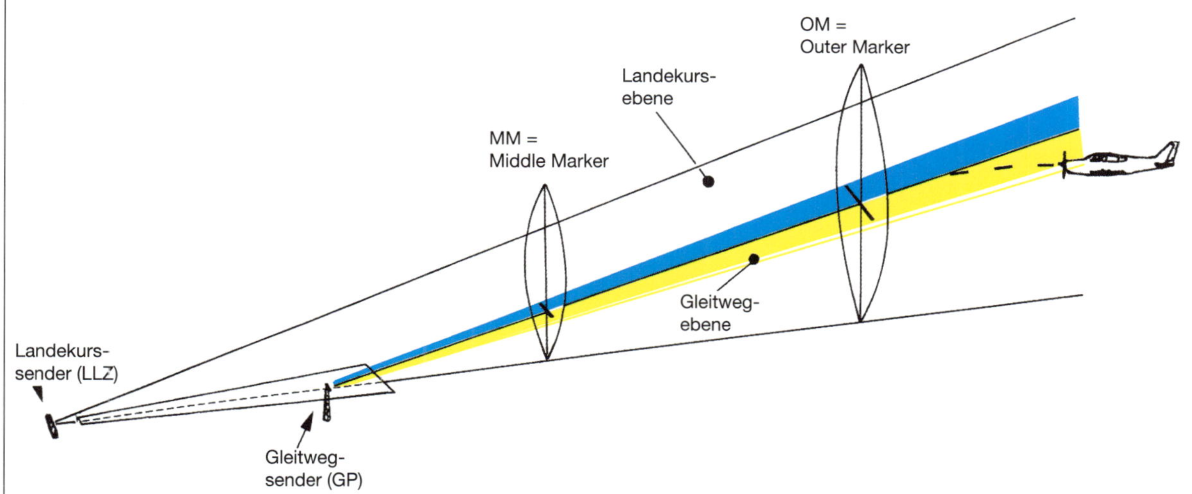

Bild 5.1 Schematische Darstellung des Instrumentenlandesystems (ILS)

5.2 Die ILS-Bodenanlage (ILS Ground Equipment)

Eine komplette ILS-Bodenanlage besteht aus folgenden Komponenten (siehe Bild 5.2):

1. **Landekurssender (L**oca**l**i**z**er **= LLZ)** – vgl. Abschnitt 5.2.1!
2. **Gleitwegsender (G**lide **P**ath Transmitter **= GP)** – vgl. Abschnitt 5.2.2!
3a. **Voreinflugzeichen (O**uter **M**arker **= OM)** – vgl. Abschnitt 5.2.3!
3b. **Haupteinflugzeichen (M**iddle **M**arker **= MM)** – vgl. Abschnitt 5.2.3!

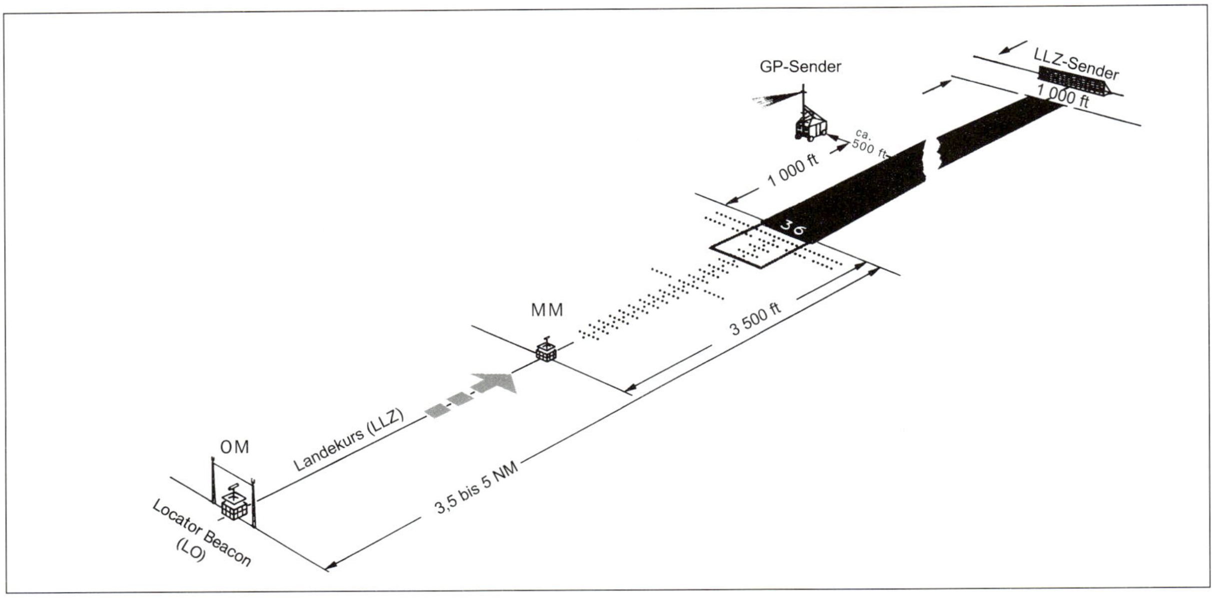

Bild 5.2 ILS-Bodenanlage

5.2.1 Der Landekurssender (LLZ = Localizer Transmitter)

Das **Antennensystem des Landekurssenders** (LLZ) befindet sich in **Verlängerung der Pistenmittellinie** ca. 300 m (1 000 ft) vom Ende der Piste entfernt. Es besteht aus mehreren Dipolen und sendet **zwei keulenförmige Strahlungsdiagramme** mit **unterschiedlicher Modulation** aus.

Der **Landekurs** (Localizer course) entsteht durch den **Schnitt der beiden Strahlungsdiagramme,** wobei das **links der Anflugrichtung** liegende Diagramm **mit 90 Hz** (gelb) und das **rechts der Anflugrichtung** liegende Diagramm **mit 150 Hz (blau) moduliert ist (siehe Bild 5.3).**

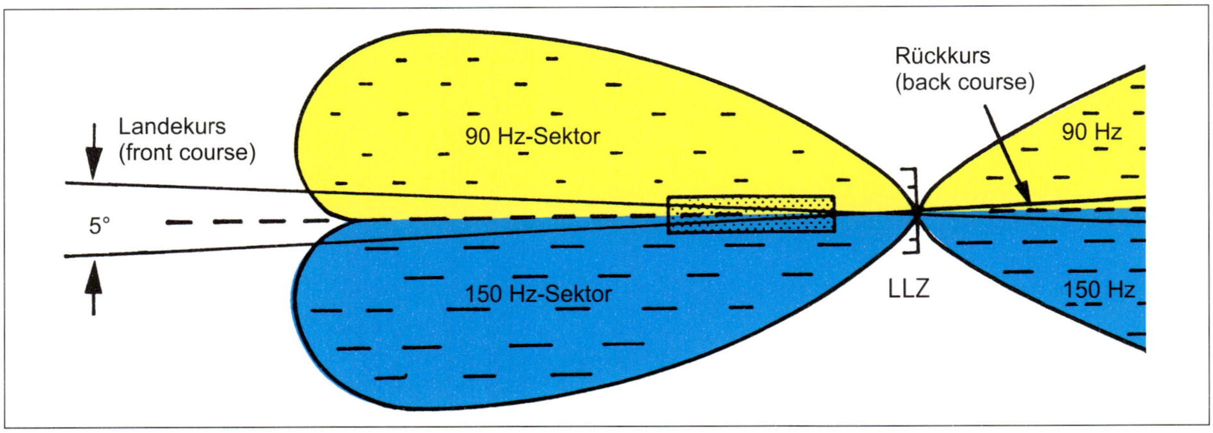

Bild 5.3 Der ILS-Landekurs (ILS-Localizer) mit ILS-Rückkurs (ILS-back course)

Durch die Abstrahlungscharakteristik der Landekursantenne ist **entgegengesetzt zur Hauptanflugrichtung** ein so genannter **ILS-Rückkurs** (ILS-back course) vorhanden, der ebenfalls navigatorisch zum Anflug aus der Gegenrichtung genutzt werden kann, jedoch sind in der Bundesrepublik Deutschland sämtliche ILS-Rückkurs-Anflugverfahren zurückgezogen worden und somit nicht mehr als Verfahren zugelassen.

Der **ILS-Landekurs** (Localizer) wird technisch als Verbindungslinie von Punkten definiert, an denen der **ILS-Bordempfänger** (VHF-Navigationsempfänger, vgl. Abschnitt 4.2!)

- **„DDM 0 (Null)“**

misst **(DDM** = **D**ifference in **D**epth of **M**odulation = Differenz der Modulationsgrade).

Befindet sich das Flugzeug auf dieser **„DDM 0"-Linie (= Landekurs),** so ist der Anteil der **90-Hz-Modulation** (gelb) und der **150-Hz-Modulation** (blau) des empfangenen HF-Signals **gleich groß.**

Der **Frequenzbereich der ILS-Landekurssender (Localizer)** muss nach ICAO-Anhang 10 (Aeronautical Telecommunication) im VHF (UKW)-Bereich zwischen

- **108 und 111.975 MHz**

liegen, wobei nur die Frequenzen mit **ungeraden Zehnteln** zur Anwendung kommen (z. B. 108.1, 109.7, 110.9 MHz usw.).

Jeder ILS-Landekurs strahlt eine

- **2- oder 3-Buchstaben-Kennung** (identification)

im **Morse-Code** mit einer **Modulationsfrequenz** von 1 020 Hz **(A 2 A)** aus. Bei einigen Anlagen erfolgt die Ausstrahlung der Kennung auch in Sprache **(A 9 W)** – z. B. Frankfurt/Main: „This is Frankfurt ILS runway 25 left".

Der **Empfangsbereich** eines Landekurses (Localizer) innerhalb eines Sektors von 10° beiderseits der Anflugrichtung beträgt in einer **Flughöhe von 2 000 ft GND** (600 m) ca.

- **25 NM (~ 45 km).**

5.2.2 Der Gleitwegsender (GP = Glide Path Transmitter)

Der **Gleitwegsender** (GP) des Instrumentenlandesystems (ILS) steht **seitlich versetzt zur Piste** in der Nähe des Aufsetzpunktes (touchdown point) ca. 120 m (400 ft) von der Pistenachse und ca. 300 m (1 000 ft) von der Schwelle (threshold) entfernt.

Die **Gleitwegantenne** strahlt – vergleichbar mit dem Landekurs – **zwei keulenförmige Strahlungsdiagramme** in der Vertikalen mit **unterschiedlicher Modulation** aus. Der **Gleitweg** (Glide Path) bildet sich durch den **Schnitt der beiden Vertikaldiagramme** (siehe Bild 5.4), wobei die **untere Strahlungskeule mit 150 Hz** und die **obere mit 90 Hz moduliert** ist.

Die Abstrahlung des Gleitwegsenders ist schärfer gebündelt als die des Landekurssenders und erfolgt **nur in Anflugrichtung.** In der **Schnittlinie** der Strahlungskeulen ist der **Anteil der Modulationen gleich groß,** und der **ILS-Bordempfänger** (gesonderter Gleitwegempfänger erforderlich!) misst hier **„DDM 0"** (= exakt auf dem Gleitweg).

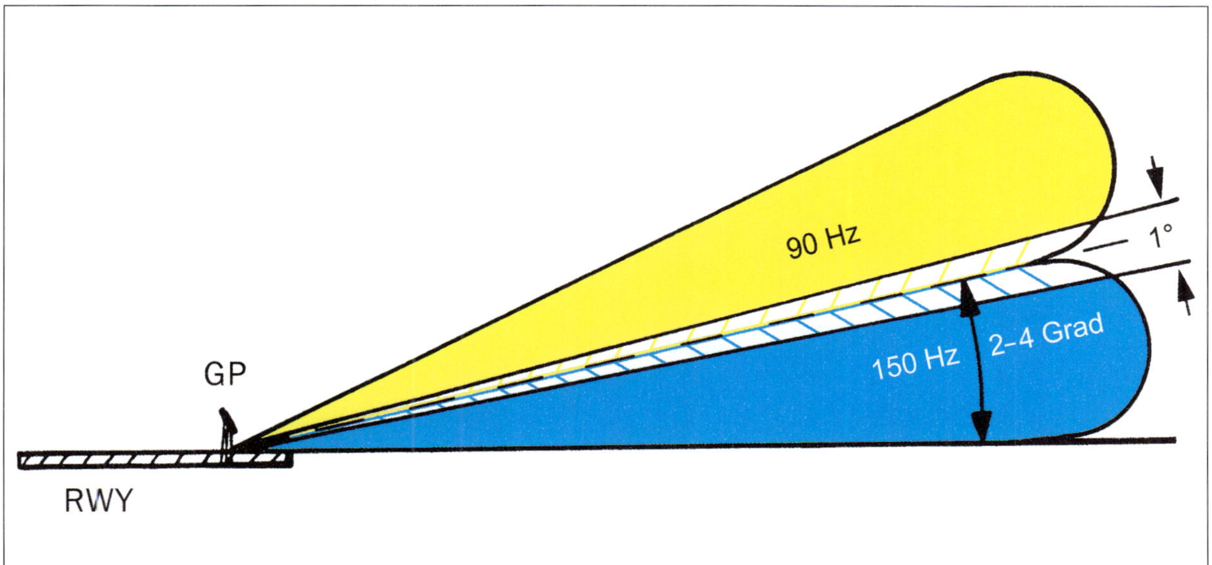

Bild 5.4 Der ILS-Gleitweg (Glide Path)

Der **Frequenzbereich der Gleitwegsender (GP)** des Instrumentenlandesystems (ILS) liegt im UHF-Bereich zwischen

- **328.6 und 335.4 MHz.**

Die Landekurs- und Gleitwegfrequenzen des ILS sind gemäß ICAO-Vorschriften nach einem **Frequenzpaarungs-Plan** (frequency pairing) einander fest zugeordnet:

Kanal Channel	Landekurs Localizer MHz	Gleitweg Glide Path MHz	Kanal Channel	Landekurs Localizer MHz	Gleitweg Glide Path MHz
1	110.3	335.0	11	108.1	334.7
2	109.9	333.8	12	108.3	334.1
3	109.5	332.6	13	108.5	329.9
4	110.1	334.4	14	108.7	330.5
5	109.7	333.2	15	108.9	329.3
6	109.3	332.0	16	111.1	331.7
7	109.1	331.4	17	111.3	332.3
8	110.9	330.8	18	111.5	332.9
9	110.7	330.2	19	111.7	333.5
10	110.5	329.6	20	111.9	331.1

Zur Vereinfachung der Bedienung der ILS-Bordanlage ist der **gesonderte Gleitwegempfänger** (Glide Path Receiver) so mit der Bedienungseinrichtung des **VHF-Navigationsempfängers** (VOR/LLZ) gekoppelt, dass der **Gleitwegempfänger** nach dem Einwählen einer bestimmten **LLZ-Frequenz automatisch** auf die entsprechende GP-Frequenz abgestimmt wird.

Die Gleitwegsender strahlen **keine Kennung** ab, da dies bereits über den Landekurssender erfolgt. Der **Empfang** des Gleitwegs (GP) soll in einem Sektor von ± 8° beiderseits der Landekursmittellinie sichergestellt sein und

- **10 NM (ca. 18 km)**

betragen. Die gesamte ILS-Bodenanlage wird durch eine **automatische Überwachungsanlage** (monitoring equipment) überwacht. Bei Überschreitung gewisser Toleranzen (z. B. Rückgang der Sendeleistung, Abweichungen des Landekurs- oder Gleitwegwinkels usw.) wird die Anlage entweder ausgeschaltet, oder die Ausstrahlung der Navigations- und Kennungssignale wird unterdrückt.

5.2.3 Die Einflugzeichen (Marker Beacons)

Entlang des Landekurses (LLZ) eines Instrumentenlandesystems (ILS) sind **zwei Einflugzeichen** in Form von **Fächerfunkfeuern** (Fan Markers) installiert, die dem Flugzeugführer während eines ILS-Anfluges als **Entfernungsmarken zur Pistenschwelle** dienen sollen (siehe Bilder 5.1 und 5.2).

Das Äußere der beiden Fächerfunkfeuer wird als

- **Voreinflugzeichen (Outer Marker = OM)**

bezeichnet und das Innere als

- **Haupteinflugzeichen (Middle Marker = MM).**

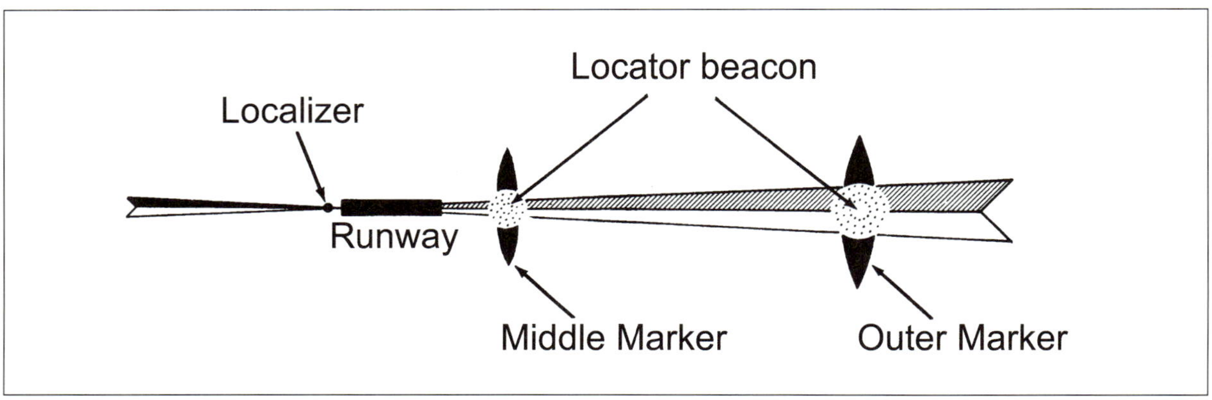

Bild 5.5 Die Einflugzeichen (Markers) des Instrumentenlandesystems mit Anflugfunkfeuern (Locators)

Das **Voreinflugzeichen** (OM = Outer Marker) steht im Normalfall

- **ca. 4 NM (7,4 km)**

von der **Pistenschwelle** (threshold) entfernt auf der Landekursmittellinie; es kann aber auch – je nach topographischen Verhältnissen – im Anflugbereich zwischen 3,5 NM (6,5 km) und 5 NM (9,2 km) vor der Schwelle installiert sein.

Das **Haupteinflugzeichen** (MM = Middle Marker) hat seinen Standort

- **3500 Fuß (1,05 km)**

vor der Pistenschwelle, also kurz vor dem Beginn der **Anflugbefeuerung** (approach lighting system), von wo aus ein ILS-Anflug im Regelfall **nach Sicht** fortgesetzt wird.

Die **Abstrahlung** der Einflugzeichen (Marker beacons) verläuft **fächerförmig mit elliptischem Querschnitt** nach oben – daher auch die Bezeichnung **„Fächerfunkfeuer"** (Fan Marker). Das Strahlungsdiagramm ist dabei so ausgerichtet, dass es mit seiner größten Ausdehnung quer zur Anflugrichtung liegt (siehe Bild 5.5).

Häufig befindet sich **am Standort des Voreinflugzeichens (OM)** zusätzlich ein **ungerichtetes Anflugfunkfeuer – NDB (LO** = Locator beacon) – mit geringer Sendeleistung, das mit dem **automatischen Funkpeilgerät** (ADF = Automatic Direction Finder) navigatorisch genutzt werden kann (vgl. Kapitel 3).

An einigen Flughäfen sind solche **Locator beacons (L)** auch in Verbindung mit dem **Haupteinflugzeichen (MM)** zu finden **(LM).**

Die **Frequenz der Einflugzeichen** (Marker beacons) ist in allen Fällen

- **75 MHz (VHF/UKW).**

Die **Modulationsfrequenz des Voreinflugzeichens** (OM) beträgt 400 Hz und die des **Haupteinflugzeichens** (MM) 1300 Hz. Wie bei anderen Funknavigationsanlagen erfolgt auch bei den Einflugzeichen (Marker beacons) **die Abstrahlung einer Kennung** (Sendeart **A 2 A,** vgl. Abschnitt 2.2 „Modulations- und Betriebsarten"):

- **Voreinflugzeichen (OM): – – (Striche)**
- **Haupteinflugzeichen (MM): · – (Punkt/Strich usw.)**

Im Flugzeug können die **Einflugzeichen** des Instrumentenlandesystems (ILS) nur mit einer **Markierungsfunkfeuer-Empfangsanlage** (Marker beacon Receiver) empfangen werden. Diese Empfangsanlage besteht aus folgenden Bauteilen: **Antenne** (Rumpfunterseite), **Empfänger, Anzeigelampen.**

Der **Empfänger** der Bordanlage ist fest auf die **Frequenz 75 MHz** abgestimmt und enthält **Niederfrequenzfilter** (NF-Filter), welche die empfangene Modulation – 400 Hz (OM), 1300 Hz (MM) oder 3000 Hz (Airway Markers) – aussieben.

Die **Anzeigelampen** der Markierungsfunkfeuer-Empfangsanlage (Marker beacon lights) **leuchten** dann über dem betreffenden „Marker" im **Rhythmus der ausgestrahlten Kennung** auf und zeigen auf diese Weise **optisch den Überflug an** (OM = blau, MM = Bernstein/Gelb, AWY [FM/Z] = weiß).

Die **Kennung** der verschiedenen „Marker" ist zusätzlich über die **Aufschaltanlage** (audio control panel) des Flugzeugs im **Kopfhörer/Lautsprecher** zu hören, wodurch der **Überflug** auch **akustisch** wahrgenommen werden kann.

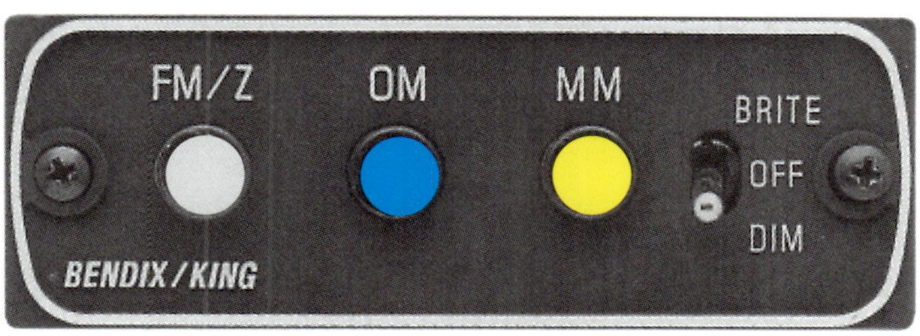

Bild 5.6 Markierungsfunkfeuer-Empfänger mit Anzeigelampen (Marker beacon Receiver) – Bendix/King KR 22

Die vertikale Abstrahlung der **Einflugzeichen** (Marker beacons) **des ILS** ist so ausgelegt, dass ein Flugzeug mit einer **Anfluggeschwindigkeit von 96 kt** (Knoten) die **Strahlungsdiagramme** des **„Outer Marker“ (OM)** und des **„Middle Marker“ (MM)** während eines ILS-Anfluges in **folgenden Zeiten** durchfliegt:

- **OM: 12 Sekunden ± 4 Sekunden**
- **MM: 6 Sekunden ± 2 Sekunden.**

5.3 Die ILS-Bordanlage (ILS Airborne Equipment)

Eine komplette **ILS-Bordanlage** besteht aus folgenden Elementen:

1. **VHF-Navigationsempfänger für VOR/LLZ-Empfang** (VHF NAV Receiver),
2. **Gleitwegempfänger** (Glide Path Receiver),
3. **VOR/LLZ/GP-Anzeigegerät** (VOR/LLZ/GP Indicator),
4. **VOR/LLZ-Antenne,**
5. **Gleitweg-Antenne,**
6. **Markierungsfunkfeuer-Empfangsanlage** (Marker beacon Receiver) mit Anzeigelampen und Antenne.

Die **VHF-Navigationsempfänger** für **VOR- und LLZ-Betrieb** sind hochempfindliche Überlagerungsempfänger, in denen die erforderliche **Umschaltung auf ILS/LLZ-** oder **VOR-Empfang** mit der Wahl einer bestimmten ILS/LLZ- oder VOR-Frequenz **automatisch** vorgenommen wird (vgl. hierzu auch Abschnitt 4.2 „Die VOR-Bordanlage mit VOR-Navigationsverfahren“).

Zur Vereinfachung der Bedienung der ILS-Bordanlage ist der **Gleitwegempfänger** (Glide Path Receiver) so mit dem **VHF/NAV-Empfänger** (VOR/LLZ) **gekoppelt,** dass der Gleitwegempfänger nach dem Einstellen einer **LLZ-Frequenz automatisch** auf die gemäß des schon erwähnten Frequenzpaarungsplans zugeordnete **Gleitweg-Frequenz** geschaltet wird.

Während des **ILS-Betriebs** (LLZ/GP) der Bordanlage werden die **Ausgangsspannungen des VOR/LLZ-Empfängers** (VHF NAV receiver) und des **Gleitwegempfängers** an das **VOR/LLZ/GP-Anzeigegerät** weitergegeben.

Bild 5.7 VOR/LLZ/GP-Anzeigegerät (VOR/LLZ/GP Indicator)

Hinter den Empfängern befinden sich **90 Hz/150 Hz-NF-Filter,** denen Doppelweggleichrichter nachgeschaltet sind. Die daraus kommenden Gleichspannungen werden gegeneinander geschaltet, und die daraus resultierende **Differenzspannung** wird im **VOR/LLZ-Teil des Anzeigegeräts** auf den **senkrechten Zeiger** (CDI-Nadel) und im **GP-Teil** auf den **waagerechten Zeiger** (GP-Nadel) gegeben.

Als **Anzeigegerät** findet der schon in Abschnitt 4.2 „Die VOR-Bordanlge mit VOR-Navigationsverfahren“ beschriebene **VOR/LLZ-Anzeiger** Anwendung, der zusätzlich mit einer waagerechten **Gleitwegnadel** (Glide Path needle) versehen ist.

Wichtig: Bei **ILS-Betrieb** (LLZ/GP) der Bordanlage haben **Kurswähler** (OBS = Omni Bearing Selector) und **Richtungsanzeiger** (TO/FROM Indicator) **keine Funktion!**

Die senkrecht stehende **CDI-Nadel** (CDI = Course Deviation Indicator) zeigt während eines **ILS-Anfluges** jede **Abweichung vom Landekurs** (LLZ = Localizer) an. Dabei fungiert die Nadel immer als **Kommandoanzeige,** wie folgt (siehe Bild 5.8):

- **CDI-Nadel RECHTS – Kursverbesserung nach RECHTS!**
- **CDI-Nadel LINKS – Kursverbesserung nach LINKS!**

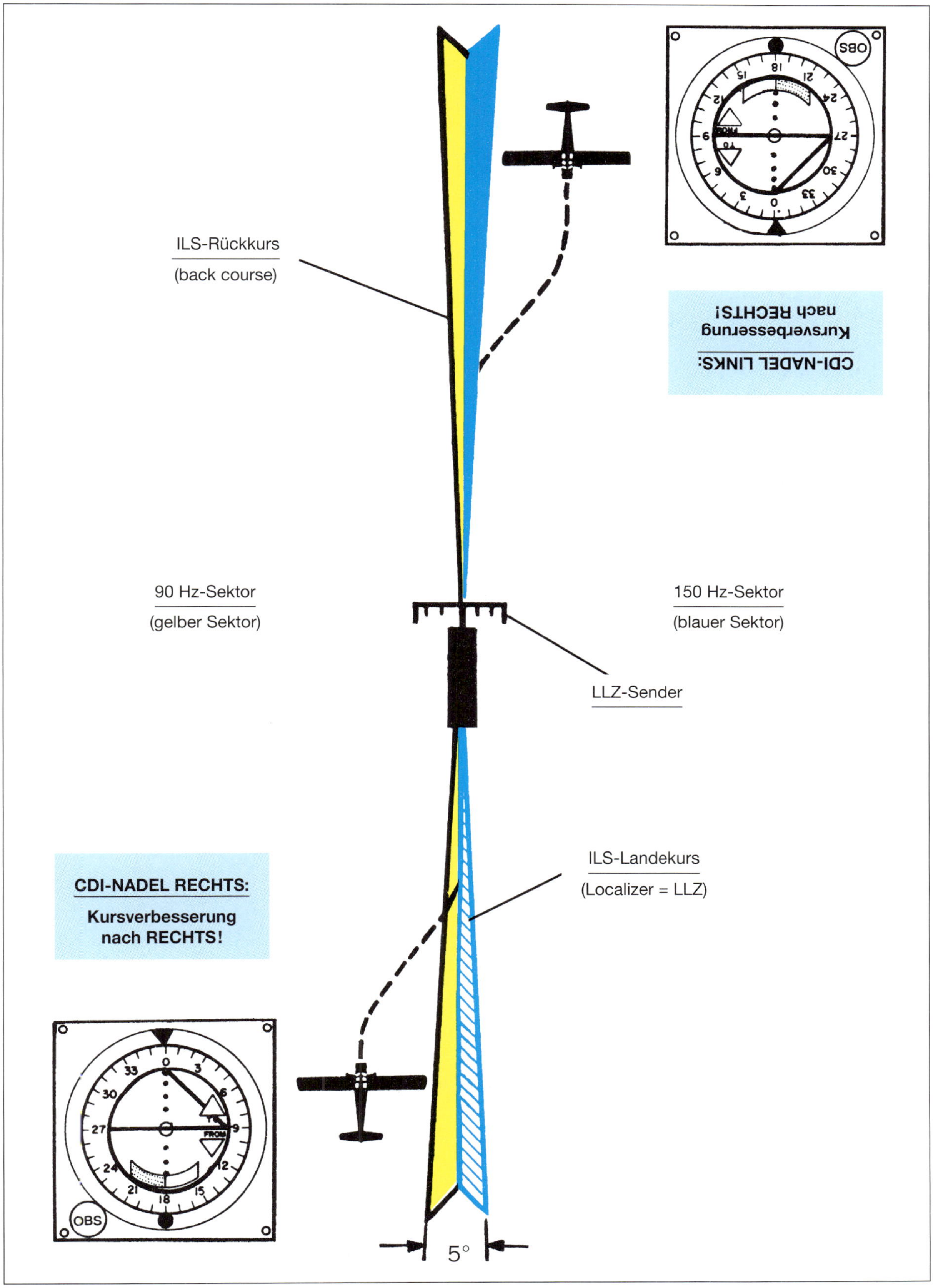

Bild 5.8 Kursflug (tracking) auf dem ILS-Landekurs (LLZ) und auf dem ILS-Rückkurs (ILS back course)

Befindet sich das Flugzeug **genau auf dem Landekurs** (LLZ), dann steht die **CDI-Nadel in der Mitte** (DDM = 0).

Wird ein **Anflug** zur Piste auf dem **ILS-Rückkurs** (ILS back course) durchgeführt, so ist die **CDI-Nadel** als **reine Anzeige** zu betrachten, was Folgendes bedeutet (siehe Bild 5.8):

- **CDI-Nadel RECHTS – Kursverbesserung von der Nadel weg nach LINKS!**
- **CDI-Nadel LINKS – Kursverbesserung von der Nadel weg nach RECHTS!**

Achtung: Die Anzeige der CDI-Nadel ist während eines Anfluges auf dem **ILS-Landekurs** (LLZ) sehr viel **empfindlicher** als bei der Betriebsart „VOR"!

Ein **voller Ausschlag** der Nadel von der Mitte nach **rechts** oder **links** entspricht einem **Abweichen von 2,5° vom Landekurs** (VOR = 10°)! Diese hohe Empfindlichkeit erfordert beim **Kursflug** (tracking) auf dem **Landekurs** (LLZ) entsprechend kleinere **Kurskorrekturen** bei angezeigten Abweichungen.

Die waagerechte **Gleitwegnadel** (Glide Path needle) des VOR/LLZ/GP-Anzeigegeräts zeigt dem Flugzeugführer jede **Abweichung vom ILS-Gleitweg** (ILS Glide Path) an. Zeigt die **Nadel** z. B. **nach oben,** so befindet sich der **Gleitweg** (GP) **über dem Flugzeug** und der **Sinkflug** muss **unterbrochen** oder **verringert** werden.

Ist die **GP-Nadel nach unten** ausgewandert, dann befindet sich der **Gleitweg unter dem Flugzeug** und der Flugzeugführer muss die **Sinkrate vergrößern.** Es handelt sich also auch hier um eine **Kommandoanzeige** (siehe Bild 5.9):

- **GP-Nadel OBEN – „Fliege nach OBEN!"**
- **GP-Nadel UNTEN – „Fliege nach UNTEN!"**

Steht die **Gleitwegnadel** genau waagerecht in der **MITTE** des Anzeigegeräts, dann befindet sich das Flugzeug exakt **auf dem Gleitweg** (GP).

Die Anzeige der Gleitwegnadel **(Glide Path needle)** ist noch **viel empfindlicher** als die der CDI-Nadel auf dem Landekurs (LLZ). Ein **volles Auswandern** der GP-Nadel aus der Waagerechten nach **oben** oder **unten** bedeutet hier, dass das Flugzeug **um nur 0,5° vom Gleitweg abgewichen ist!**

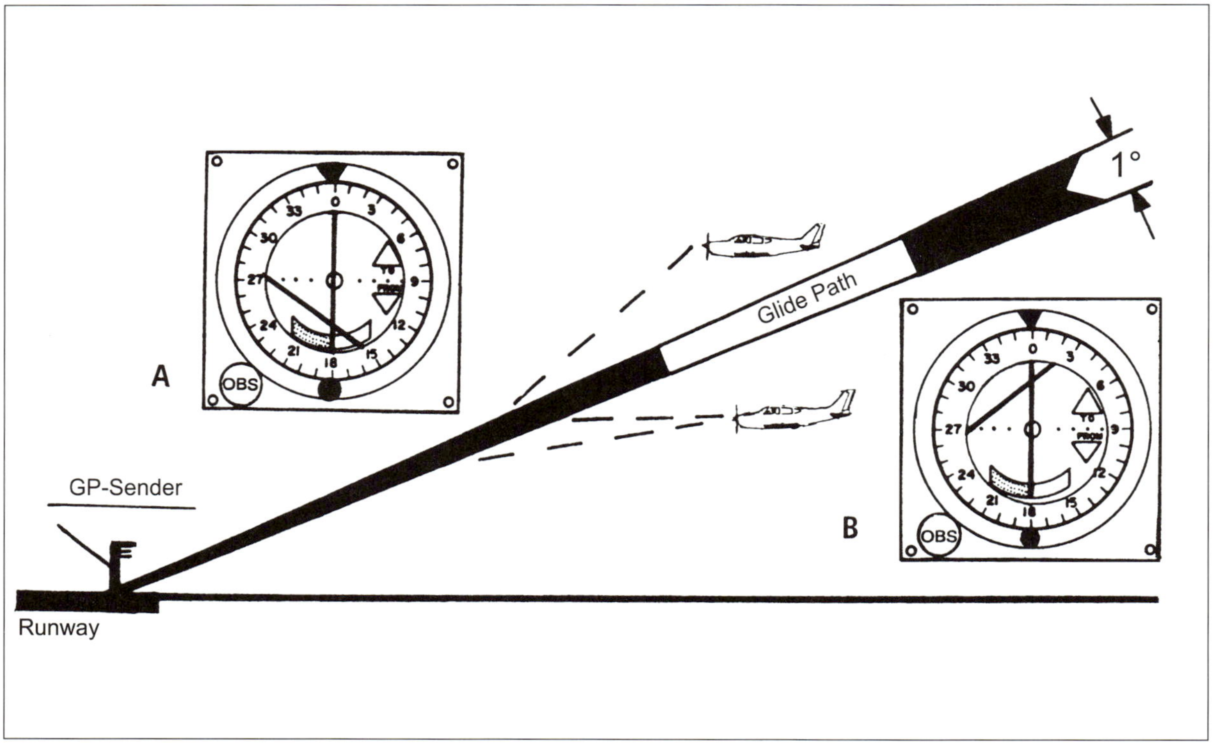

Bild 5.9 Interpretation der Gleitweganzeige

A: GP-Nadel UNTEN – „Fliege nach UNTEN!" Sinkrate vergrößern!
B: GP-Nadel OBEN – „Fliege nach OBEN!" Sinkflug unterbrechen oder Sinkrate verringern!

6 Das Entfernungsmessgerät (DME = Distance Measuring Equipment)

Viele UKW-Drehfunkfeuer (VOR = VHF Omnidirectional Radio Range) bestehen heute aus einer **Kombination** von **VOR und TACAN (TACAN** = **Tac**tical **A**ir **N**avigation), die als **VORTAC** bezeichnet werden, oder einer Kombination von **VOR/DME (DME** = **D**istance **M**easuring **E**quipment).

Flugzeuge mit einer **DME-Bordanlage** können von solchen Stationen, zusätzlich zu den VOR-Richtungsinformationen, **Entfernungsinformationen in NM** erhalten, wenn der DME-Empfänger an Bord eingeschaltet ist.

Die **DME- oder TACAN-Bodenanlage** ist bei solchen Kombinationen immer am **Standort der VOR-Station** installiert.

Das **Prinzip** der Entfernungsmessung des **DME** ist gut mit dem vom **RADAR** (vgl. Kapitel 8) zu vergleichen. Es beruht ausschließlich auf der elektronischen **Messung der Laufzeit von Impulsen.**

Zum **DME (TACAN)-System** gehören

Bordseitig:	• **DME-Sender/Empfänger** (DME Interrogator = Abfragegerät)
Bodenseitig:	• **DME-Empfänger/Sender** (DME Transponder = Antwortgerät).

Die vom **DME-Bordsender/Empfänger** (Interrogator) ausgestrahlten Impulse werden am Boden vom **DME-Empfänger/Sender** (Transponder) der DME- oder TACAN-Bodenanlage empfangen.

Hier lösen die eingehenden Impulse auf der dem Betriebskanal (DME- oder TACAN-Kanal) zugeordneten Sendefrequenz **Antwortimpulse** aus, die vom **bordseitigen DME-Sender/Empfänger** (Interrogator) empfangen werden.

Der **DME-Bordsender/Empfänger** ist mit **Laufzeitkreisen** ausgestattet, welche die **Laufzeit der Impulse** messen und sie in eine **digitale Entfernungsanzeige** (in NM) auf dem **DME-Anzeigegerät** (DME Indicator) umsetzen (siehe Bild 6.1).

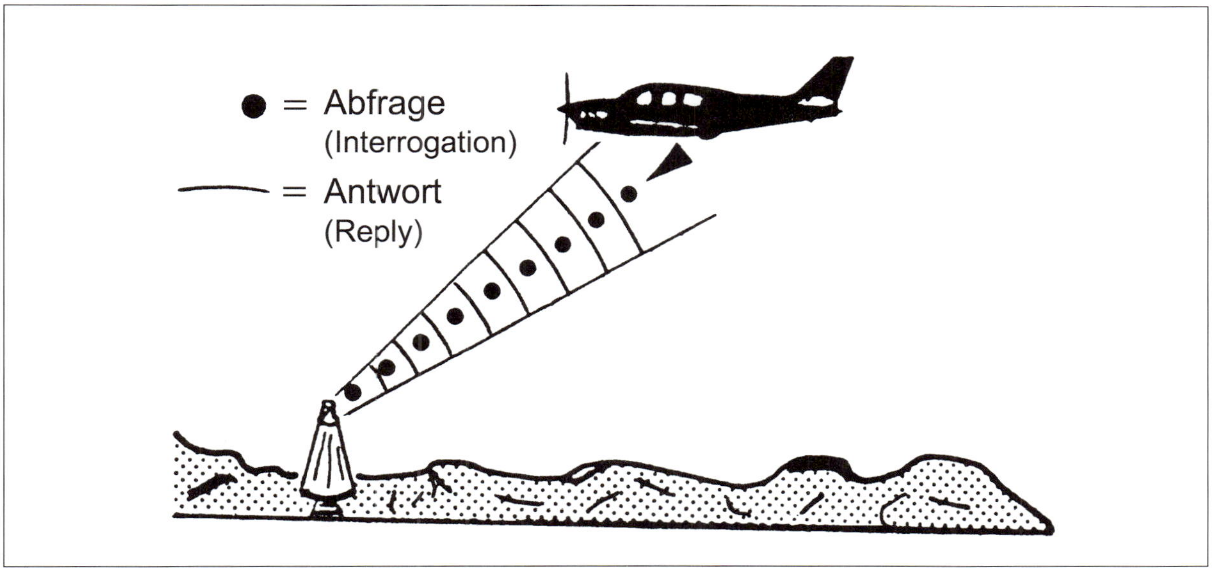

Bild 6.1 Abfrage- und Antwortimpulse zur Entfernungsmessung mit DME

Die Entfernungsmessung des DME bezieht sich auf die **Schrägentfernung** (slant range) zwischen **Flugzeug** und **Bodenstation** (VORTAC, VOR/DME), was bedeutet, dass während des **Überfliegens** der Bodenstation die **Flughöhe** als verbleibende **Restentfernung** gemessen und auf dem DME-Anzeigegerät (DME Indicator) angezeigt wird (siehe Bilder 6.2 und 6.3).

Der **Überflug** (station passage) einer VORTAC- oder VOR/DME-Station wird dem Flugzeugführer vom **DME-Anzeigegerät** (DME Indicator) so angezeigt wie in Bild 6.3 dargestellt.

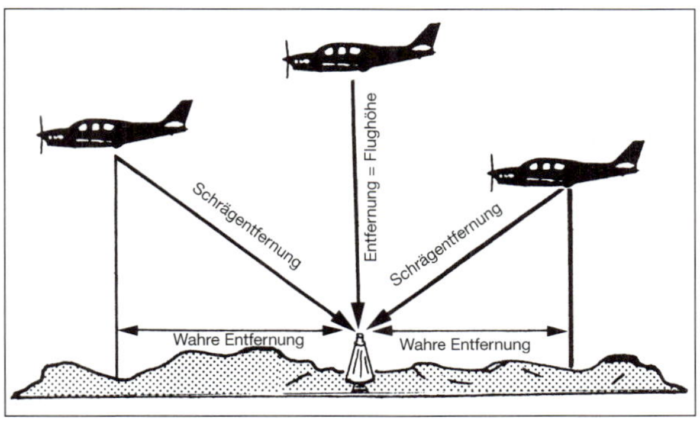

Bild 6.2 DME misst die Schrägentfernung (slant range) vom Flugzeug zur Station.

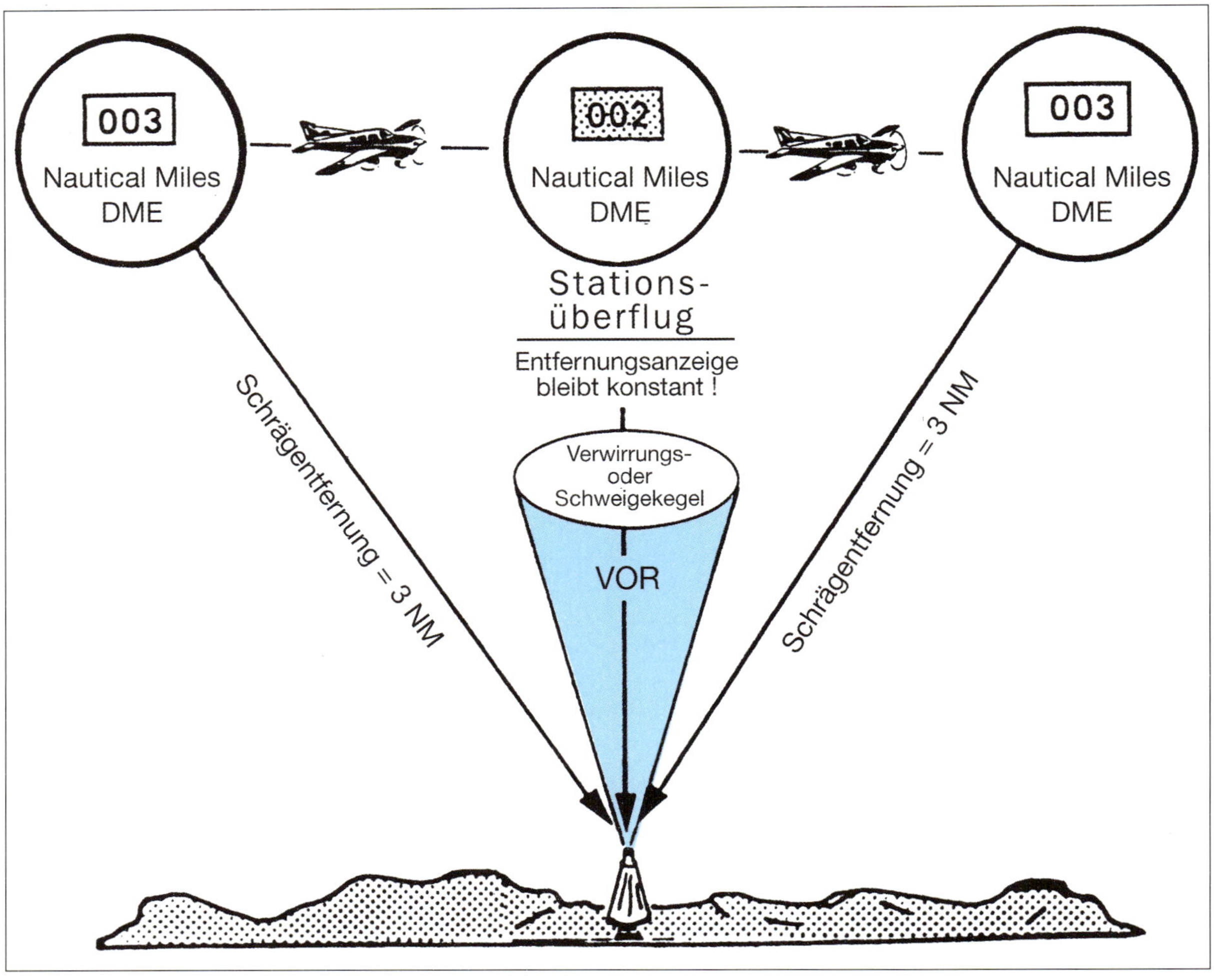

Bild 6.3 Anzeige des Stationsüberfluges (DME)

Eine **DME-Bordanlage** setzt sich aus folgenden Bauteilen zusammen:

- **DME-Sender/Empfänger** (DME Interrogator = Abfragegerät),
- **DME-Anzeigegerät** (DME Indicator) – siehe Bilder 6.4 bis 6.6!
- **DME-Antenne** an der Rumpfunterseite.

Die **Bedienung** der **DME-Bordanlage** beschränkt sich auf das Einschalten des DME-Geräts (DME ON/OFF). Nach der **Frequenzwahl** der gewünschten **VORTAC- oder VOR/DME-Bodenstation** wird das DME-Bordgerät **automatisch** auf den der VOR-Frequenz zugeordneten **DME- oder TACAN-Kanal** (Channel = Ch) eingestellt und ist betriebsbereit.

DME-Anzeigegerät

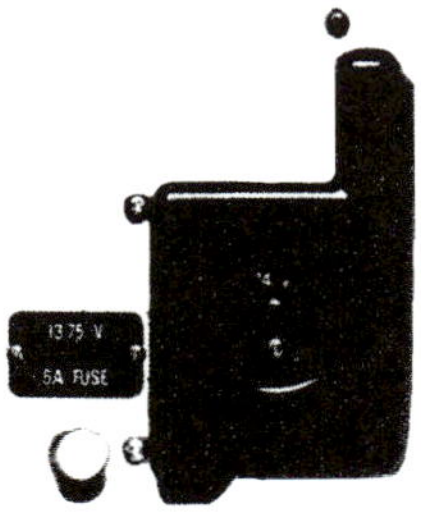

DME-Sender/Empfänger

Bild 6.4 DME-Bordanlage für Leichtflugzeuge (King)

Bild 6.5 Modernes DME-Bordgerät KN 64 (Bendix/King)

Bild 6.6 Separates DME/RADIAL-Anzeigegerät (King)

Technische Daten für DME:

- **Frequenzen:** **Abfrage** (Interrogator) an Bord: 1025 ... 1150 MHz (UHF-Bereich)
  Antwort (Transponder) am Boden: 962 ... 1213 MHz (UHF-Bereich)
- **Kanäle:** 126 X-Kanäle (x-channels) und 126 Y-Kanäle (y-channels)

7 Die Satellitennavigationssysteme

7.1 GPS (Global Positioning System) – Rückblick/Anfänge

GPS wurde Anfang der 70er Jahre von den USA entwickelt, als das Verteidigungsministerium ein sehr präzises taktisches Navigationssystem suchte, das vor allem für die Waffenführungssysteme auf Schiffen, Luftfahrzeugen und für Lenkflugkörper benötigt wird. Es ergab sich, dass GPS auch für sonstige Navigationszwecke sehr gut geeignet war.

GPS – eine amerikanische Entwicklung – bekam den Namen
NAVSTAR (NAVigation **S**ystem with **T**ime **a**nd **R**anging).

Ausführliche Informationen finden Sie in **Band 4 C „Satellitennavigation"** aus der Reihe „Der Privatflugzeugführer".

Bild 7.1 Nahaufnahme eines GPS Satelliten (Quelle: GPS Land Navigation von M. Ferguson)

Bild 7.2 GPS Satellitenumlaufbahnen – das Raumsegment (Quelle: GPS Land Navigation von M. Ferguson)

7.2 Allgemeines

Die anfängliche Tendenz, das sehr genaue GPS als **alleiniges Navigationssystem** weltweit – sowohl für Sichtflüge als auch für Instrumentenflüge – zuzulassen, sich allein auf GPS zu verlassen und alle anderen jetzt bestehenden Navigationseinrichtungen abzubauen, scheint nicht mehr wahrscheinlich; man will auf jeden Fall eine Redundanz haben (back-up system), z. B. Trägheitsnavigationssystem, **INS (INS = I**nertial **N**avigation **S**ystem).

Das Problem für die Zivilluftfahrt besteht darin, dass die GPS-Satelliten vom amerikanischen und russischen Militär bezahlt, gesteuert und genutzt werden, was eine weltweite Abhängigkeit der Zivilluftfahrt von militärischen Stellen bedeutet.

Bisher ist es üblich gewesen, dass **alle weltweit vorhandenen Navigationseinrichtungen** für die **zivile Luftfahrt** von einer **internationalen Organisation wie z. B. von der ICAO (I**nternational **C**ivil **A**viation **O**rganization) – Internationale Zivilluftfahrtorganisation – **kontrolliert wurden.**

Ein **„primäres" Navigationssystem** erfordert eine uneingeschränkte und fortdauernde Verfügbarkeit. Die internationale Luftfahrt wird einen solchen Status jedoch niemals einem System zugestehen, dessen Kontrolle – insbesonders in einer Konfliktsituation – von den Sicherheitsinteressen einer einzelnen Nation abhängig ist.

Eurocontrol, die europäische Weltraumbehörde ESA und die Europäische Union haben ein gemeinsames Programm **EGNOS (E**uropean **G**eostationary **N**avigation **O**verlay **S**ervice) entwickelt. Dabei sollen die **europäischen Satelliten der Serie INMARSAT 3** dafür genutzt werden, die Zuverlässigkeit der amerikanischen **GPS-** und der russischen **GLONASS-Signale** zu überprüfen **(Integrität).** Zudem dienen sie als zusätzliche GPS-Satelliten und erhöhen so die Verfügbarkeit des Systems **(Ranging).**

Im Moment (Stand Juli 2006) sind **zwei EGNOS-Satelliten** im Testbetrieb, für die die ESA jedoch noch keine Zulassung für Navigationszwecke erteilt hat.

7.3 GLONASS (GLObal NAvigation Satellite System)

GLONASS ist die russische Variante des amerikanischen GPS (NAVSTAR), das ebenfalls 24 Satelliten in Erdumlaufbahnen hat, die allerdings auf für Europa teilweise günstigeren Umlaufbahnen kreisen. Die Bahnneigung beträgt 64.8° gegenüber 55° beim GPS-NAVSTAR.

Beide Systeme – **GPS-NAVSTAR und GLONASS** – mit zusammen **48 Satelliten** wäre eine Kombination, die den beiden Systemen als Einzelsystem deutlich überlegen wäre.

Die entstehende Geometrie würde die **Genauigkeit z. B. der Positionsfeststellung** wesentlich erhöhen.

Die NFS Navigations- und Flugführungs-Systeme GmbH hat Ende 1997 die weltweit ersten satellitengestützten **Präzisionsanflüge** und **Landungen** mit **GPS-GLONASS-Empfänger** in Braunschweig durchgeführt.

Die technologische Basis für den verwendeten Empfänger bildet der von dieser Firma nach den technischen Vorschriften und Festlegungen der TSO-C 129 a entwickelte **GPS/GLONASS-Empfänger (TSO** = **T**echnical **S**tandard **O**rder – technische Spezifikationen der amerikanischen Luftfahrtbehörde).

7.4 Aufbau des GPS-NAVSTAR-Satelliten-Systems

7.4.1 Die drei Komponenten des GPS-Systems

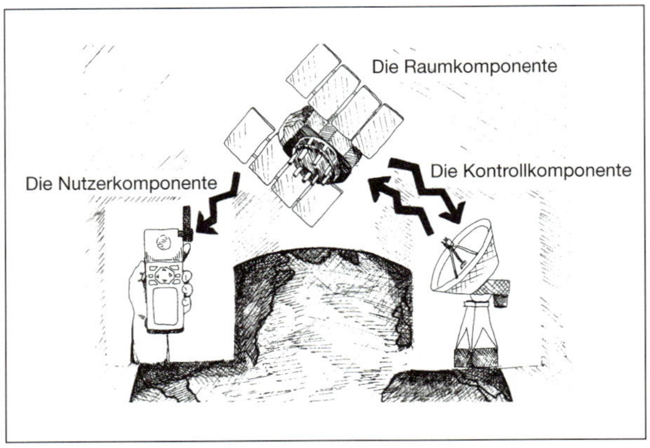

Bild 7.3 Segmente des GPS-Systems
(Quelle: GPS Land Navigation von M. Ferguson)

Das komplette GPS-System besteht aus drei Komponenten (Segmenten):

- **die Raumkomponente** (die Satelliten in den Erdumlaufbahnen),
- **die Kontrollkomponente** (die Satellitenbodenstationen bestehend aus einer Hauptkontrollstation und den Überwachungsstationen),
- **die Nutzerkomponente** (die GPS-Empfänger für Luftfahrt, Seefahrt, Landverkehr und Geodäsie).

7.4.1.1 Die GPS-Raumkomponente

Die Raumkomponente besteht aus:

- **24 Satelliten,** die in
- **sechs Erdumlaufbahnen** positioniert worden sind,
- je **vier Satelliten pro Umlaufbahn.**

Die Satelliten umkreisen die Erde im 12-Stunden-Rhythmus in ca. 20 000 km Höhe.

Von den 24 Satelliten sind drei so genannte Reservesatelliten, die jederzeit so positioniert werden können, dass sie ausgefallene Satelliten ersetzen können, um entstandene Überdeckungslücken zu schließen.

Die Umlaufbahnen sind so festgelegt worden, dass **zu jeder Zeit** auf der Erde **mindestens vier Satelliten** empfangsmäßig genutzt werden können, meistens sind es sogar sechs bis acht auf der nördlichen Halbkugel. Jeder Satellit sendet zu genau festgelegten Zeiten auf **zwei Trägerfrequenzen im L-Band** modulierte Signale, die sehr genaue Daten über seine eigene Umlaufbahn enthalten. Diese Frequenzen werden mit L1 (1 575.42 MHz) und L2 (1 227.60 MHz) bezeichnet. In naher Zukunft soll die neue Frequenz L5 auf 1 176.45 MHz in Betrieb gehen.

Diese mit

- **Ephemeris** bezeichneten Informationen werden alle 30 Sekunden wiederholt.

Die Bahndaten **aller** in den Umlaufbahnen befindlichen GPS-Satelliten senden alle 12 Minuten Bahndaten mit geringerer Genauigkeit, den so genannten

- **Almanach.**

Jeder einzelne Satellit verfügt über

- **vier hochpräzise Uhren,** die auf Nanosekunden genau gehen und für die Genauigkeit des GPS entscheidend sind (Nanosekunde ist eine milliardstel Sekunde);
- **Navigations- und Kommunikationssende- und Empfangsgeräte** (z. B. für Empfang von Korrektursignalen der Hauptkontrollstation);
- **Sonnenkollektoren** (für Stromversorgung, Aufladen der Batterien);
- **ein System rotierender Kreisel,** das den Satelliten in der entsprechenden Lage im Raum hält.

Wie bereits erwähnt, umkreisen die GPS-Satelliten die Erde und sind **nicht geostationär.** Der Vorteil dieser Konstellation liegt darin, dass eine Umlaufbahn in mittlerer Höhe die besten Werte aus guter Überdeckung und ständig sich ändernder Geometrie (in der Kombination) liefert. Außerdem kann man die Satelliten relativ einfach in die Erdumlaufbahn einfügen.

7.4.1.2 Die GPS-Kontrollkomponente

Die Kontrollkomponente ist ein sehr wichtiger Bestandteil des ganzen GPS-Navigationssystems. Sie ist die Nervenzentrale, die kontinuierlich **Kontroll- und Korrekturdaten** an jeden einzelnen Satelliten sendet, falls festgestellt wird, dass die von den Satelliten empfangenen Daten nicht mit den Solldaten übereinstimmen.

Die Kontroll- und Korrekturdaten liefern:

- **genaue Satellitenpositionen,**
- **Daten zum Einhalten der festgelegten Erdumlaufbahn,**
- **genaue Positionsdaten,**
- **genaue Uhrzeit.**

Die Hauptkontrollstation ist auf einem Militärflughafen in Colorado/USA eingerichtet. Es gehören zurzeit weitere vier Überwachungsstationen zur Kontrollkomponente.

7.4.1.3 Die GPS-Nutzerkomponente

Bild 7.4 Garmin GPSmap 496 – © Garmin

GPS-Empfangsgeräte finden Verwendung in der **Luftfahrt, Seefahrt, im Landverkehr und in der Geodäsie.** Die Empfangsgeräte stellen die augenblickliche Position des Luftfahrzeugs, des Schiffes, des Fahrzeugs oder einer Person fest. **Ein GPS-Empfänger besteht aus einem Empfänger, einer Quarzuhr, einer Datenbank und einem leistungsfähigen Rechner (CPU),** der eine große Vielzahl von Berechnungen durchführt. In den folgenden Bildern sind Beispiele tragbarer GPS-Geräte und zum Festeinbau vorgesehene Geräte aus der Luftfahrt, auch mit so genannter „moving map“, abgebildet.

Bild 7.5 GPS 150 von Garmin – © Garmin

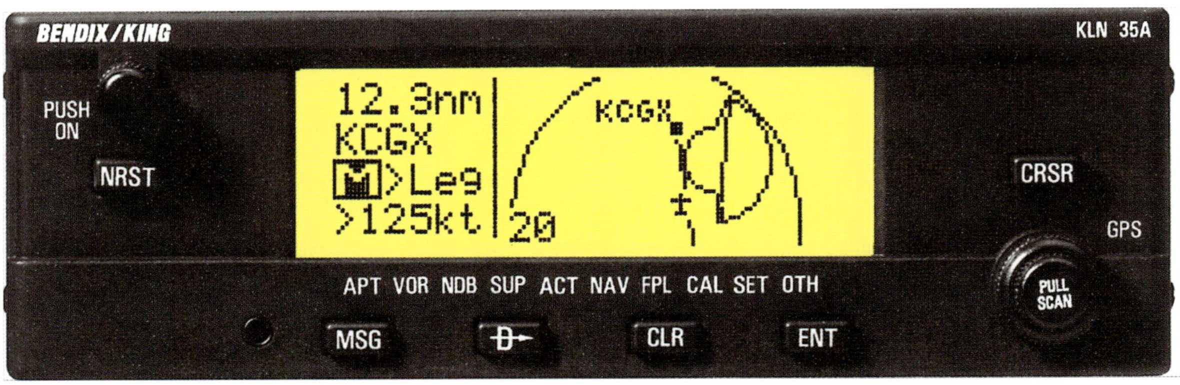

Bild 7.6 KLN 35A von Bendix/King – © Bendix/King

7.5 Die Arbeitsweise des GPS

Um den Umfang dieses Werkes nicht zu sprengen, soll über die Arbeitsweise des GPS hier nur ein grober Überblick gegeben werden. Detailinformationen finden Sie im Ergänzungsband **„4 C Satellitennavigation"** aus unserer Reihe „Der Privatflugzeugführer". Grundsätzlich sei jedoch angemerkt, dass das Prinzip des GPS immer das Gleiche ist, egal welches Signal oder welchen Code Sie von welchem Satelliten empfangen.

Ein GPS-Empfänger bestimmt seine **Positionen durch Zeitmessung.** Er misst die Zeit, die die elektromagnetischen Wellen, die sich bekanntlich mit Lichtgeschwindigkeit ausbreiten, benötigen, um von vier Satelliten zum GPS-Empfänger zu kommen. Aus den erhaltenen Laufzeiten errechnet der GPS-Empfänger die Entfernung zu den einzelnen Satelliten.

Wie bereits in Abschnitt 7.4.1.1 „Die GPS-Raumkomponente" erwähnt, sendet jeder GPS-NAVSTAR-Satellit auf den Trägerfrequenzen L1 und L2. Demnächst soll die neue Frequenz L5 hinzukommen.

Auf diesen Trägerfrequenzen sendet jeder Satellit sein eigenes **PRN-Signal** (PRN heißt Pseudorandom Noise), mit dem sich der einzelne Satellit identifizieren lässt. Das PRN-Signal wird vom Satelliten codiert. Bisher wurde der so genannte **C/A-Code (C**ivil **A**ccess – civiler Zugang) auf der Frequenz L1 gesendet. Der **P-Code** (Präzisionscode) wird sowohl auf L1 als auch L2 genutzt. Neuerdings wurde auf Bestreben der militärischen Nutzer ein noch genaueres Signal entwickelt: der **M-Code (M**ilitary Code), der parallel zum P-Code auf L1 und L2 gesendet wird. Da zivile Empfänger lediglich mit dem bisherigen **C/A-Code** auf L1 etwas anfangen konnten, hat man kürzlich ein weiteres neues ziviles Signal auf L2 gelegt, der so genannte **C-Code,** (Civil Code), der eine wesentlich robustere Signalstruktur aufweist und mit dem z. B. der Ionosphärenfehler herausgerechnet werden kann (siehe auch Abschnitt 7.6.1.2 „Laufzeitverzerrungen durch Mehrwegausbreitung in der Ionosphäre").

Außerdem werden auf den Trägerfrequenzen L1 und L2 noch folgende Informationen der einzelnen Satelliten aufmoduliert:

- **Almanachdaten:** sie enthalten generelle Informationen über die Anzahl und die Position aller zu empfangenen Satelliten.
- **Ephemeris** des sendenden Satelliten: sie beschreiben die exakte Position des einzelnen Satelliten.
- **Uhrenkorrektursignal:** zur Bestimmung der exakten Uhrzeit müssen die Daten der im GPS-Empfänger befindlichen sehr genauen Quarzuhr mit denen im nanosekundenbereich arbeitenden Atomuhren der Satelliten synchronisiert werden.

Der GPS-Empfänger bekommt also alle Nachrichten, um seine exakte Position über die Entfernung feststellen zu können. Um die Entfernung zu errechnen, braucht der GPS-Empfänger u. a. die genaue Zeit, wann das Signal den Satelliten verlassen hat. Dieser genaue Zeitpunkt wird vom Empfänger auf folgende Weise festgestellt:

Der Satellit sendet zu einer bestimmten Zeit einen individuellen Code, der als **Pseudo-Random-Code** bezeichnet wird. Der GPS-Empfänger erzeugt zur gleichen Zeit einen deckungsgleichen Code. Der Satellitencode trifft nun aber zeitverzögert ein, da er ja die Strecke vom Satelliten zum GPS-Empfänger zunächst zurücklegen muss. Diese Zeit beträgt ungefähr eine Elftel-Sekunde, welches im Programm des Rechners gespeichert ist. Im GPS-Empfänger werden beide Signale verschoben, so dass sie deckungsgleich werden. Die „Verschiebezeit" ist gleichzusetzen mit der Signallaufzeit Satellit – GPS-Empfänger. Die grobe Entfernungsbestimmung, die **Pseudoentfernung** genannt wird, ist somit nur eine Rechenaufgabe, die der im GPS-Empfänger eingebaute Rechner erledigt.

Um die genaue Entfernung zu erhalten, muss die Uhr im GPS-Empfänger mit der Satellitenuhr synchronisiert werden, welches durch Entfernungsermittlung von mindestens vier Satelliten erfolgt. Wenn die vier Entfernungen nicht übereinstimmen, also wenn die sphärischen Kreise sich nicht in einem Punkt im Raum treffen, geht der GPS-Empfänger davon aus, dass der Fehler durch die Ungenauigkeit seiner eigenen Uhr verursacht wurde, und stellt die Uhr so ein, dass alle vier Positionslinien sich in einem Punkt schneiden.

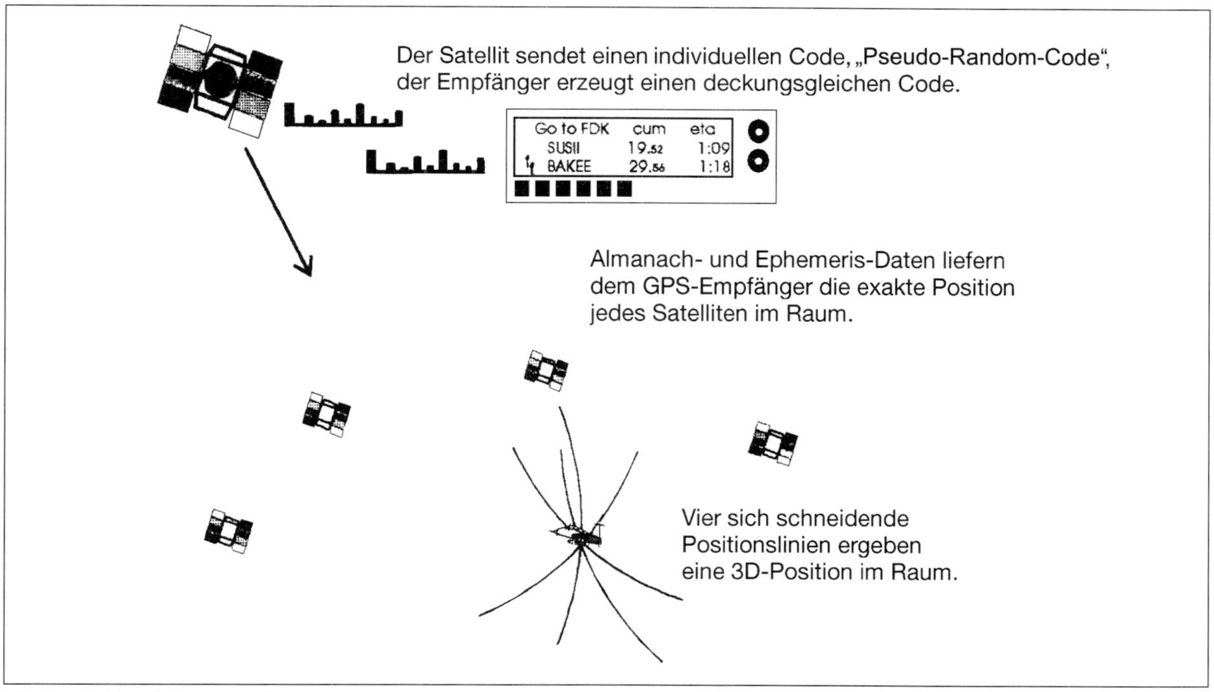

Bild 7.7 GPS-Pseudo-Random-Code

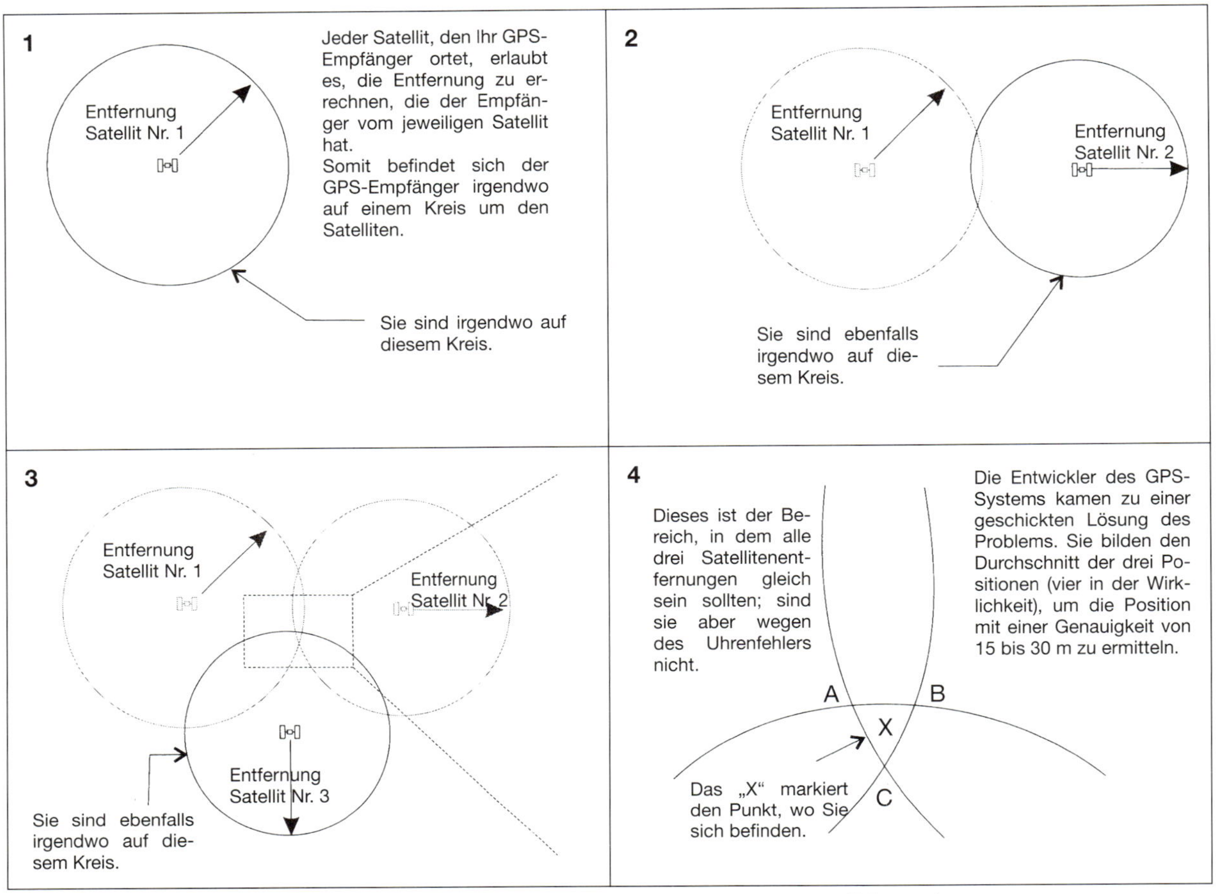

Bild 7.8 Wie GPS die Position findet (vereinfachtes zweidimensionales Beispiel) – (Quelle: GPS Land Navigation von M. Ferguson)

7.6 Grenzen und Fehlerquellen des GPS-Systems NAVSTAR

7.6.1 Die Fehlerquellen des GPS

Das GPS hat folgende Fehlerquellen:

- **ungünstige Satellitengeometrie,**
- **Laufzeitverzerrungen durch Mehrwegeausbreitung in der Ionosphäre,**
- **Troposphärenfehler,**
- **Fehler in den Empfängeruhren und in der Signalverarbeitung,**
- **topographische und bebauungsbedingte Fehler,**
- **Bedienungsfehler und Falscheingaben des Nutzers.**

7.6.1.1 Ungünstige Satellitengeometrie

Unter Satellitengeometrie versteht man die Verteilung der Positionen der Satelliten im Raum, deren Signale der GPS-Empfänger zu einer bestimmten Zeit verarbeitet, um seine Position auszurechnen.

Die ideale Geometrie, um diese Position zu errechnen, wäre ein Satellit direkt über dem GPS-Empfänger und drei Satelliten gleichmäßig am Horizont verteilt. **Die schlechteste Konfiguration** der Satelliten wäre, wenn sich alle vier Satelliten direkt über dem GPS-Empfänger befänden. Die meisten GPS-Empfänger zeigen dem Nutzer die vertikale und horizontale Lage der Satelliten, ebenfalls die Signalstärke und **DOP** (**D**ilution **o**f **P**osition). DOP ist ein Wert, der eine Aussage über die Qualität der Satellitengeometrie macht.

7.6.1.2 Laufzeitverzerrungen durch Mehrwegausbreitung in der Ionosphäre

In der Ionosphäre bilden sich Schichten, die elektrisch leitend sind (vgl. Abschnitt 2.4.1 „Dämmerungs- und Nachteffekt mit Schwunderscheinungen"). Die von den Satelliten abgestrahlten elektromagnetischen Wellen werden in diesen Schichten **reflektiert und abgelenkt** und die Laufzeiten somit **verfälscht.** Beim C/A-Code-Empfänger, der nur auf L1 empfängt, wird dieser Fehler durch ein Softwareprogramm **grob korrigiert.** Dieser Fehler wird bei L1/L2-Empfängern minimiert, weil zwei Frequenzen zur Verfügung stehen.

7.6.1.3 Troposphärenfehler

In der Troposphäre werden elektromagnetische Wellen durch die in den Schichten unterschiedlichen Wasserdampfkonzentrationen gebrochen. Daraus resultieren wiederum Laufzeitveränderungen, die aber **nicht so groß sind wie in der Ionosphäre.** Sie werden ebenfalls durch eine vom GPS-Rechner durchgeführte Modellrechnung minimiert.

7.6.1.4 Fehler in den Empfangsuhren und in der Signalverarbeitung

a) Im GPS-Empfänger arbeitet eine sehr genaue Quarzuhr, die bei weitem aber nicht die Präzision einer Atomuhr in den Satelliten erreicht. Auch bei dieser treten **Fehler von zehn Nanosekunden pro 12 Stunden auf. Das entspricht einer Entfernung von 30 cm.** Sobald der GPS-Empfänger eingeschaltet wird und Signale von den ersten Satelliten erhält, wird die Empfängeruhr gestellt, trotzdem bleibt ein Restfehler.

b) In der GPS-Hauptkontrollstation werden Almanach- und Ephemeridendaten und ebenfalls Korrekturdaten zu den Satelliten geschickt, die durch menschliche Fehlleistung falsch sein können.

7.6.1.5 Topographische und bebauungsbedingte Fehler

Es sollte möglichst immer eine quasioptische Verbindung zwischen Satellit und GPS-Empfänger bestehen. Ebenfalls durch Mehrwegeempfang, hauptsächlich aber durch Reflexionen in der Nähe der GPS-Empfangsantenne, können Fehler in der Größenordnung von 20 m entstehen (z. B. in der Nähe von hohen Gebäuden, Felswänden und sonstigen topographischen Verhältnissen). GPS-Satellitensignale durchdringen Glas und dünne Wände. Aber auch Abschattungen an der GPS-Empfangsantenne durch Kurvenflug – d. h. Unterbrechung der quasioptischen Verbindung zwischen Satellit und GPS-Antenne – können einen Ausfall der Navigationsanzeige verursachen.

7.6.1.6 Bedienungsfehler und Falscheingaben des Nutzers

Fehler, die der Benutzer des GPS-Empfängers begeht, sind meistens die schwersten, aber auch diejenigen, die eigentlich vermeidbar sind.

Seit 1987 wird das globale terrestrische Kartenbezugssystem **WGS-84** beim GPS verwendet **(WGS** = **W**orld **G**eodetic **S**ystem).

Achten Sie bei Eingabe eigener Wegpunkte darauf, dass Sie diese nach WGS-84 eingeben – in Grad, Minuten und Zehntelminuten, nicht nach Sekunden.

Achten Sie bei geographischen Längenangaben auf die **richtige Eingabe** von West und Ost,
bei geographischen Breitenangaben auf die **richtige Eingabe** von Nord und Süd,

und **überprüfen** Sie die errechneten Werte mit konventionellen Methoden. Dieses sind sehr häufige Fehler!

Lesen Sie die Bedienungsanleitung Ihres GPS-Empfängers sorgfältig, und machen Sie sich mit der Bedienung des Geräts vertraut. Jeder GPS-Empfänger hat ein Simulationsprogramm, mit dem man zu Hause üben kann, sofern der Empfänger nicht fest eingebaut ist.

7.7 Der GPS-Empfänger

Die Nutzungsmöglichkeiten des GPS-Empfängers in der Luftfahrt und dessen Leistungsmerkmale:

- Navigation, Streckenplanung und Eingabe von Flugstrecken (z. T. 20 umkehrbare Flugstrecken mit bis zu je 30 programmierbaren Wegpunkten, die manuell eingegeben werden können oder aus der Datenbank geladen werden können).
- Ausgabe des zu steuernden Kurses, Kurs über Grund, Anweisungen Rechts- oder Linkskurve zu fliegen, genaue Entfernungsangaben, zurückgelegte Flugstrecke, noch zu fliegende Zeit, Geschwindigkeit über Grund aktuell oder in der Vergangenheit, wahre Eigengeschwindigkeit, Ermittlung der Dichtehöhe, Windrichtung und Windgeschwindigkeit.
- Kursabweichanzeige mit einstellbarer Alarmfunktion bei Überschreiten des eingestellten Grenzwertes.
- Checkliste, anwenderprogrammierbar (Klarliste).
- „Go To"-Funktion (die Möglichkeit, jeden Punkt direkt anfliegen zu können).
- Feststellung der Satellitenempfangsbedingungen (DOP).
- Genaue Uhr mit Stoppuhrfunktion.
- Alarmfunktionen bei Annäherung an ein Ziel (Flughäfen, Funknavigationsanlagen, Wegpunkte oder Luftraumgrenzen; Abweichung von idealem Flugweg, einstellbar).
- Simulationsmodus (Lernmodus).
- Feststellung der Ortsmissweisung.
- Berechnung von Sonnenaufgangs- und Sonnenuntergangszeiten.
- Maßeinheiten im metrischen oder angelsächsischen System, einstellbar.
- Umfangreiche Rechenoperationen.

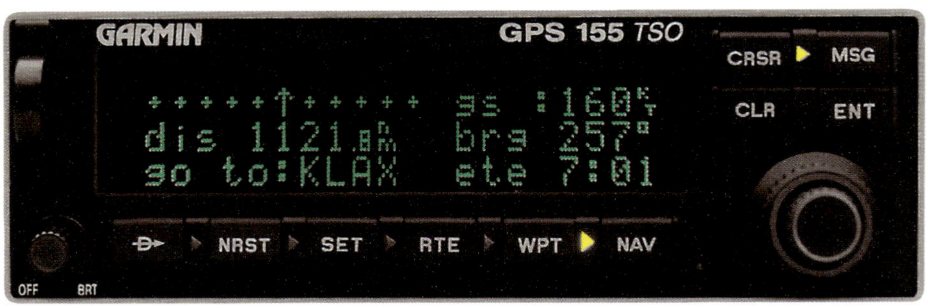

Bild 7.9 GPS 155 TSO von Garmin – © Garmin

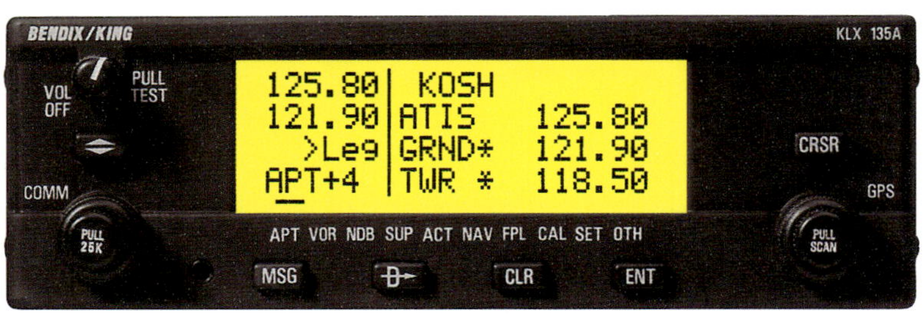

Bild 7.10 GPS/COMM KLX 135A von Bendix/King – © Bendix/King

Bild 7.11 Colour-Skymap von Skyforce – © Skyforce

Jeder GPS-Empfänger, ob Handgerät oder Einbaugerät, besitzt eine Datenbank, meistens von Jeppesen, die entweder ausgewechselt wird und über einen Datenträger (z. B. CD-ROM) oder per Datentransfer auf den neuesten Stand gebracht wird. Es ist entweder eine internationale oder eine für den amerikanischen Kontinent vorgesehene Datenbank erhältlich, die jeweils nur 28 Tage gültig ist. Diese Datenbanken enthalten:

- **Flugplätze:**
  Kennung, Stadt/Staat, Land, Name, Koordinaten, Platzhöhe, Pisten, Sprechfunkfrequenzen;
- **VOR:**
  Kennung, Stadt/Staat, Land, Name, Koordinaten, Frequenz, zugehöriges DME oder TACAN;
- **NDBs:**
  Kennung, Stadt/Staat, Land, Name, Koordinaten, Frequenz;
- **Intersections** (Kurskreuzungen):
  Kennung, Land, Koordinaten;
- **Sprechfunkfrequenzen:**
  ATIS, Flugplatzverkehrskontrolle, Rollkontrolle, Information, allgemeine Frequenzen;
- **Pisten:**
  Bezeichnung, Länge, Breite, Belag, Befeuerung, evtl. graphische Pistendarstellung;
- **Moving map** (falls vorhanden):
  Darstellung von Lufträumen jeglicher Art, Küstenlinien, Autobahnen, Hauptstraßen, Flüsse, Seen, markante Punkte in unterschiedlichen Maßstäben wählbar.

Handgeräte haben in etwa folgende Abmessungen:

Länge:	19,5 cm, Breite 7,5 cm, Höhe 5 cm.
Gewicht:	ca. 400 Gramm, hochauflösende LCD-Anzeige.
Stromverbrauch:	1.5 Watt, Stromversorgung über Alkalibatterien oder über mitgeliefertes Sonderzubehör, Zigarettenanzünderkabel. 8 bis 24 Stunden Batteriebetriebsdauer.

Der Datenspeicher hat eine interne Batterie, die die gespeicherten Daten bis zu fünf Jahren sichert. Die Empfänger (12-Kanal-Parallelempfänger) sind meistens differentialtauglich und haben eine „update rate" von einer Sekunde.

Eine Genauigkeit der Positionsbestimmung von unter 1 m mit **DGPS (Differential GPS)** kann somit erreicht werden. Diese Genauigkeit wird für Instrumentenflüge gebraucht und weltweit angestrebt.

Mit **WAAS (Wide Area Augmentation System)** und dem Navigationssystemen GPS und DGPS, wird man demnächst wohl eine Genauigkeit im Zentimeterbereich erreichen und auch das Problem der **Integrität** (vgl. Abschnitt 7.2 „Allgemeines") in den Griff bekommen. Das Raumsegment von **WAAS** besteht aus vier zusätzlichen geostationären Satelliten. **WAAS** steht seit 2002 in der Umgebung von 50 % der Flughäfen der USA zur Verfügung. WAAS-Signale werden derzeit (2007) von zwei bis drei Satelliten über dem Gebiet der USA ausgesendet und sind aber für alle anderen Erdregionen nicht erreichbar. Es sind noch folgende Erweiterungssysteme außer **WAAS** für den Großbereich im Aufbau. Bei diesen Systemen handelt es sich ebenfalls um satellitengestützte DGPS-Anlagen (Differenzial GPS):

- **EGNOS (E**uropean **G**eostationary **N**avigation **O**verlay **S**ystem) dem europäischen System und
- **MSAS (M**ulti-Functional **S**atellite **A**ugmentation **S**ystem) dem System der Japaner und anderer asiatischer Staaten.

WAAS, EGNOS und **MSAS** bezeichnet man auch als **SBAS (S**atellite-**B**ased **A**ugmentation **S**ystems), alle Systeme sind miteinander kompatibel.

Für Präzisionsanflüge auf Flughäfen kommt z. B. **GBAS (G**round-**B**ased **A**ugmentation **S**ystem) zum Einsatz. Weitere Einzelheiten entnehmen Sie bitte dem Band 4 C, „Satellitennavigation" aus der Reihe „Der Privatflugzeugführer".

GPS-Handgeräte sind meistens mit einer abnehmbaren Antenne und einem Einbausatz für abgesetzte Antennenanbringung per Saugnapf ausgestattet. Ferner umfasst der Lieferumfang eine Steuerhornhalterung (tragbare Empfänger) oder eine Einbauhalterung (bei Einbaugeräten) und Stromversorgungs-/Datenkabel. Als Sonderzubehör gibt es einen wiederaufladbaren NiCd-Akkusatz und ein Aufrüstkit für die PC-Datenbank.

7.8 GALILEO – GLOBAL SATELLITE NAVIGATION SERVICES für Europa

GALILEO ist ein hochmodernes Satellitennavigationssystem der **Europäischen Gemeinschaft (EU)** und der **E**uropean **S**pace **A**geney **(ESA)** für den zivilen und militärischen Gebrauch in Europa, das sich im Aufbau befindet und bis zum Jahr 2012/2014 in Betrieb gehen soll. Der Name **GALILEO** verweist auf den italienischen Naturwissenschaftler und Astronomen **Galileo Galilei** (1564–1642).

Das Gesamtsystem GALILEO bleibt unter ziviler Kontrolle im Gegensatz zum amerikanischen System GPS. Einer der Hauptgründe für Europa, ein eigenes Satellitennavigationssystem aufzubauen, ist sich von anderen Systemen unabhängig zu machen, ein genaueres System zu entwickeln, aber auch im Zusammenwirken mit anderen Navigationssystemen (GPS, den Weiterentwicklungen GPSII und GPSIII, GLONASS und dem ebenfalls im Aufbau befindlichen Satellitennavigationssystems Chinas – **COMPASS)** die Signalverfügbarkeit zu erhöhen. **GPS, GLONASS** und **GALILEO** bleiben völlig unabhängige Systeme, sind aber – zum Vorteil der Nutzer – untereinander voll kompatibel. GALILEO wird ein Integritätssignal senden. Dadurch werden die Benutzer **ohne Zeitverzögerung** sofort auf mögliche Fehler aufmerksam gemacht. **Die Genauigkeit liegt bei ca. 1 m;** korrigiert durch DGPS kann die Position mindestens bis auf 10 cm genau bestimmt werden.

Galileo wird auch in Regionen höherer Breitengrade, also im Bereich der Pole – zuverlässiger als es bisher möglich war – arbeiten. GALILEO besteht aus folgenden drei Segmenten:

- Raumsegment,
- Bodensegment,
- Nutzersegment.

Das **Raumsegment** besteht aus 30 Satelliten (27 aktive und 3 Reservesatelliten), die auf drei Bahnebenen verteilt sind. Die Bahnhöhe beträgt 23 600 km – MEO-Satelliten **(M**edium **E**arth **O**rbit Satellites) – und die Bahnneigung zum Äquator 56°. Auf jeder Bahn werden 9 Satelliten mit 40° Abstand unterwegs sein, zusätzlich ein Reservesatellit.

Das **Bodensegment** von GALILEO besteht aus dem **Kontrollsegment** und aus dem **System zur Überwachung der Integrität.** Empfangs- und Sendestationen sind untereinander vernetzt.

Die zwei Kontrollzentren Europas befinden sich in Oberpfaffenhofen (BRD) und in Fucino (Italien). Zum Bodensegment gehören 20 Sensorstationen und 15 Funkstationen (Uplinkstationen).

Das Nutzersegment von GALILEO: Die Anwendungsmöglichkeiten von GALILEO sind vielfältig. GALILEO wird hauptsächlich in der Ortung, in der Leitung und Optimierung sämtlicher Verkehrsströme eingesetzt werden. Weitere Bereiche sind z. B. die Telekommunikation, Wirtschaft, Bau und Umwelt. Die meisten Dienste von GALILEO werden jedoch, im Gegensatz zu GPS, für den Nutzer weitgehend kostenpflichtig sein; Ausnahme ist der Open Service (OS), der kostenfrei genutzt werden kann. Bei Galileo werden für andere Bereiche folgende Dienste zur Verfügung gestellt:

OS – Open **S**ervice = kostenloser Dienst;
SAS – Safety of Life **A**ccess **S**ervice = Rettungsdienste;
CS – Commercial **S**ervice = kommerzieller Dienst;
PRS – Public **R**egulated **S**ervice = öffentlich/regulierter Dienst.

8 RADAR-Anlagen für die Flugverkehrskontrolle (Air Traffic Control RADAR)

8.1 Allgemeines

Der Begriff **RADAR** stammt aus dem Englischen und ist – obwohl heute in fast allen Sprachen als Wort gebraucht – eine Abkürzung für

- **„Radio Detection And Ranging",** was im Deutschen etwa „Erfassung und Entfernungsbestimmung von Objekten mit Funkwellen" oder kürzer **Funkortung** bedeutet.

RADAR-Anlagen können Objekte – z. B. Flugzeuge, Schiffe usw. – aufspüren und deren Entfernung zur Anlage (Antenne) feststellen.

Das sehr zuverlässige Ortungsvermögen der RADAR-Anlagen –

- es sind **Funkerfassungsgeräte,** die genaue Angaben über die Entfernung, Richtung und/oder Höhe von Gegenständen liefern –

wird im täglichen Leben für viele Zwecke ausgenutzt. So ist unter anderem die heutige **Flugverkehrskontrolle** (= Flugsicherung; engl.: **A**ir **T**raffic **C**ontrol = **ATC)** von sehr schnell fliegenden Strahlflugzeugen bei hoher Verkehrsdichte **nur** noch mit Hilfe von RADAR zu bewältigen.

Die RADAR-Anlagen der Flugverkehrskontrollstellen liefern dem Fluglotsen (RADAR-Lotsen/engl.: RADAR controller) ein **aktuelles Luftlagebild,** das ihn in die Lage versetzt, komplizierte Kontrollprobleme – auch bei schlechten Sichtbedingungen – über große Entfernungen zu lösen.

Des Weiteren ermöglicht die Überwachung und Lenkung von kontrollierten Flügen (engl.: controlled flights; IFR, CVFR, special VFR usw.) mittels RADAR eine wesentliche Verminderung der sonst üblichen Staffelungsnormen (separation standards), das heißt, der RADAR-Lotse kann zwischen kontrollierten Flügen

- **kleinere Staffelungsmindestwerte (separation minima)**

anwenden und so den ihm zur Verfügung stehenden kontrollierten Luftraum (controlled airspace) besser ausnutzen (= höhere Kapazität).

Der **Verkehrsablauf** wird bei **An- und Abflügen** (arrivals and departures) und auf den **Flugverkehrsstrecken** (ATS Routes) durch die kleineren Mindestabstände zwischen den einzelnen kontrollierten Flügen **„flüssiger"** gestaltet, und der

- **kontrollierte Luftraum (controlled airspace)** kann – im Gegensatz zu der früher üblichen konventionellen Kontrolle ohne RADAR mit luftraumvergeudender zeitlicher Längsstaffelung (longitudinal separation) – durch eine **viel größere Anzahl** von Luftfahrzeugen **zur gleichen Zeit** genutzt werden.

Grundsätzlich kommen in der Flugverkehrskontrolle zwei Arten der Funkortung mittels RADAR zur Anwendung:

1. **Primär-RADAR** (primary RADAR) **–** vgl. Abschnitt 8.3

2. **Sekundär-RADAR** (secondary RADAR) **–** vgl. Abschnitt 8.4

8.2 RADAR-Frequenzen

Aus dem gesamten Frequenzspektrum der elektromagnetischen Wellen eignet sich nur ein sehr kleiner Bereich für die RADAR-Funkortung. Die einzelnen RADAR-Frequenzbänder werden mit Kennbuchstaben bezeichnet, die sich in der Fachsprache so sehr eingebürgert haben, dass die RADAR-Anlagen, die in den verschiedenen Frequenzbändern arbeiten, häufig danach bezeichnet werden (z. B. S-Band-RADAR = Flughafen-Rundsicht-RADAR-ASR, siehe folgende Tabelle):

Band	**Frequenz (MHz/GHz)**	**Wellenlänge (cm)**	**Anwendung**
P	300 . . . 1000 MHz	100 . . . 30 cm	**Militärisches Frühwarn-RADAR („Langwellen"-RADAR)**
L	1000 . . . 2000 MHz	30 . . . 15 cm	**Großraum-Rundsicht-RADAR** (GRS/SRE M5 bis SRE M8); Sekundär-Rundsicht-RADAR/ **SSR** = **S**econdary **S**urveillance **R**ADAR; Entfernungsmessgerät/ **DME** = **D**istance **M**easuring **E**quipment; Taktisches Flugnavigationssystem/ **TACAN** = **TAC**tical **A**ir **N**avigation System
S	2.0 . . . 4.0 GHz	15 . . . 7.5 cm	**Flughafen-Rundsicht-RADAR/** **ASR** = **A**irport **S**urveillance **R**ADAR
C	4.0 . . . 8.0 GHz	7.5 . . . 3.8 cm	**Wetter-RADAR** (Flugzeuge)
X	8.0 . . . 12.5 GHz	3.8 . . . 2.4 cm	**Präzisions-Anflug-RADAR/** **PAR** = **P**recision **A**pproach **R**ADAR; **Wetter-RADAR** (Flugzeuge und Wetterdienst am Boden) **A-SMR** = **A**dvanced **S**urface **M**ovement **R**ADAR
K	18.0 . . . 26.0 GHz	1.7 . . . 1.2 cm	**Rollfeld-Überwachungs-RADAR/** **ASDE** = **A**irport **S**urface **D**etection **E**quipment

8.3 Primär-Rundsicht-RADAR (Primary Surveillance RADAR)

Die grundsätzliche Arbeitsweise von Primär-RADAR-Anlagen kann mit einem einzigen Wort beschrieben werden:

- **Reflexion (von Funkwellen)!**

Am besten lässt sich das Prinzip von Primär-RADAR-Anlagen mit dem uns allen bekannten Schall-Echo erklären. Schallwellen breiten sich vom Ursprungsort mit einer Geschwindigkeit von

- **ca. 330 m/s (Schallgeschwindigkeit)**

in der Luft aus. Treffen sie auf geeignete Reflexionsflächen (z. B. steile Gebirgswände) auf, so werden sie als

- **Echo**

zum Ausgangsort zurückgeworfen (reflektiert). Steht man z. B. vor einer steilen Gebirgswand und ruft kurz und laut in Richtung der Wand, dann kehren die Schallwellen nach einem gewissen Zeitraum als

- **reflektiertes Echo**

zum Rufenden zurück. Benötigen die Schallwellen beispielsweise zwei Sekunden, um vom Rufenden zur Wand und von der Wand zum Rufenden zurückzugelangen, dann haben sie insgesamt einen Weg von ca. 660 m zurückgelegt. Da sich diese Strecke aus dem Hin- und dem Rückweg zusammensetzt, liegt die Gebirgswand ungefähr

- **330 m**

vom Standort des Schall-Erzeugers entfernt. So können wir also mit reflektierten Schall-Echos bei bekannter Ausbreitungsgeschwindigkeit

- **Entfernungen messen!**

Nach dem gleichen Prinzip wird die Entfernungsbestimmung mittels RADAR durchgeführt. Der einzige Unterschied besteht darin, dass ein Primär-RADAR-Gerät keine Schallwellen, sondern

- **elektromagnetische Wellen hoher Frequenz in Form von Impulsen (kurze „Wellenpakete")**

über eine Sendeantenne ausstrahlt, die auch als Empfangsantenne für die zurückkehrenden (reflektierten) Echo-Impulse fungiert.

Die hohe Ausbreitungsgeschwindigkeit von elektromagnetischen Wellen (Funkwellen) –

- **ca. 300 000 km/s (~162 000 NM/s) –**

macht es erforderlich, dass die Hin- und Rücklaufzeit der RADAR-Impulse in Mikrosekunden (1µs = 10^{-6} Sekunden) gemessen werden muss.

Alle Primär-Rundsicht-RADAR-Anlagen der Flugsicherung **(SRE** = **S**urveillance **R**ADAR **E**lement) sind

- **Impuls-RADAR-Anlagen,**

deren Impulse moduliert sind (Impulsmodulation – P). Die Arbeitsweise solcher impulsmodulierter Rundsicht-RADAR-Anlagen lässt sich folgendermaßen kurz und einfach beschreiben:

Eine rotierende Sende- und Empfangsantenne mit hoher Richtcharakteristik (RADAR-Antenne) strahlt kurzzeitig einen starken Sendeimpuls („kurzes Wellenpaket") aus, der sich geradlinig ausbreitet (line-of-sight transmission). Trifft dieser Sendeimpuls irgendwo auf eine Reflexionsfläche (z. B. Flugzeug) auf, wird der Teil der ausgestrahlten Energie zur RADAR-Antenne zurückreflektiert. Dieses reflektierte Funk-Echo (RADAR-Echo) wird später von der gleichen Antenne, die vorher als Sendeantenne den Impuls aussandte, empfangen und dem RADAR-Empfänger zugeführt. Dieser **verstärkt** das reflektierte Signal und **ermittelt** die Hin- und Rücklaufzeit des Impulses.

Da die Ausbreitungsgeschwindigkeit der ausgestrahlten Energie bekannt ist – sie beträgt 300 000 km/s oder 162 000 NM/s –, kann der Zeitraum zwischen dem Aussenden des Impulses und der Rückkehr des reflektierten Echos zur Antenne nun sofort in einen

- **Entfernungswert zwischen Sender/Empfänger (RADAR-Antenne) und getroffenem Ziel (z. B. Flugzeug) umgerechnet werden.**

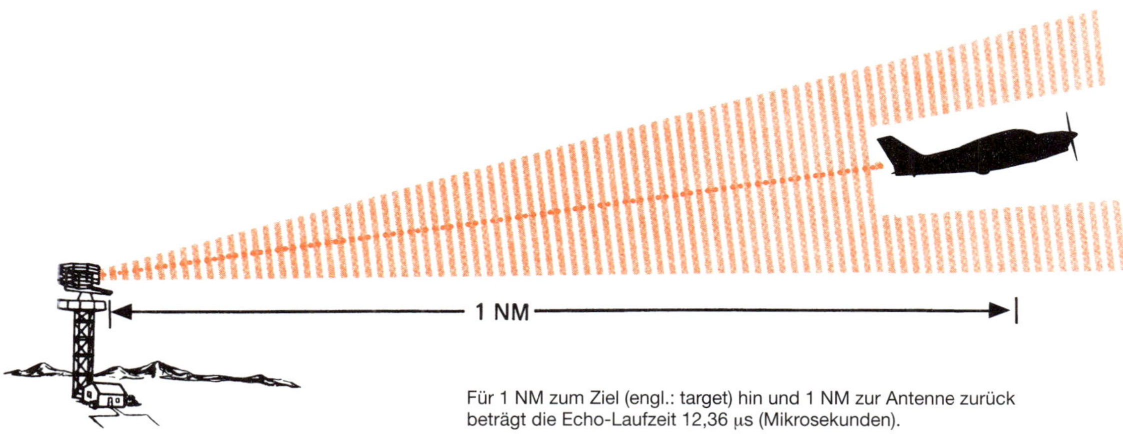

Für 1 NM zum Ziel (engl.: target) hin und 1 NM zur Antenne zurück beträgt die Echo-Laufzeit 12,36 µs (Mikrosekunden).

Bild 8.1 Die „RADAR-Meile" = 12,36 µs

Die „RADAR-Meile" ist eine Zeiteinheit: Ziel (target) 1 NM von der Antenne entfernt – Echolaufzeit 12,36 µs.

Wird also ein Ziel (Flugzeug) vom Sendeimpuls getroffen und kehrt dieser als Echo in 12,36 µs zur Antenne zurück, so wird das Ziel (target) auf dem RADAR-Schirmbild (RADAR scope) des RADAR-Lotsen als ein

- **RADAR-Echo in Form eines aufleuchtenden Punktes (RADAR blip) angezeigt, das genau 1 NM von der RADAR-Antenne entfernt ist.**

Die Richtungsbestimmung wird in der RADAR-Ortung dadurch erreicht, dass die Sendeimpulse von einer rotierenden Richtantenne (Reflektorspiegel) scharf gebündelt (in Form eines engen Strahls) ausgestrahlt werden.

Der rotierende Impuls-Energiestrahl sucht den gesamten Erfassungsbereich der RADAR-Anlage nach Zielen ab. Treffen die ausgestrahlten Impulse auf ein Ziel und kehren als Echo aus der **Richtung des getroffenen Zieles (target)** zur Antenne zurück, so erscheint auf dem RADAR-Schirmbild (scope) ein Leuchtpunkt (RADAR-Echo; engl.: RADAR blip), und der RADAR-Lotse kann mit Hilfe einer Kompassrose und mit Entfernungsmarken (range marks) gleichzeitig die Entfernung und die Richtung des Zieles in Bezug auf die RADAR-Antenne bestimmen (siehe Bild 8.2).

Wie wir schon wissen, wird für Sendung und Empfang dieselbe Antenne verwendet. Diese zweifache Antennenfunktion wird durch eine **Sende-/Empfangsweiche** – den so genannten **Duplexer** – möglich gemacht, der die RADAR-Antenne immer genau zur richtigen Zeit einmal mit dem Sender und danach wieder mit dem Empfänger der RADAR-Anlage verbindet. Der **Duplexer** schaltet die Antenne nach dem Abstrahlen des Sendeimpulses zum Empfänger um, der die eingehenden Echoimpulse verstärkt und sie nach der Verarbeitung dem Sichtgerät zuführt.

Die so genannte **Impulszentrale** – auch Steuerstufe oder Steuerimpulsgeber genannt – dient zur Steuerung der einzelnen Bauteile der RADAR-Anlage (Sender, Empfänger, Sichtgerät). Sie erzeugt die kurzen Spannungsimpulse und sorgt dafür, dass eine bestimmte **Impulsfolgefrequenz (P**ulse **R**epetition **F**requency = **PRF)** genau eingehalten wird.

Des Weiteren steuert die **Impulszentrale** mit dem **Duplexer** (Sende- und Empfangsumschalter) zusammen den Arbeitsbeginn der miteinander verbundenen Bauteile der RADAR-Anlage.

Die reflektierten Echo-Impulse werden vom Empfänger der RADAR-Anlage verstärkt und an ein

- **Rundsichtanzeigegerät (PPI** = **P**lan **P**osition **I**ndicator)

weitergeleitet, dessen wesentlichster Bauteil eine Kathodenstrahlröhre **(CRT** = **C**athode **R**ay **T**ube) ist, die mit einer Fernsehbildröhre verglichen werden kann. Auf dieser Kathodenstrahlröhre (CRT) läuft synchron mit der RADAR-Antenne ein Elektronenstrahl (sweep) um. Jedes Echo von einem Ziel (target) erscheint auf dem Leuchtschirm als Lichtpunkt (RADAR blip), dessen Abstand vom Mittelpunkt der Kathodenstrahlröhre proportional zur Entfernung des Zieles von der RADAR-Antenne ist.

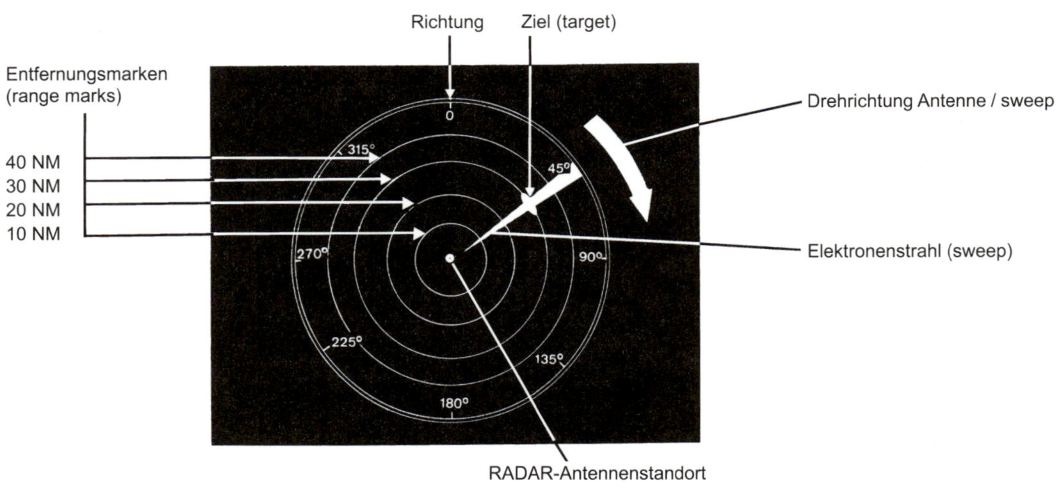

Bild 8.2 Das Rundsichtanzeigegerät **PPI (P**lan **P**osition **I**ndicator)

Mit dieser bildlichen Darstellung (PPI) ist der RADAR-Lotse in der Lage, jederzeit die Richtung und die Entfernung aller getroffenen Ziele (targets) innerhalb der Reichweite der RADAR-Anlage zu bestimmen. Heutzutage werden für die bildliche Darstellung meist digitale Monitore verwendet.

Anmerkung: Festziele (z. B. große Gebäude, hohe Bäume, Gebirgszüge usw.) erscheinen ebenfalls auf dem RADAR-Sichtgerät. Damit solche unerwünschten Ziele (engl.: permanent echos) nicht zur Anzeige gebracht werden – sie könnten ja Flugziele überdecken! –, hat man in modernen Rundsicht-RADAR-Anlagen für die Flugverkehrskontrolle (ATC RADAR) zusätzliche Empfängerschaltungen eingebaut, die dafür sorgen, dass **alle Festzielechos** (permanent echos) **ausgeblendet** werden und **nur bewegliche Ziele** angezeigt werden. Solche (sehr komplizierten) „Kunstschaltungen" im Empfängerteil von Rundsicht-RADAR-Anlagen nennt man in der Fachsprache

- **Festzielunterdrückung oder Festzeichenlöschung (MTI** = **M**oving **T**arget **I**ndication).

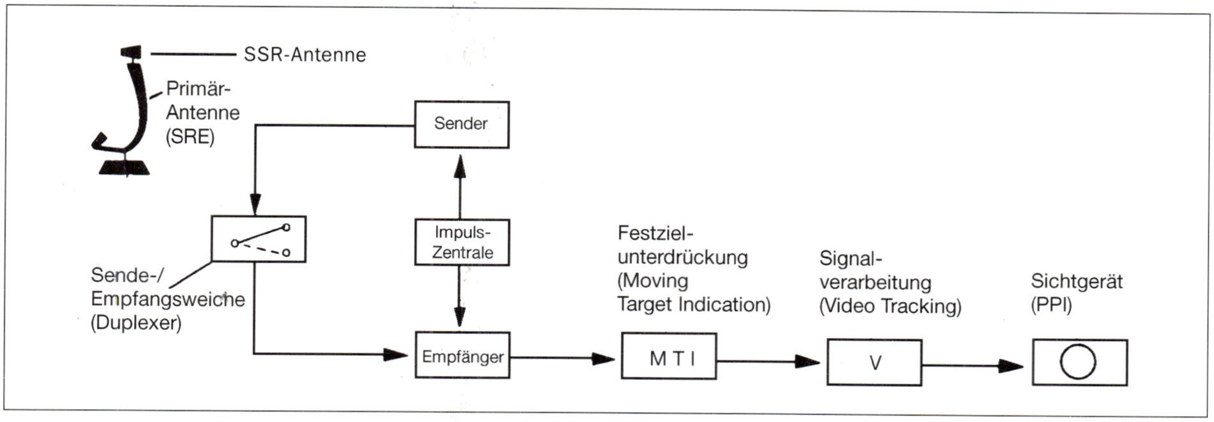

Bild 8.3 Sehr stark vereinfachtes Blockschaltbild einer Primär-Rundsicht-RADAR-Anlage (SRE)

8.3.1 Arten und Reichweiten von Primär-Rundsicht-RADAR-Anlagen für die Flugverkehrskontrolle

Je nach Verwendungszweck – **Kontrolle und Überwachung** des Flugverkehrs auf Flugverkehrsstrecken (ATS Routes) durch Kontrollzentralen **(ACCs** = **A**rea **C**ontrol **C**entre) oder **Kontrolle und Überwachung** von an- und abfliegenden Flugzeugen in Nahverkehrsbereichen **(TMA** = **T**er**m**inal Control **A**rea) durch Anflugkontrollstellen **(APP** = **App**roach Control Office) – kommen bei den Flugverkehrskontrollstellen der DFS Deutschen Flugsicherung **drei Arten von Primär-Rundsicht-RADAR-Anlagen (SRE** = **S**urveillance **R**ADAR **E**lement) mit verschiedenen Leistungen und Reichweiten zur Anwendung:

1. **Strecken-Rundsicht-RADAR-Anlagen** der Typen **GRS/SRE M5** bis **SRE M8 (RSR** = **R**oute **S**urveillance **R**ADAR) bei den Kontrollzentralen (ACCs) – vgl. Abschnitt 8.3.2!
2. **Flughafen-Rundsicht-RADAR-Anlagen** des Typs **ASR 2000** und **ASR E (ASR** = **A**irport **S**urveillance **R**ADAR; im Ausland manchmal auch **TAR** = **T**erminal **A**rea Surveillance **R**ADAR genannt) bei den Anflugkontrollstellen (APP) – vgl. Abschnitt 8.3.3!
3. **Rollfeldüberwachungs-RADAR-Anlagen** (**A**irport **S**urface **D**etection **E**quipment = **ASDE** bzw. **A-SMR** = **A**dvanced **S**urface **M**ovement **R**ADAR) bei einigen Platzverkehrskontrollstellen **(TWR** = Aerodrome Control **Tower)** zur Überwachung der Pisten **(RWY** = **R**un**w**a**y)** und Rollwege **(TWY** = **T**axi**w**a**y)** bei Schlechtwetter-Flugbetrieb (Nebel). Auf diese spezielle Primär-Rundsicht-RADAR-Anlage werden wir nicht näher eingehen!

Alle RSR-Anlagen der Kontrollzentralen (ACCs) und alle ASR-Anlagen der Anflugkontrollstellen (APPs) der DFS Deutschen Flugsicherung sind mit so genannten

- **Sekundär-Rundsicht-RADAR-Anlagen (SSR** = **S**econdary **S**urveillance **R**ADAR) mit den Modi **3/A/S** (Modus für Identitätsabfrage), **C** (Modus für Höhenabfrage) und **S** (Modus für Höhenabfrage, Kennzeichen u.s.w.) synchron verbunden. Darüber erfahren wir in Abschnitt 8.4 („Sekundär-Rundsicht-RADAR-SSR/MSSR und Transponder") mehr!

8.3.2 Strecken-Rundsicht-RADAR-Anlagen (RSR = Route Surveillance RADAR)

In der Bundesrepublik Deutschland werden in den Kontrollzentralen (ACCs) – zurzeit gibt es davon drei (Bremen, Langen und München) – unterschiedliche Typen von Strecken-Rundsicht-RADAR-Anlagen (RSR) mit großer Reichweite (Long Range RADAR) für die RADAR-Überwachung (engl.: RADAR monitoring) und RADAR-Kontrolle (RADAR control) von

- **kontrollierten Flügen** (controlled flights)

innerhalb des kontrollierten Luftraums und auf den darin verlaufenden Flugverkehrsstrecken (ATS Routes) eingesetzt:

- **Großraum-Rundsicht-RADAR-Anlagen** des Typs **GRS/SRE M5** bis **SRE M8** (= **G**roß**r**aum-**R**undsicht-RADAR) mit einer **Reichweite** von **120** bis **210 Seemeilen (NM)** und einem **Höhenerfassungsbereich** von ca. **49 000 Fuß (ft)!**

- **L-Band-Rundsicht-RADAR-Anlagen** des Typs **SRE M7** mit einer **Reichweite** von **210 Seemeilen (NM)** und einem **Höhenerfassungsbereich** von ca. **60 000 Fuß (ft)!**

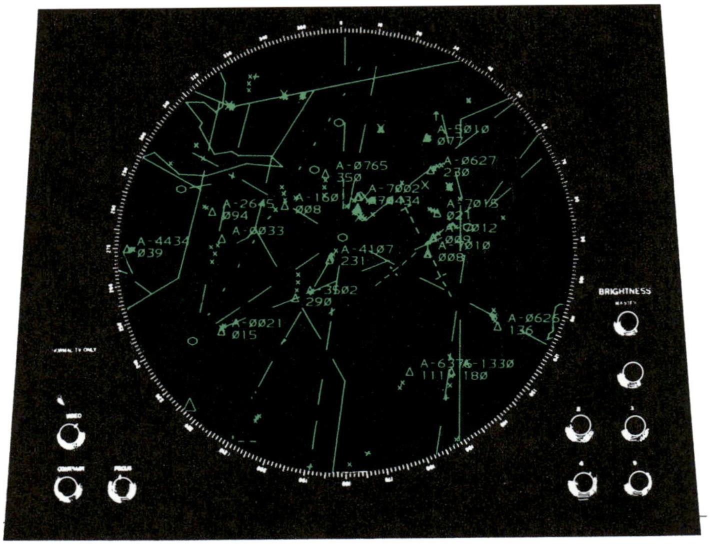

Bild 8.4 Synthetische Luftlagedarstellung (ACC) mit dem RADAR-Datenverarbeitungssystem DERD-MC (DERD-MC = Darstellung extrahierter Radardaten auf minicomputergesteuerten Sichtgeräten)

Um die großen Erfassungsbereiche (coverage) überbrücken zu können, arbeiten solche **Strecken-Rundsicht-RADAR-Anlagen (RSR)** mit

- sehr großer Sendeleistung (z. B.: GRS/SRE M7 mehr als 2,5 Megawatt);
- einer für RADAR-Anlagen „langen" Wellenlänge (23 cm);
- einer **niedrigen** Impulsfolgefrequenz **(PRF** = **P**ulse **R**epetition **F**requency) von 400 bis 700 Hz, damit Echos von Flugzielen in großer Entfernung noch empfangen werden können, bevor der nächste Sendeimpuls ausgestrahlt wird;
- einer geringen Antennenlaufgeschwindigkeit (4–7,5 U/min), die dazu beiträgt, dass zur einwandfreien Zielerfassung eine genügend große Trefferzahl erfolgt;
- großen Antennen (Reflektorspiegeln), die eine genügend scharfe Bündelung der relativ **langwelligen** Impuls-Ausstrahlung garantieren.

Merke: Die Reichweite von RADAR-Anlagen vergrößert sich mit der Wellenlänge!

8.3.3 Flughafen-Rundsicht-RADAR-Anlagen (ASR = Airport Surveillance RADAR)

Die Anflugkontrollstellen (APPs) der einzelnen Verkehrsflughäfen verwenden für die **RADAR-Überwachung** (RADAR monitoring) und **RADAR-Kontrolle** (RADAR control) der an- und abfliegenden kontrollierten Flüge (IFR-, CVFR- und Sonder-VFR-Flüge) in den Nahverkehrsbereichen (TMA) so genannte

- **Flughafen-Rundsicht-RADAR-Anlagen (ASR** = **A**irport **S**urveillance **R**ADAR) des Typs **ASR 2000 und ASR E.**

Bei Verkehrsinformationen beziehen sich die Angaben des RADAR-Controllers auf die Längsachse des Flugzeugs.

Beispiel: C 182 in 10 Uhr-Position, Entfernung 3 NM, fliegt von links nach rechts, Höhe unbekannt.

Die RADAR-Staffelung beträgt auf der Strecke 5–10 NM, abhängig von der benutzten RADAR-Anlage (ASR, GRS/RSR). Bevor ein Radarcontroller Staffelungsaufgaben oder einen SRA-Anflug mittels ASR-RADAR durchführen darf, muss das Luftfahrzeug eindeutig mittels RADAR identifiziert sein. Die RADAR-Identifizierung kann auf folgende Weise erfolgen:

a) Die gemeldete Position des Piloten stimmt mit der Position, die auf der Karte des Radarschirmes dargestellt sein muss überein und es muss sichergestellt sein, dass der Flugweg oder der Steuerkurs mit dem vom Piloten gemeldeten Steuerkurs übereinstimmt.

b) Der Pilot wird angewiesen, eine oder mehrere Steuerkursänderungen von mindestens 30° durchzuführen und das auf dem Radarschirm vom Controller beobachtete Ziel folgt tatsächlich den Steuerkursänderungen, die im Sprechfunk vom Piloten bestätigt wurden.

c) Es kann die Position einen Flugzeugs mit Hilfe eines UKW-Peilers, der in den Radarschirm eingeblendet ist, durch Kreuzpeilung ungefähr festgestellt werden, vorausgesetzt der dargestellte Flugweg stimmt mit dem vom Piloten gemeldeten Steuerkurs überein.

d) Die beobachtete Radarposition stimmt mit dem Luftfahrzeug überein, von dem bekannt ist, dass es gestartet ist, vorausgesetzt, dass die Identifizierung innerhalb einer Nautischen Meile nach dem Pistenende erfolgt.

e) Identifizierung mittels Transponders (SSR/MSSR) durch eines oder mehrerer der folgenden Verfahren.
- Durch Drücken der „IDENT"-Taste des Transponders.
- Anweisung, einen individuellen Code auf dem Transponder einzustellen.
- Erkennung eines Zieles und dessen Identität, das auf einem Radarschirm mittels eines „Etiketts" (Label, d.h. Rufzeichen, Flughöhe, Geschwindigkeit über Grund) dargestellt wird.
- Erkennung der Identität eines Luftfahrzeugs durch einen Mode S-Transponder.

Die erwähnten Flughafen-Rundsicht-RADAR-Anlagen (ASR) haben eine

Reichweite von 60 bis 90 Seemeilen (NM) und einen **Höhenerfassungsbereich von ca. 30 000 Fuß (ft)!**

Sie arbeiten – im Gegensatz zu den vorher erwähnten RSR-Anlagen großer Reichweite – mit

- geringerer Sendeleistung (400 bis 500 Kilowatt),
- kürzerer Wellenlänge (10 cm),
- höherer Impulsfolgefrequenz **(PRF** = **P**ulse **R**epetition **F**requency) – 1 000 bis 1 200 Hz – und
- höherer Antennenumlaufgeschwindigkeit (15 bis 20 U/min).

Neben den **Überwachungs- und Kontrollaufgaben** (RADAR monitoring und RADAR control) führen die Anflugkontrollstellen (APP) mit ihren ASR-Anlagen auf Anfrage (on request) auch so genannte

- **Rundsicht-RADAR-Anflüge** (SRA approaches)

durch, bei denen der Flugzeugführer vom RADAR-Lotsen eine RADAR-Führung (RADAR vectoring) – meist mit Gegenanflug (downwind) und Queranflug (base) – zum Endanflug (final) der in Betrieb befindlichen Piste (runway in use) erhält.

Dieser erste Teil eines SRA-Anfluges (SRA approach) endet kurz vor Erreichen der Endanfluggrundlinie (extended runway centre line) mit der Aufforderung (instruction), auf einen Steuerkurs einzukurven, der den Endanflug (final) in ca. 8 bis 10 NM Entfernung vom Aufsetzpunkt (distance from touchdown) mit ca. 20° bis 40° anschneidet („DOGLEG" = intercept heading).

Im Endanflug (final) führt der SRA-Lotse das Flugzeug so genau wie möglich auf der

– elektronisch in sein Sichtgerät eingeblendeten –

verlängerten Pistenmittellinie (extended runway centre line) zur Piste und gibt dem Flugzeugführer dabei zusätzlich Hinweise auf die Entfernung zum Aufsetzpunkt (distance from touchdown) in Seemeilen (NM).

Anmerkung: Diese Entfernungshinweise erfolgen im Endanflug (final) im Abstand von jeweils einer Seemeile (1 NM).

Kurskorrekturen in der Endanflugphase eines SRA-Anfluges werden je nach Ablage des Flugzeugs von der Sollkurslinie (verlängerte Pistenmittellinie) gegeben.

Sie bewegen sich im Normalfall – d.h. bei genauer (sauberer) Flugzeugführung und nicht zu starkem Seitenwindeinfluss – zwischen 2° und 10° (Beispiel: „4 MILES FROM TOUCHDOWN, TURN RIGHT/LEFT HEADING 150").

Wichtig: Bei SRA-Anflügen ist grundsätzlich keine Höhenführung (vertical guidance) auf einem Gleitweg (Glide Path) möglich!

Der Flugzeugführer erhält in einer bestimmten Entfernung vom Aufsetzpunkt (distance from touchdown) die Anweisung (instruction), den Endsinkflug (final descent) zu beginnen (Beispiel: „7 MILES FROM TOUCHDOWN, COMMENCE DESCENT NOW").

Für diesen Endsinkflug (final descent) während eines SRA-Anfluges ist auf allen Flughäfen mit ASR-Ausrüstung für jede Piste ein

3°-Gleitweg (3°-Glide Path)

zu Grunde gelegt. Der SRA-Lotse gibt dem Flugzeugführer neben der Kursführung auf der Anfluggrundlinie (azimuth guidance) **nach jeder vollen Seemeile (NM)** bis auf 2 Seemeilen (NM) vom Aufsetzpunkt (touchdown) Hinweise darauf, welche vorausberechnete Höhe über NN (altitude) das Flugzeug zu durchfliegen hat, um den erforderlichen 3°-Gleitweg einzuhalten (Beispiel: „4 MILES FROM TOUCHDOWN, ALTITUDE SHOULD BE 1500 FEET").

Die nachfolgende Tabelle gibt die **Höhen für einen SRA-Anflug** auf die Piste eines Flughafens an, dessen Flugplatzhöhe (aerodrome elevation) 300 Fuß über NN (300 ft MSL) beträgt (3°-Gleitweg):

Entfernung vom Aufsetzpunkt (distance from touchdown)	Höhe über NN (altitude)
6 NM	2100 ft
5 NM	1800 ft
4 NM	1500 ft
3 NM	1200 ft
2 NM	900 ft

Der Flugzeugführer muss also den Endsinkflug (final descent) so einrichten, dass er pro NM 300 Fuß (ft) an Höhe aufgibt! – Wie kann er das erreichen?

Ganz einfach: Mit der folgenden **Faustformel** können wir schnell die richtige Sinkgeschwindigkeit (rate of descent) für einen 3°-Gleitweg ermitteln:

GS (TAS) x 5 = Sinkgeschwindigkeit (rate of descent) in Fuß pro Minute (ft/min)

Beispiel: GS (TAS) 90 kt; Sinkgeschwindigkeit in Fuß pro Minute für 3°-Gleitweg?
Lösung: **90 x 5 = 450 ft/min**

Während des Anfluges wird der Flugzeugführer aufgefordert, die Piste oder die Anflugfeuer (approach lights) „in Sicht" zu melden (Beispiel: „REPORT RUNWAY/APPROACH LIGHTS IN SIGHT").

Ein Rundsicht-RADAR-Anflug (SRA approach) wird im Normalfall auf folgende Art beendet:

Der Flugzeugführer meldet die Piste (runway) oder die Anflugfeuer (approach lights) in Sicht. Der SRA-Lotse antwortet ihm mit folgender Anweisung: „APPROACH COMPLETED, CONTACT TOWER 118.300".

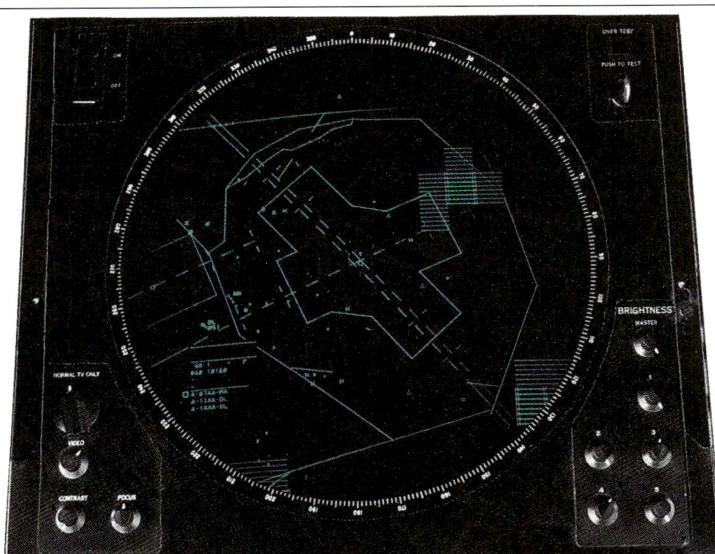

Bild 8.5 Synthetische Luftlagedarstellung für Anflugkontrollzwecke (APP) mit dem RADAR-Datenverarbeitungssystem DERD-MC (DERD-MC = Darstellung extrahierter Radardaten auf minicomputergesteuerten Sichtgeräten)

Hier noch einmal die wichtigsten RADAR- und Fehlanflugverfahren-Sprechgruppen für die spätere Praxis zur Durchführung eines **SRA-Anfluges**:

Rundsicht-RADAR-Anflug/SRA Approach:

A – Aircraft radio station **G – Ground radio station**	**A – Aircraft radio station** **G – Ground radio station**
G: THIS WILL BE A SURVEILLANCE RADAR APPROACH RUNWAY (designator) TERMINATING AT MISSED APPROACH POINT OBSTACLE CLEARANCE ALTITUDE (figures) FEET CHECK YOUR MINIMA G: HEADING IS GOOD G: TURN LEFT/RIGHT HEADING (three figures) G: (distance) FROM TOUCHDOWN COMMENCE DESCENT NOW G: (distance) FROM TOUCHDOWN ALTITUDE SHOULD BE (figures) FEET G: CHECK GEAR DOWN *AND LOCKED*	G: PASSING MISSED APPROACH POINT G: OVER THRESHOLD G: REPORT RUNWAY/LIGHTS/FIELD IN SIGHT G: APPROACH COMPLETED CONTACT (unit) *ON* (frequency) G: PASSING MISSED APPROACH POINT CONTINUE VISUALLY OR GO AROUND (missed approach instructions) G: GO AROUND (missed approach instructions) (reason) G: ARE YOU GOING AROUND G: IF GOING AROUND (instructions) A: GOING AROUND

Anmerkung: OCA = Obstacle Clearance Altitude = Hindernisfreihöhe über NN.

8.4 Sekundär-Rundsicht-RADAR-Anlagen und bordseitige Transponder-Anlage (SSR = Secondary Surveillance RADAR/ MSSR = Monopulse Secondary Surveillance RADAR)

8.4.1 Allgemeines

Grundsätzlich wird zwischen zwei Arten der RADAR-Ortung unterschieden. Entsteht ein an der RADAR-Antenne empfangener Impuls durch Reflexion eines Sendesignals der Bodenstation, so spricht man von **passiver Rückstrahlung** oder **Primär-RADAR-Impulsen.** Wird hingegen am zu ortenden Objekt durch das Auftreffen des RADAR-Signals bordseitig ein Sender aktiviert, der daraufhin seinerseits einen Impuls aussendet, so bezeichnet man diesen Vorgang als **aktive Rückstrahlung** oder **Sekundär-RADAR-Impuls.**

Das Primär-RADAR-System beruht – wie wir schon wissen – im Wesentlichen darauf, dass von einer RADAR-Antenne ausgesandte elektromagnetische Impulse reflektiert und von der Antenne wieder empfangen werden. Dabei wird durch die jeweilige Antennenstellung die Richtung und durch die Laufzeit des elektromagnetischen Impulses die Entfernung zur RADAR-Anlage bestimmt. Es liegt in der Natur der Sache, dass die Ausgangsleistung der Antenne eines solchen Systems sehr hoch sein muss, da nur ein sehr geringer Teil in Form von reflektierter Energie wieder zur Antenne zurückkehrt. Da alle Objekte mit reflektierender Oberfläche, also auch Berge, Gebäude und selbst Regen oder Hagel elektromagnetische Energie reflektieren und damit normalerweise auch auf den Sichtschirmen dargestellt werden würden, müssen technische Einrichtungen eingesetzt werden, die diese Reflexion unterdrücken oder zumindest auf ein vertretbares Maß reduzieren. Andernfalls wäre das RADAR-Bild am Arbeitsplatz eines Fluglotsen mit Informationen derart überladen, dass es für ihn nicht mehr auswertbar sein würde.

Der herausragende Vorteil des Primär-RADAR-Systems besteht in seiner unabhängigen Arbeitsweise, die keine bordseitige Unterstützung durch den Flugzeugführer erforderlich macht. Reichweite und Erfassungswahrscheinlichkeit dieses Systems werden durch die Ausbreitungscharakteristik elektromagnetischer Wellen im Zentimeterbereich sowie Flughöhe des darzustellenden Zieles in Abhängigkeit zur Antennenentfernung bestimmt. Bestimmte Wettererscheinungen (z. B. Gewitter, starke Regen- oder Hagelschauer) können die Benutzbarkeit von Primär-RADAR-Anlagen erheblich einschränken (siehe folgende Abbildungen!).

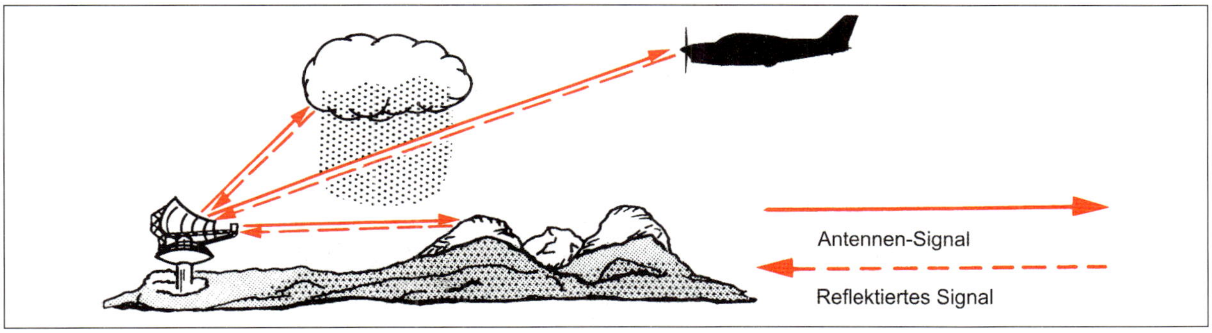

Bild 8.6 Prinzip der Primär-RADAR-Erfassung

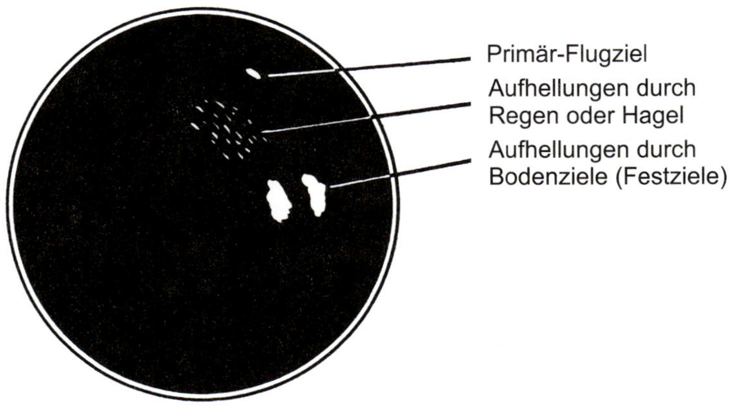

Bild 8.7 Darstellung von Primär-RADAR-Daten auf dem Sichtgerät (PPI)

8.4.2 Arbeitsweise und Aufgaben von Sekundär-RADAR-Anlagen

Es muss vorausgeschickt werden, dass Sekundär-RADAR-Systeme nicht isoliert genutzt werden. Wenn heute von SSR im Zusammenhang mit RADAR gesprochen wird, so stellt dies immer einen Verbund von Primär- und Sekundär-RADAR-Systemen dar. In der Praxis sieht das so aus, dass eine Antennenverkopplung beider Systeme vorgenommen wird.

Die über die Sekundär-Antenne abgestrahlten elektromagnetischen Impulse werden nicht mehr wie beim Primär-RADAR-System von der Flugzeugoberfläche reflektiert, sondern von einem im Luftfahrzeug installierten Sender/Empfänger, dem so genannten **Transponder,** ausgewertet und **beantwortet.** Das Luftfahrzeug nimmt bei diesem System also aktiv am Erkennungsprozess teil, indem es den Abfrageimpuls der Bodenantenne (Interrogator) empfängt, auswertet und einen eigenen Impuls über die Transponderantenne zurück zum Boden sendet. Die Vorteile dieses Verfahrens sind offensichtlich, denn:

- die **bodenseitige Abstrahlungsenergie** kann **reduziert** werden,
- die **Identifizierung** von Luftfahrzeugen geschieht **schneller** und **weniger aufwendig,**
- die **Zielverfolgung** am Sichtgerät wird durch kontinuierliche Darstellung des Zieles **erleichtert,**
- **Wettererscheinungen** und andere **störende Reflexionen** können **ausgeblendet** werden,
- **über** die **Antwortimpulse** des Transponders können **Informationen übermittelt** werden, die sonst über Sprechfunk abgefragt werden müssten (z. B. Flughöhe).

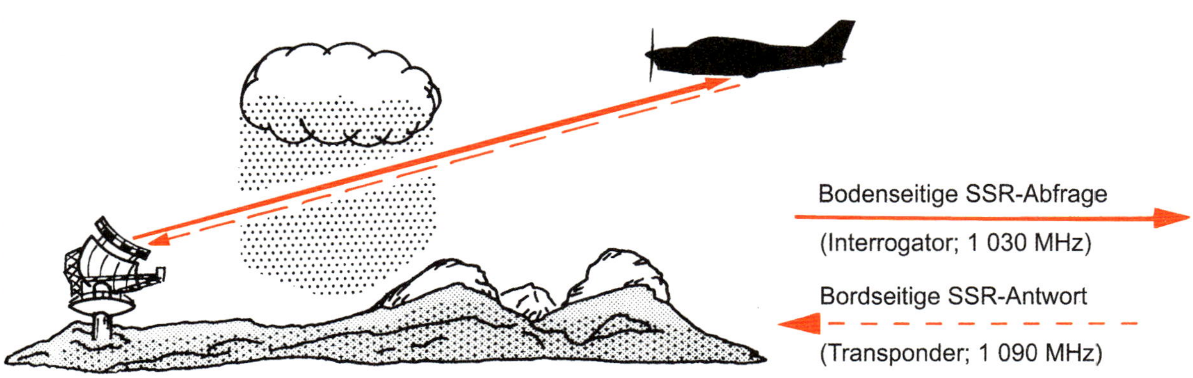

Bild 8.8 Prinzip der Sekundär-RADAR-Erfassung (SSR)

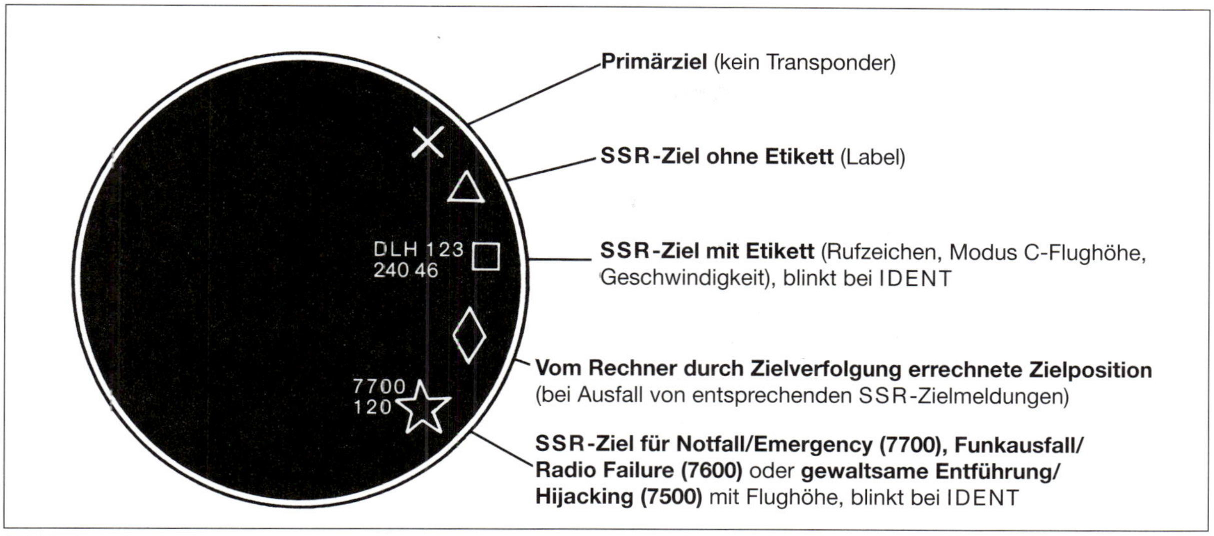

Bild 8.9 Darstellung von Sekundär-RADAR-Daten auf dem DERD-MC-Sichtgerät (ACC/APP)

DERD-MC = **D**arstellung **e**xtrahierter **R**ADAR-**D**aten auf **mini**computergesteuerten Sichtgeräten (Störungen durch Wetter- und Festziele treten nicht mehr auf).

Die heutigen Sekundär-RADAR-Anlagen der DFS arbeiten vorwiegend nach dem **Monopulsverfahren (MSSR** = **M**onopuls **S**econdary **S**urveillance **R**ADAR). **Mono**pulse daher, weil nur **ein Impuls** zur genauen Berechnung der Koordinaten eines Objektes ausreicht.

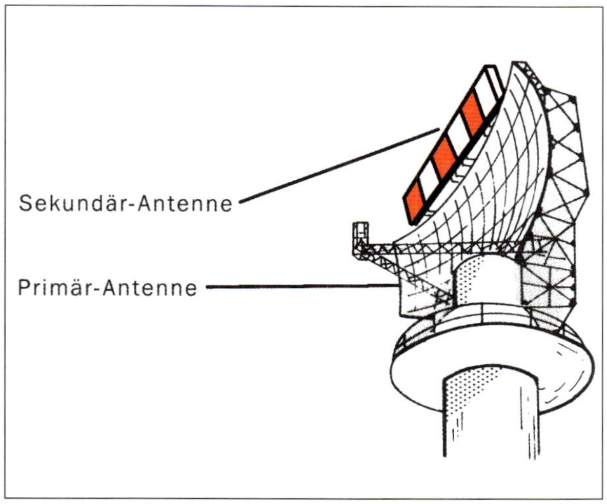

Bild 8.10 Antennenanordnung bei einem Primär-/Sekundär-RADAR-Verbund

8.4.3 Der ATC-Transponder an Bord des Flugzeugs

Der ATC-Transponder stellt den bordseitigen Teil der Sekundär-Anlage dar. Das Transponder-System beinhaltet die folgenden Bauteile:

- **Transponder (Empfänger/Sender),**
- **Antenne,**
- **Bedieneinrichtung (control panel).**

a) Der Transponder

Der Transponder ist ein Sende-/Empfangsgerät, das durch Abfrageimpulse der Bodenstation aktiviert wird. Diese Impulse werden auf der Frequenz 1030 MHz abgestrahlt. Durch Überlagerung mittels eines Oszillators entsteht eine Zwischenfrequenz von 60 MHz.

Nach mehrstufiger Verstärkung werden die Impulse, nachdem sie die Störimpuls- und Seitenkeulenunterdrücker passiert haben, dem Decoder zugeführt. Über eine Koinzidenzstufe wird das empfangene Signal identifiziert.

Stimmt der Abstand des Abfrage-Impulspaares mit dem am Bediengerät eingestellten Modus überein, wird ein Steuerimpuls an den Encoder freigegeben. Dieser veranlasst den Encoder, Impulse zu bilden, die dem am Bediengerät eingestellten Code entsprechen. In einer Endstufe hochgetastet, werden die Antwortimpulse auf der Frequenz 1090 MHz über die Antenne ungerichtet abgestrahlt.

b) Die Antenne

Die Antenne befindet sich immer an der Rumpfunterseite des Luftfahrzeugs. Sie wird für Empfang und Sendung gemeinsam genutzt. Als Antennentyp dient eine rundstrahlende Schlitzantenne. Durch die Anbringung der Antenne an der Rumpfunterseite kann es bei Kurvenflügen zur Abschattung der Transponder-Antenne kommen. Die abgestrahlten Antwortsignale können dann nicht von der Bodenstation (Interrogator) empfangen werden (siehe Bild 8.11).

c) Die Bedieneinrichtung des Transponders (control panel)

Bild 8.12 zeigt uns eine Transponder-Bedieneinrichtung (control panel), wie sie normalerweise in Luftfahrzeugen der Allgemeinen Luftfahrt zu finden ist. Dabei können Abweichungen in der Anordnung der einzelnen Bedienknöpfe durchaus vorkommen.

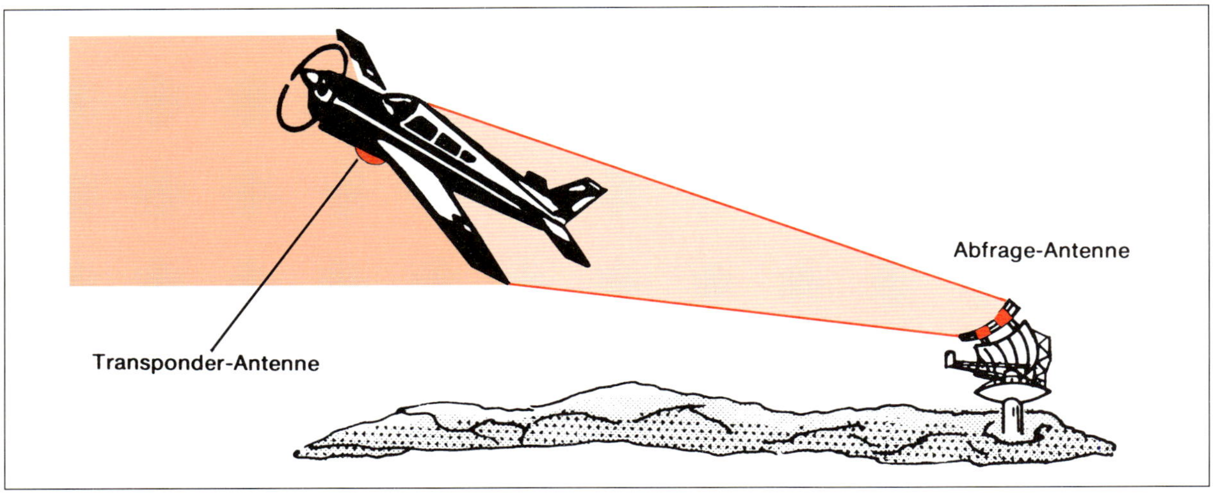

Bild 8.11 Abschattung der Transponder-Antenne durch Querneigung (Schräglage) des Flugzeugs im Kurvenflug

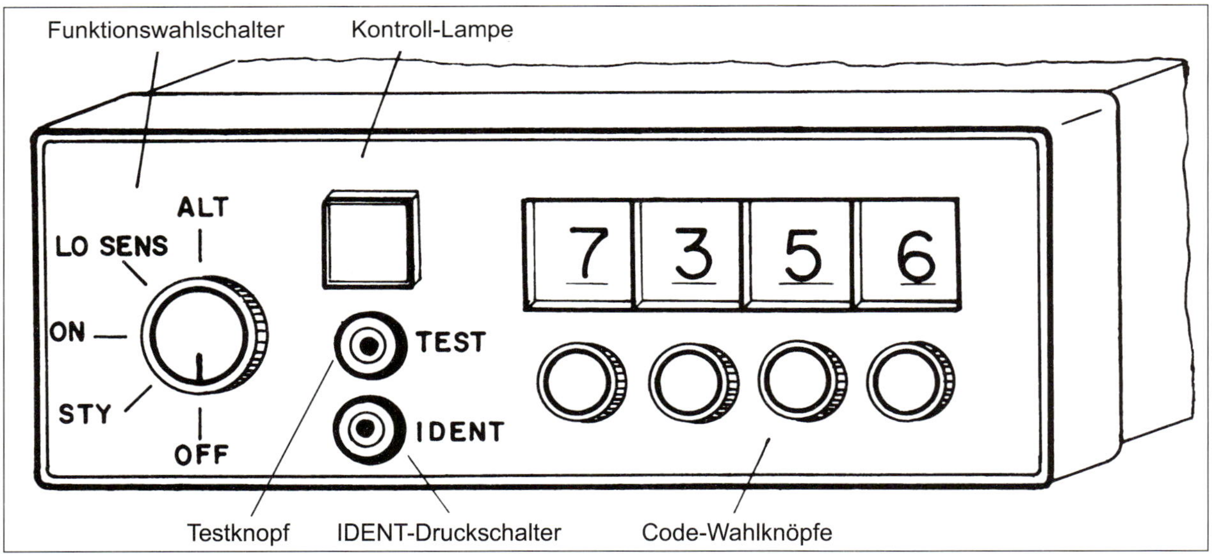

Bild 8.12 Die Bedieneinrichtung eines ATC-Transponders (control panel)

1. Der Funktionswahlschalter (function selector switch)

Mit dem Funktionswahlschalter wird der Transponder eingeschaltet. Entsprechend der Stellung des Schalters werden bestimmte Funktionen ausgelöst. Es bedeuten:

- **OFF** – das Gerät ist **ausgeschaltet.** Der Schalter muss sich in dieser Stellung **vor** dem Anlassen und **vor** dem Abstellen des Triebwerks befinden, um Schäden am Transponder zu vermeiden.
- **STY/STBY** – bedeutet „stand by". In dieser Stellung befindet sich das Gerät unter Spannung und ist im Bedarfsfall sofort betriebsbereit. Der Transponder (Sende-/Empfangsteil) befindet sich noch nicht in Funktion.
- **ON** – in diese Stellung darf – bis auf wenige Ausnahmen – erst gerastet werden, wenn die Flugverkehrskontrollstelle eine Aktivierung des Transponders fordert. Die Anlage ist in dieser Stellung – bis auf die Höhenabfrage im Modus C – voll funktionsfähig. Der im Fenster erkennbare Code wird über Modus A/3 abgefragt und gesendet.
- **LO SENS** – bedeutet „Low Sensibility" und setzt die Empfängerempfindlichkeit herab. Auf diese Weise soll eine Fehlabfrage des Transponders in unmittelbarer Nähe der Bodenantenne durch Seitenkeulen vermieden werden, die zu **falschen Anzeigen** am Radarsichtgerät führen kann. In diese Stellung nur auf Anforderung der Flugsicherung schalten.
- **ALT** – sofern ein für die Höhenübermittlung vorgesehener Höhenmesser **(Encoding Altimeter)** an das System angeschlossen ist, wird in dieser Stellung neben dem eingestellten Code auch die Flughöhe in jeweils 100-Fuß-Schritten im Modus C über den Transponder als Druckhöhe abgestrahlt.

2. Der „IDENT"-Druckschalter (IDENT pushbutton)

Der Druckschalter mit der Bezeichnung „IDENT" oder „IDT" bewirkt, dass nach dem Drücken für eine Zeit von etwa 15–20 Sekunden dem abgestrahlten Antwortimpuls zusätzlich ein Identifizierungs-Impuls nachgeordnet wird. Dieser Druckknopf ist **nur** auf Anforderung durch die Flugsicherung zu aktivieren, da er an den RADAR-Sichtgeräten dem Flugziel ein Identifizierungssignal zuordnet (siehe Bild 8.9).

3. Der Testknopf (test button) mit Kontroll-Lampe (reply light)

Bei Aktivierung des Testknopfes wird der Transponder durch einen eigenen Testkreis abgefragt. Das Aufleuchten der grünen Lampe zeigt das zuverlässige Funktionieren des Systems an. Natürlich muss der Transponder über den Funktionsschalter vorher eingeschaltet werden und betriebsbereit sein. Es gibt auch Geräte, die statt des Testknopfes einen Funktionsschalter mit den Stellungen OFF – TEST – MONITOR haben.

In der Stellung MONITOR brennt die grüne Lampe für etwa 10 Sekunden, sobald der Transponder auf Bodenabfragen antwortet. Das hat zur Folge, dass die Kontroll-Lampe (reply light) während des Betriebs praktisch dauernd aufleuchtet, da die Abfrageimpulse von der bodenseitigen SSR-Antenne, abhängig von deren jeweiliger Umlaufgeschwindigkeit, in Zeitabständen von wenigen Sekunden eintreffen.

4. Die Code-Wahlknöpfe (code selector knobs)

Mit Einstellknöpfen lässt sich, am entsprechenden Fenster sichtbar, der geforderte Antwortcode einstellen. Durch die Bodenstelle kann sowohl ein vierstelliger als auch ein zweistelliger Code angefordert werden. Ein zweistelliger Code – z. B. 52 – wird in die ersten beiden Fenster gesetzt, gefolgt von zwei Nullen (z. B. 52 00).

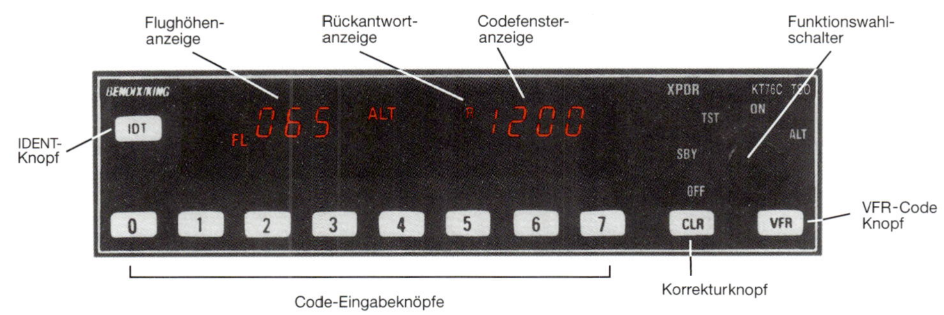

Bild 8.13 Bedieneinrichtung (control panel) des Bendix/King Transponders – KT 76C TSO

Die Verordnung über die Flugsicherungsausrüstung der Luftfahrzeuge (FSAV vom 26. November 2004) schreibt vor, dass ab 31. März 2008 alle Luftfahrzeuge mit einem **Mode S-Transponder** (S steht für selektiv) ausgerüstet sein müssen. Für VFR-Flüge gilt die Mode S-Transponderpflicht für:

- Flüge im Luftraum C oder D (nicht Kontrollzone) oder in der **T**ransponder **M**andatory **Z**one = **TMZ;**
- Flüge mit motorgetriebenen Luftfahrzeugen, ausgenommen in der Betriebsart Segelflug, oberhalb 5000 Fuß über NN oder oberhalb einer Höhe von 3500 Fuß über Grund, wobei jeweils der höhere Wert maßgebend ist;
- Flüge bei Nacht im kontrollierten Luftraum.

Es gibt die Mode S-Transponder für VFR-Flüge in zwei Leistungsklassen (mindestens Level 2 mit „Elementary Surveillance" – **ELS-Funktionalität).** Sie unterscheiden sich nicht hinsichtlich der gesendeten Daten aber bei der Sendeleistung. In der Klasse 1 beträgt die Mindestausgangsleistung 125 W. Vorgesehen ist der Einsatz in Luftfahrzeugen bis 5700 kg MTOW und einer TAS kleiner als 250 kt und bis zu einer Flughöhe von ca. 40000 ft.

In der Klasse 2 beträgt die Mindestausgangsleistung 71 W. Vorgesehen ist der Einsatz in Luftfahrzeugen bis 5 700 kg MTOW und einer TAS kleiner als 175 kt und bis zu einer Flughöhe von weniger als 15 000 ft. Die meisten Geräte sind ADS-B fähig (ADS-B ready), d. h. sie haben eine Schnittstelle für ADS-B.

ADS-B steht für **A**utomatic-**D**ependent-**S**urveillance-**B**roadcast (zu deutsch: automatische bordabhängige Überwachung). Ein Mode S-Transponder sendet Daten mit Hilfe des „Extended Squitters" auf einer Frequenz von 1090 MHz. Man spricht daher von ADS-B 1 090 ES. „Extended Squitter" ist eine Technik, die die Möglichkeiten des SSR-Mode S-Systems mit denen des ADS-B kombiniert. In diesen Daten, die alle zwei Sekunden gesendet werden, können verschiedene Informationen des Luftfahrzeugs enthalten sein, z. B.

- Position (Breite, Länge),
- Flughöhe,
- Kennzeichen,
- Mode S-Adresse (24 Bit),
- Flugrichtung,
- Geschwindigkeit.

Geräte von einigen Herstellern (z. B. Garrecht Avionik) verfügen bereits serienmäßig über eine Schnittstelle zum Anschluss eines normalen GPS. Daten von dieser Quelle können abgestrahlt und anderen Flugverkehrsteilnehmern (Luftfahrzeugen und Bodenstellen) zugänglich gemacht werden, um gefährliche Annäherungen zu vermeiden.

Der Mode S-Transponder kommuniziert mit Radaranlagen und dem **TCAS/ACAS** (**T**raffic Alert and **C**ollision **A**voidance **S**ystem/**A**irborne **C**ollision **A**voidance **S**ystem – Kollisionswarnsystem) anderer Luftfahrzeuge. TCAS ist ein Kollisionswarnsystem, das Ende der 80ziger Jahre zunächst in der USA eingeführt wurde. ACAS ist die ICAO- und europäische Bezeichnung.

Eine Mode S-Adresse ist einer Zahlenkombination ähnlich einer Netzwerkadresse, die für jedes Flugzeug einzeln vergeben wird. Sie ist eindeutig und daher nicht übertragbar. Mode S-Adressen werden von der Organisation vergeben, die für die Verkehrszulassung des jeweiligen Luftfahrzeugs zuständig ist. Für Luftfahrzeuge, die beim LBA in der Luftfahrzeugrolle eingetragen sind, erhält man die Mode S-Adresse von der Abteilung „Verkehrszulassung".

Bild 8.14 Bedieneinrichtung (control panel) des Mode S-Transponder GARRECHT AVIONIK „VT-02" – © GARRECHT-AVIONIK

8.4.4 SSR-Betriebsverfahren

Mit der betrieblichen Nutzung von Sekundär-RADAR (SSR) vollzog sich in der Flugsicherung ein bedeutender Schritt in Bezug auf Sicherheit und schnellere Identifizierung von Luftfahrzeugen. In Gebieten, wo Primär-RADAR-Erfassungslücken bestehen oder wo durch eine zu geringe Flughöhe in Abhängigkeit zur RADAR-Antennenentfernung nur noch eine unvollkommene Erfassung möglich ist, kann durch den Einsatz von Transpondern die Situation entscheidend verbessert werden.

Für den Flugverkehr nach Sichtflugregeln gewinnt Sekundär-RADAR besonders im Hinblick auf kontrollierte Sichtflüge (CVFR) und Sichtflüge bei Nacht im kontrollierten Luftraum (NVFR) besondere Bedeutung. Aber auch bei normalen VFR-Flügen kann bei Orientierungsverlust oder in Notsituationen schneller geholfen werden, da durch den Transponder eine Identifizierung binnen kürzester Zeit möglich wird.

Im folgenden Abschnitt (8.4.5) sollen deshalb SSR-Verfahren und Verfahrenssprechgruppen behandelt werden. Für den Gebrauch des Transponders gilt allgemein:

1. Der Transponder wird **nur** auf Anforderung durch die Flugsicherung **aktiviert,** bis auf wenige festgelegte Ausnahmen.
2. Bevor in die Position „ON" oder irgendeine andere Position geschaltet wird, die eine Aktivierung des Transponders bewirkt, **muss** der eingestellte Code **überprüft werden.**
3. Transponder erst einschalten, nachdem das Triebwerk gestartet, bzw. ausschalten, bevor das Triebwerk abgestellt wird. Nur so sind Folgeschäden am Gerät durch eventuell auftretende Spannungs- oder Stromstöße sicher zu vermeiden.

4. Wenn vorauszusehen ist, dass durch die Flugsicherung das Einschalten des Transponders gewünscht wird, rechtzeitig in die Position „STY/STBY“ schalten, um sofort betriebsbereit zu sein.
5. Die „ID“-Taste **nur** auf Anforderung durch die Flugsicherung kurz drücken. Unaufgefordertes Aktivieren kann zu falschen Identifizierungen (miss identification) und damit zu gefährlichen Situationen im Luftraum führen.
6. Der Code **7700 ist der „emergency code“** und ausschließlich Luftfahrzeugen in **Luftnot** vorbehalten. Diese Einstellung löst bei den Bodenstationen **Alarmsysteme** aus. Auf dem RADAR-Bildschirm wird ein solches Luftfahrzeug optisch besonders dargestellt!
7. Der Code **7600 ist der „loss of communication-code“** und den Luftfahrzeugen vorbehalten, die **Funkausfall** haben. Der Code **7500** ist der Code für die Anzeige einer **gewaltsamen Entführung** eines Luftfahrzeugs. Genau wie beim 7700-Code aktiviert die bordseitige Abstrahlung dieser Codes bodenseitige **Alarmsysteme!** Alle drei Codes dürfen deshalb nur in entsprechenden Situationen eingewählt und abgestrahlt werden (siehe Bild 8.9)!

8.4.5 Verfahrenssprechgruppen (SSR)

Secondary radar phraseologies:

A – Aircraft radio station **G – Ground radio station**	**A – Aircraft radio station** **G – Ground radio station**
To request the capability of the SSR equipment: G: ARE YOU TRANSPONDER EQUIPPED G: ADVICE TYPE/MODE/CODE OF TRANSPONDER A: NEGATIVE TRANSPONDER/AFFIRM To instruct setting of transponder: G: SQUAWK (code) G: WHEN AIRBORNE SQUAWK (code) To request the pilot to reselect his assigned mode and code: G: RESET SQUAWK (mode, code) A: RESETTING (code) To request the pilot to confirm the code selected on his transponder: G: CONFIRM SQUAWK A: SQUAWKING (code) To request the operation of the IDENT feature: G: SQUAWK (code) AND IDENT G: SQUAWK MODE 3 ALFA ONLY	To request temporary suspension of transponder operation: G: SQUAWK STANDBY To request termination of transponder operation: G: STOP SQUAWK To request transmission of pressure altitude: G: SQUAWK CHARLIE To request pressure setting check and confirmation of level: G: CHECK ALTIMETER SETTING AND CONFIRM LEVEL To request termination of pressure altitude transmission because of faulty operation: G: STOP SQUAWK CHARLIE WRONG INDICATION

Bei Flügen, für die eine Flugplanabgabe erforderlich ist, sind im Feld 10 des Flugplanformulars Angaben über die Transponderausrüstung zu machen. Da sich zurzeit auch noch Transponder älterer Bauart in einigen Flugzeugen befinden (mit und ohne Höhenübermittlung, Modus C), werden die folgenden Kennzeichen für die verschiedenen Transponder-Arten im Feld 10 hinter dem Schrägstrich verwendet.

Der Buchstabe **„N“** wird in diese Spalte eingetragen, wenn ein Transponder nicht vorhanden oder nicht betriebsklar ist. Ist das Flugzeug mit einem Transponder ausgerüstet, so wird – je nach Art desselben – einer der nachstehend aufgeführten Kennzeichen in den Flugplan eingetragen:

A – Transponder für den Abfragemodus A (4 Ziffern – 4096 Codes)
C – Transponder für die Abfragemodi A und C (4 Ziffern – 4096 Codes)
X – Transponder für den Abfragemodus S, ohne Übermittlung der Luftfahrzeugkennung und Höhe
P – Transponder für den Abfragemodus S, einschließlich Höhenübermittlung
I – Transponder für den Abfragemodus S, einschließlich Übermittlung der Luftfahrzeugkennung
S – Transponder für den Abfragemodus S, einschließlich Übermittlung der Luftfahrzeugkennung und Höhe

9 UKW-Peiler und Navigation mit Fremdpeilungen (VDF = VHF Direction Finding Station)

9.1 Allgemeines

UKW-Bodenpeilanlagen (VDF) sind Funknavigationsanlagen, die zur Richtungsbestimmung von Luftfahrzeugen bei der Flugverkehrskontrolle (Air Traffic Control – ATC) und – auf einigen Landeplätzen – bei den Luftaufsichtstellen eingesetzt werden.

Die heute verwendeten Anlagen – es handelt sich ausschließlich um so genannte

- **automatische Sichtpeiler –**

peilen die Sprechfunkausstrahlungen von Luftfahrzeugen und bringen die Richtungsinformationen sofort automatisch auf einem Sichtgerät zur Anzeige (vgl. Abschnitt 9.2 „Arbeitsweise und Arten von UKW-Sichtpeilern – VDF").

Diese Peilinformationen werden in der Flugverkehrskontrolle (Air Traffic Control – ATC) z. B. durch elektronische Einblendung des Peilstrahls in RADAR-Rundsicht-Anzeigegeräte zur RADAR-Identifizierung (RADAR identification) von Luftfahrzeugen ausgenutzt.

Des Weiteren eignen sich UKW-Sichtpeilanlagen (VDF) – und das ist für uns von großer Bedeutung! – auch hervorragend für die navigatorische Unterstützung von Luftfahrzeugen (z. B. bei Orientierungsverlust, in Notlagen oder zur Überprüfung der Navigation). Die UKW-Bodenpeilstelle (VDF) übermittelt dem Flugzeugführer in solchen Fällen auf Anfrage (on request) die angezeigten Peilwerte sofort per Sprechfunk, die dieser dann für seine weitere Navigation verwenden kann.

Wenn auf der ICAO-Luftfahrtkarte die Frequenz einer Bodenfunkstelle an einem Landeplatz unterstrichen ist, bedeutet dies, dass an diesem Landeplatz Peilungen auf Anforderung verfügbar sind.

9.2 Arbeitsweise und Arten von UKW-Peilern (VDF)

Alle UKW-Bodenpeilanlagen (VDF) arbeiten nach folgendem Prinzip:

Eine an den Empfänger der Peilanlage angeschlossene Richtantenne stellt die Einfallsrichtung der elektromagnetischen Wellen (Sprechfunkausstrahlung) am Standort des Peilers fest. Diese Einfallsrichtung wird bei UKW-Peilern – im Gegensatz zum automatischen Funkpeilgerät (Drehrahmen/fester Kreuzrahmen; vgl. Abschnitt 3.2 „Das automatische Funkpeilgerät [ADF] mit Navigationsverfahren") – durch Dipolantennen ermittelt. Je nach Anordnung der Dipole müssen wir unterscheiden zwischen den so genannten

- **UKW-Adcock-Peilanlagen**
  und
- **UKW-Großbasis-Peilanlagen (nach dem Doppler-Prinzip).**

Die Antennenanlagen der älteren UKW-Adcock-Peiler bestehen aus zwei H-förmigen, vertikal angeordneten Dipol-Paaren (siehe Bild 9.1).

Die Peilgenauigkeit solcher UKW-Adcock-Peiler beträgt

ca. ± 3° bis 5°.

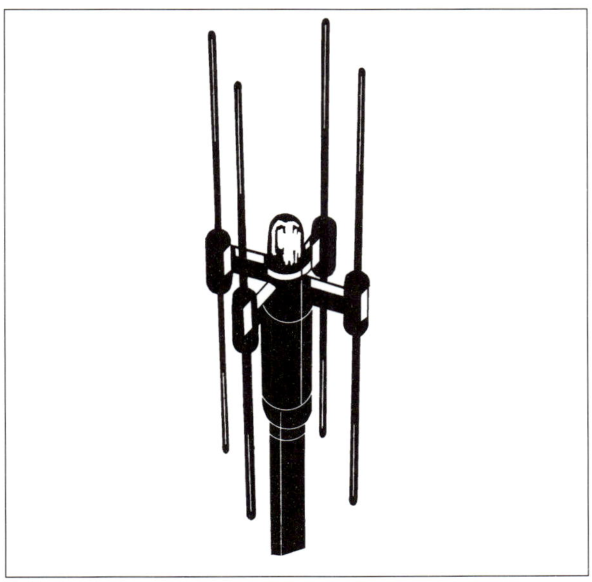

Bild 9.1 Doppel-H-Dipolantenne einer UKW-Adcock-Peilanlage

Die modernen UKW-Großbasis-Peiler (VDF) der Flugverkehrskontrolle (Air Traffic Control – ATC) haben dank der Doppler-Technik eine höhere Peilgenauigkeit. Sie beträgt im Normalfall

- **± 1° bis 2°.**

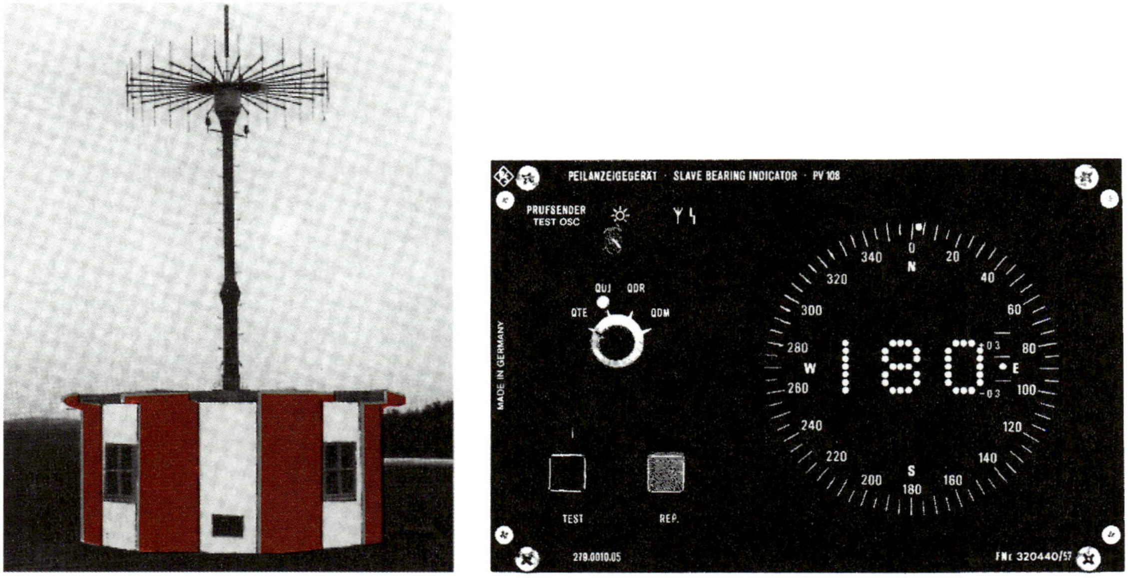

Peilanlage Sichtgerät

Bild 9.2 UKW-Großbasis-Peilanlage mit Sichtgerät

9.3 Navigation mit Fremdpeilungen (VDF)

Die Navigation mit Fremdpeilungen (UKW-Peilstellen-VDF; früher gab es auch LW-, MW- und KW-Peilstellen) hat durch die Einführung moderner und genauerer Funknavigationsverfahren (NDB/ADF, VOR, GPS, ILS, RADAR usw.) erheblich an Bedeutung verloren. UKW-Bodenpeiler (VDF) werden heute fast nur noch zur navigatorischen Unterstützung von kleineren Flugzeugen der Allgemeinen Luftfahrt, die über keine entsprechende Funknavigationsausrüstung verfügen, und in Notfällen (z. B. Ausfall der Bord-Navigationsausrüstung) eingesetzt.

Auf vielen größeren **Landeplätzen** sind in letzter Zeit zur Unterstützung der Eigennavigation des VFR-Flugzeugführers moderne UKW-Peilanlagen (VDF) installiert worden, die sich als Ersatz für andere Funknavigationsanlagen (z. B. NDB, VOR) – vor allem bei Anflügen – hervorragend bewährt haben. Es lohnt sich deshalb, dass wir uns abschließend noch kurz mit den Grundbegriffen der Navigation mit Fremdpeilungen vertraut machen.

Die Verfahren der Navigation mit Fremdpeilungen unterscheiden sich eigentlich nur in einem Punkt von den schon behandelten Eigenpeilverfahren (ADF/VOR; vgl. Abschnitte 3.2.5 und 4.2.4):

- **Die bei der Eigenortung (ADF/VOR) durch bordseitige Anzeigegeräte dargestellten Richtungsinformationen (Peilwerte) werden dem Flugzeugführer auf Anfrage (on request) von der Bodenstelle per Sprechfunk übermittelt (QTE, QDR, QDM).**

Mit Hilfe einer UKW-Bodenpeilstelle (VDF) können wir folgende Funknavigationsverfahren durchführen:

- **Anflug** auf eine UKW-Peilstelle/**Abflug** von einer UKW-Peilstelle (VDF) nach folgenden Methoden: **Zielflug** (homing) und **Kursflug** (tracking),
  vgl. Abschnitt 9.3.2 „An- und Abflugverfahren mit VDF“!
- **Standortbestimmung** mit VDF-Kreuzpeilungen (QTF),
  vgl. Abschnitt 9.3.3 „Standortbestimmungen mit VDF-Kreuzpeilungen (QTF)“!

9.3.1 Die Peilbegriffe in der Navigation mit Fremdpeilungen (VDF)

Für das Erfragen von VDF-Peilwerten über Sprechfunk werden heute noch die aus der Zeit des Morse-Tastverkehrs stammenden **Q-Gruppen** zur Richtungsbestimmung verwendet.

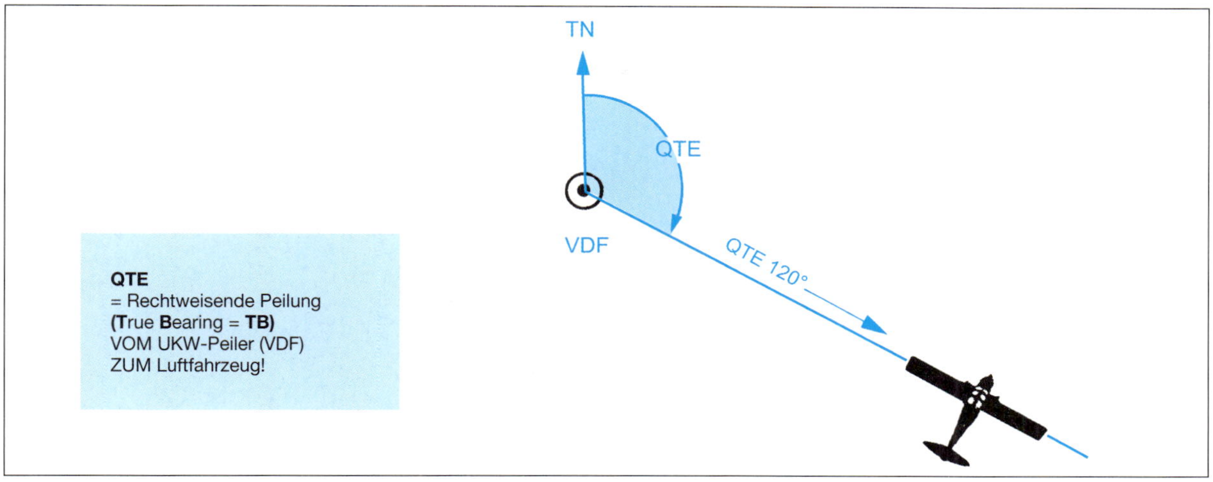

Bild 9.3 Das QTE = Rechtweisende Peilung (TB) **VOM** UKW-Peiler **ZUM** Flugzeug

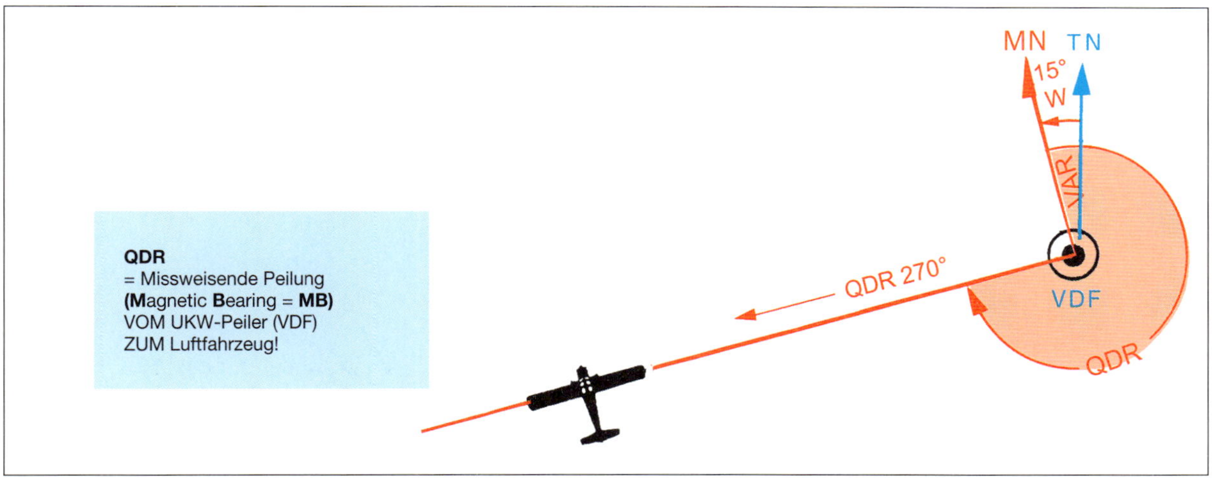

Bild 9.4 Das QDR = Missweisende Peilung (MB) **VOM** UKW-Peiler **ZUM** Flugzeug

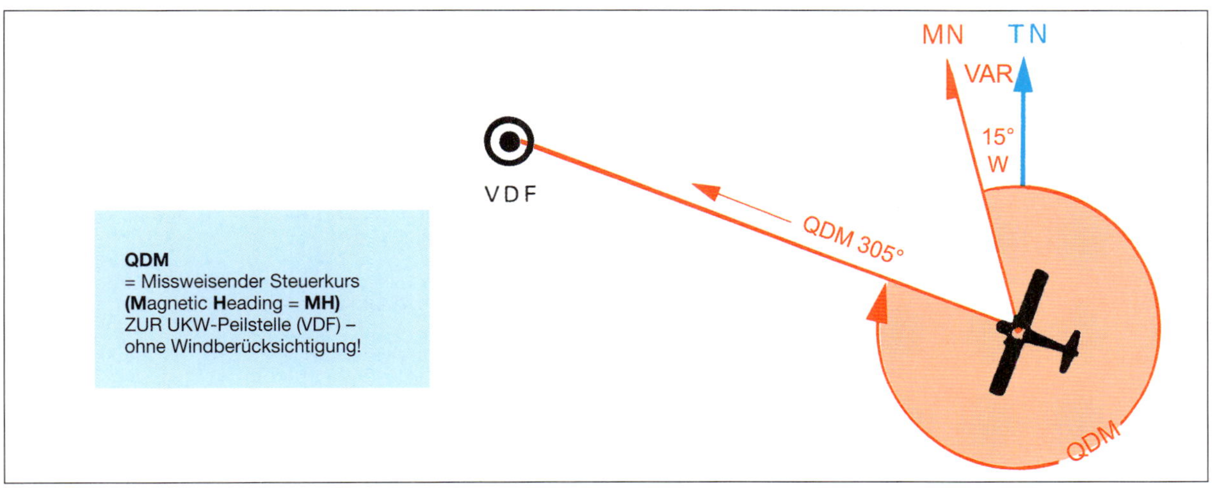

Bild 9.5 Das QDM = Missweisender Steuerkurs (MH) **ZUR** UKW-Peilstelle – **ohne** Berücksichtigung des Windes

9.3.2 An- und Abflugverfahren mit VDF

a) Zielflug (homing)

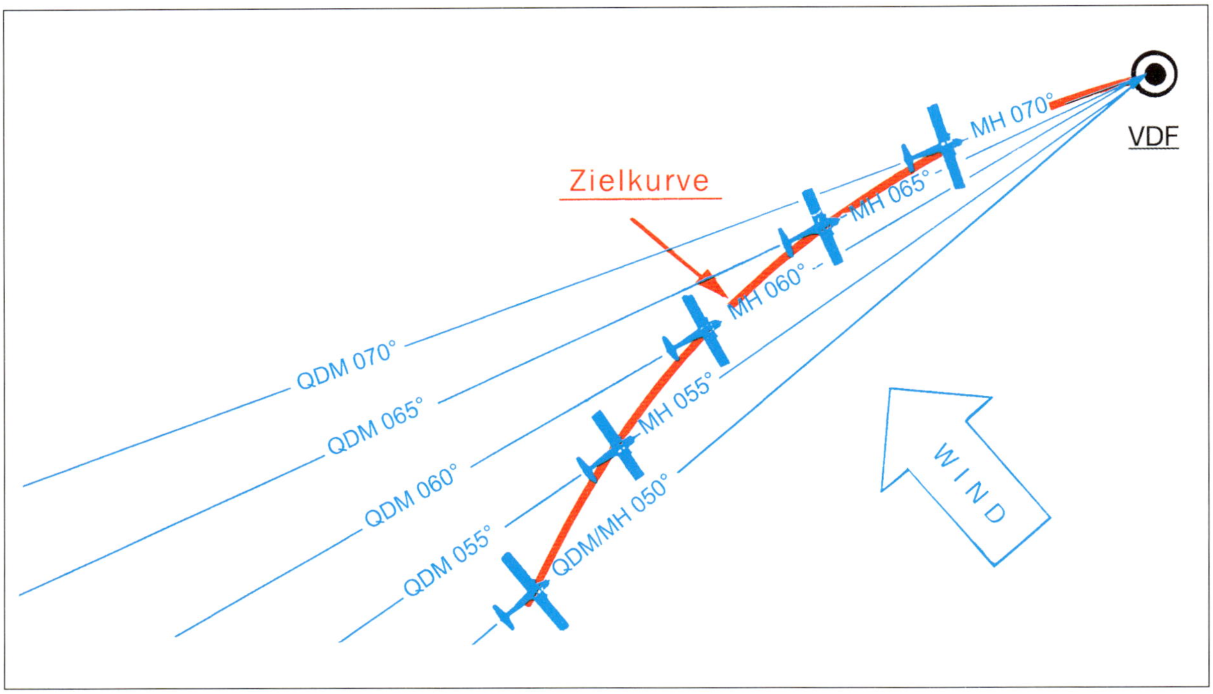

Bild 9.6 Anflug auf eine UKW-Peilstelle (VDF) nach dem Zielflugverfahren (homing)

b) Kursflug (tracking)

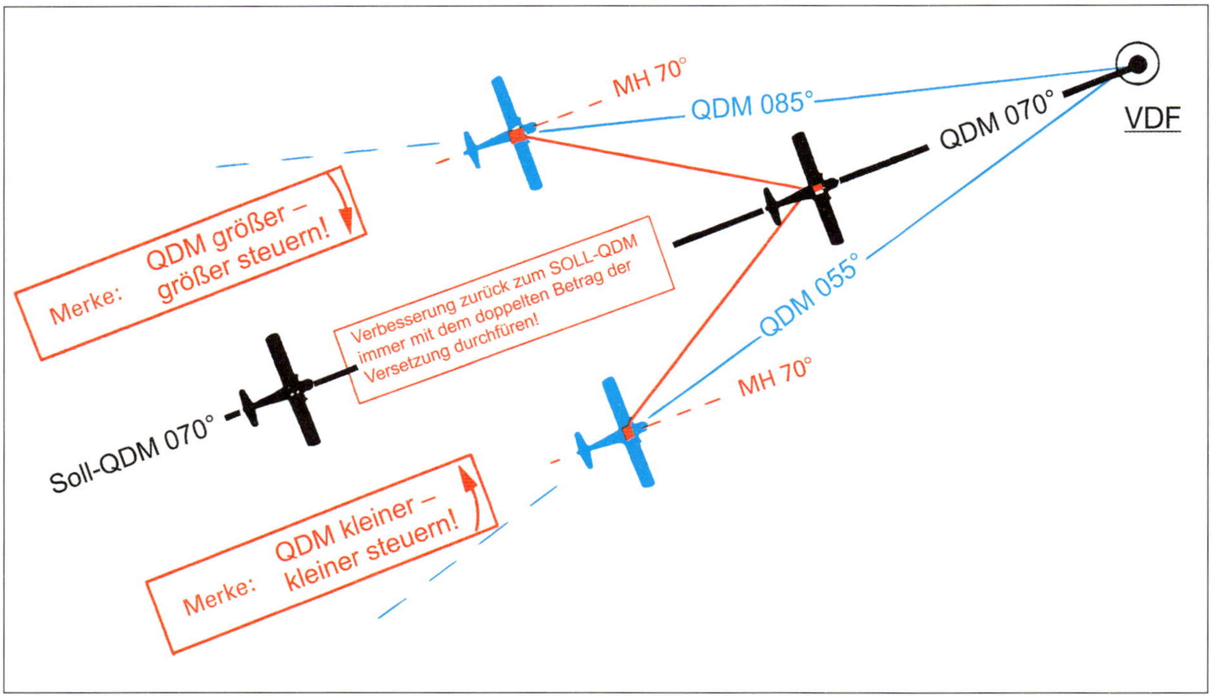

Bild 9.7 Kursflug **ZUR** UKW-Peilstelle **HIN** (tracking inbound)

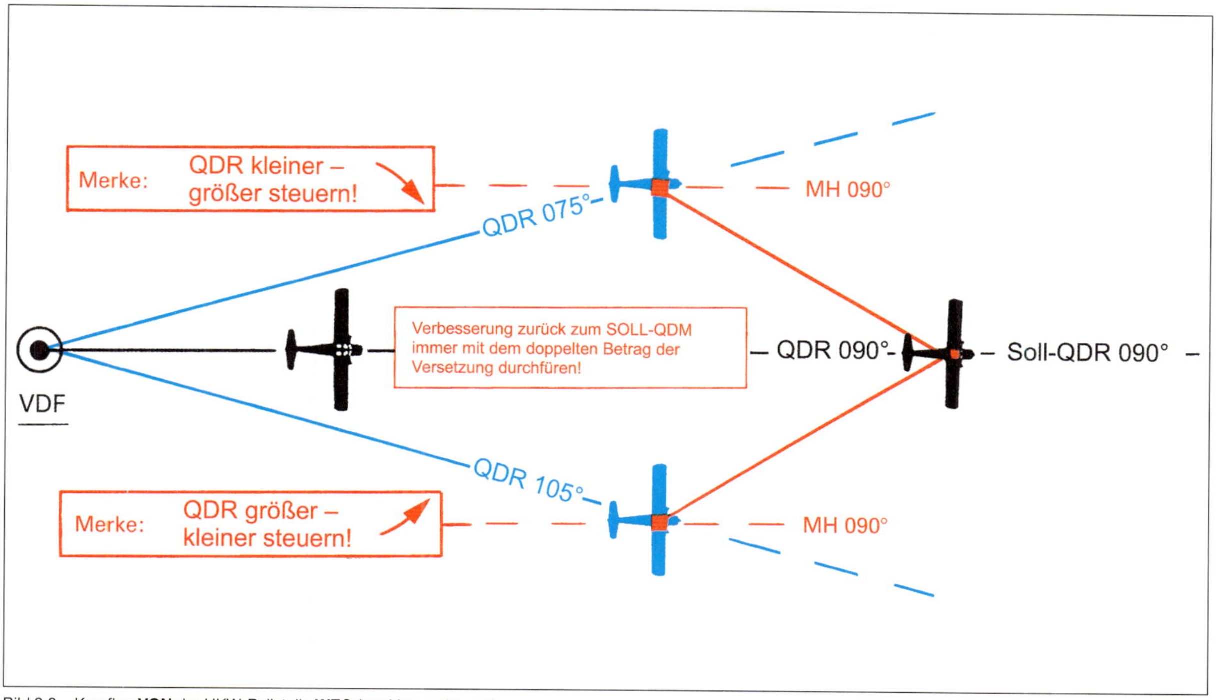

Bild 9.8 Kursflug **VON** der UKW-Peilstelle **WEG** (tracking outbound)

9.3.3 Standortbestimmungen mit VDF-Kreuzpeilungen (QTF)

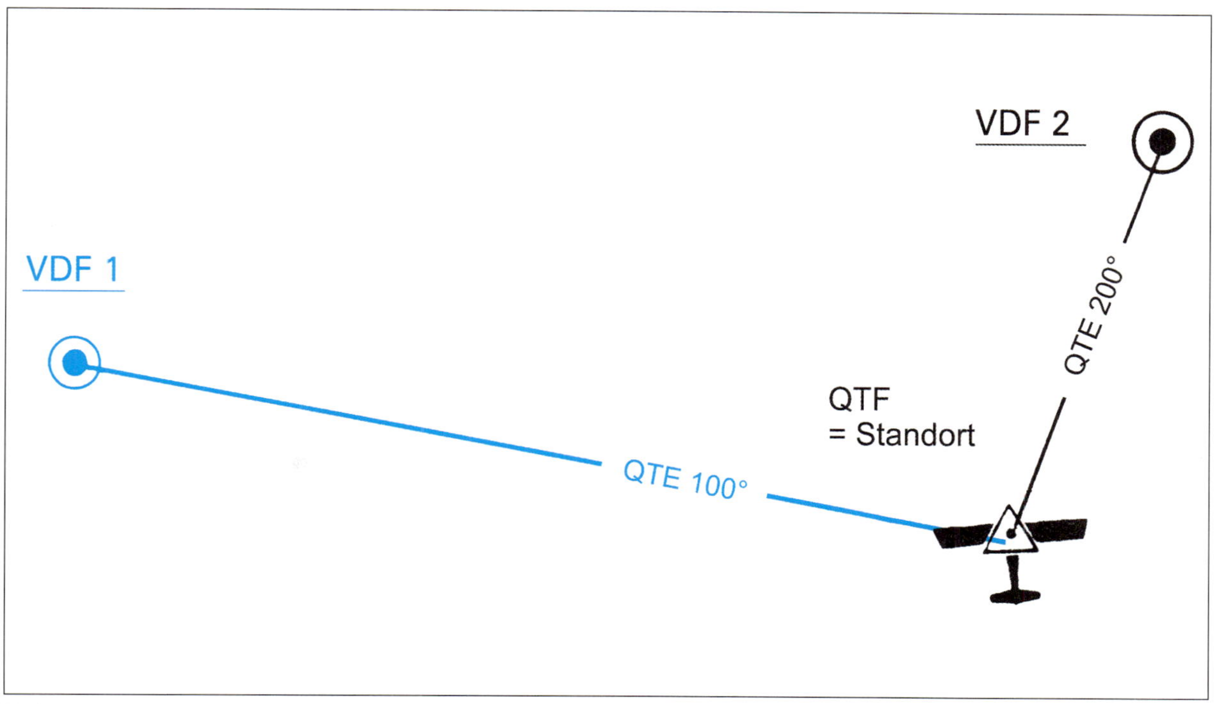

Bild 9.9 Standortbestimmung durch Erfragen des **QTE** von zwei (oder mehr) UKW-Peilstellen (VDF):
Der Schnittpunkt der beiden Funkstandlinien (LOP = QTE) ergibt den Standort des Flugzeugs = **QTF.**

10 Funknavigationskarten

10.1 Die Streckenkarte (Enroute Chart)

Dieses aus zwei Ausgaben (Unterer Luftraum/Oberer Luftraum und Unterer Luftraum mit FIS-Gebieten/**M**inimum **R**ADAR **V**ectoring **A**ltitude Chart – **MRVA**-Chart) bestehende 4-farbige Kartenwerk im Maßstab 1:1 000 000 entält für das Gebiet der Bundesrepublik Deutschland folgende Angaben:

Luftraumstruktur einschließlich der Flugverkehrsstrecken (ATS Routes), Gradnetz, Isogonen und Flugplätze in Grau; Funknavigationsanlagen und Luftraumbeschränkungen in Blau; Zuständigkeitsbereiche der Flugsicherungsdienststellen in Rot. Die vertikale Gliederung des kontrollierten Luftraums wird durch rote, blaue und grüne Flächenfarben besonders gekennzeichnet. Grenzen der Fluginformationsgebiete werden in Blau dargestellt. Des Weiteren sind alle Flugplätze mit Angabe der Frequenz der Bodenfunkstelle eingezeichnet. Außerdem finden wir eine Liste der Entschlüsselung der Flugplatz-Ortskennungen und ebenfalls eine Liste der Navaids und Waypoints (Navigationsanlagen und Wegpunkte) mit genauen Koordinaten. Die Nachttiefflugstrecken mit Wendepunkten, Flughöhen und Flughöhen für Notfälle sind Grün dargestellt.

Projektionsart: Winkeltreue Kegelprojektion (Lambert) mit zwei längentreuen Bezugsbreitenkreisen.

Anmerkung: Ein Ansichtsmuster zu Übungszwecken im Unterricht ist in Bild 10.1 dargestellt.

10.1.1 Kartensymbole auf der Streckenkarte

Strecken/Routes

▲ Pflichtmeldepunkt
Compulsory Reporting Point

△ Meldepunkt auf Anforderung
On Request Reporting Point

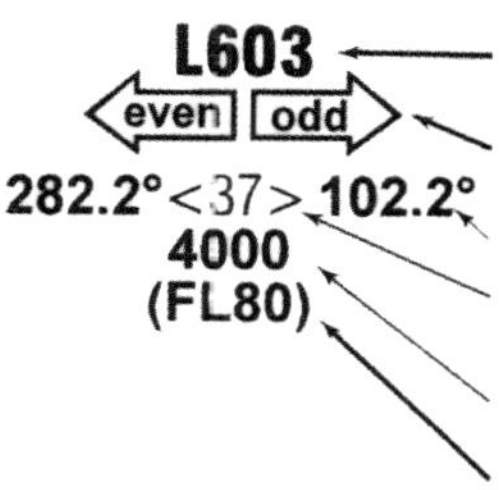

Bezeichnung/Designator
Richtungsangabe (Halbkreisflughöhe)
Direction (semi circular cruising level)
Rechtw. Kurs/True Track
Entfernung (NM)/Distance (NM)
IFR-Mindestreisehöhe
Minimum IFR crusing level
Operationelle Höhe/Operational level

Flugverkehrsstrecke
ATS Route

R1 — Flugverkehrsstrecke nur an Wochenenden zu benutzen
ATS Route to be used on weekends only

MAG — Flugverkehrsstrecke (missweisend*)
ATS Route (mag track*)
(* in Deutschland/in Germany)

Funknavigationsanlagen/Navaids

NDB

VOR — UKW-Drehfunkfeuer

TACAN — UHF-taktische Flugnavigationshilfe

VORTAC — VOR- und TACAN-Kombination

VOR/DME — UKW-Drehfunkfeuer mit Entfernungsmessgerät

Nachttiefflugstrecken
Night Low Level Routes

Luftraum E (HX)
Airspace E (HX)

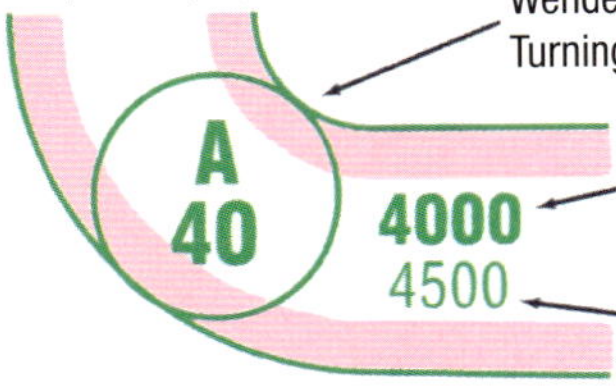

Wendepunkt
Turning Point

Flughöhe
Altitude

Flughöhe für Notfälle
Emergency Altitude

Zusätzliche Geländefolgeflüge in 1000 ft GND.
Addditional terrain following flights in 1000 ft GND.

Flugplätze/Aerodromes

Int. Flughafen + Landeplatz IFR
Int. Airport + Airfield IFR

Flughafen (ziv./mil.)
Airport (civ./mil.)

Militärflugplatz
Military Aerodrome

Landeplatz
Airfield

Landeplatz (ziv./mil.)
Airfield (civ./mil.)

Wasser-Landeplatz
Water Airfield

Hubschrauberlandeplatz (ziv.)
Heliport (civ.)

Hubschrauberlandeplatz (mil.)
Heliport (mil.)

Luftraumstruktur/Bounded Airspace

Fluginformationsgebiet (FIR)
Flight Information Region (FIR)

Untergrenze Kontrollierter Luftraum E
Lower limit controlled airspace E

1000 ft GND

1700 ft GND

2500 ft GND

Luftraum C/F/D (nicht Kontrollzone)
Airspace C/F/D (not Control Zone)

Luftraum C/D (nicht Kontrollzone) Sektor
Airspace C/D (not Control Zone) Sector

Luftraum D (Kontrollzone)
Airspace D (Control Zone)

TMZ (Transponder Mandatory Zone)

Verschiedenes/Miscellaneous

Gefahrengebiet
Danger Area

Flugbeschränkungsgebiet
Restricted Area

Flugbeschränkungsgebiet (TRA)
Restricted Area (TRA)

FIS-Sektoren
FIS Sectors

1° E

Linien gleicher Missweisung (2005)
Isogonic Lines (2005)

Raum für Notizen

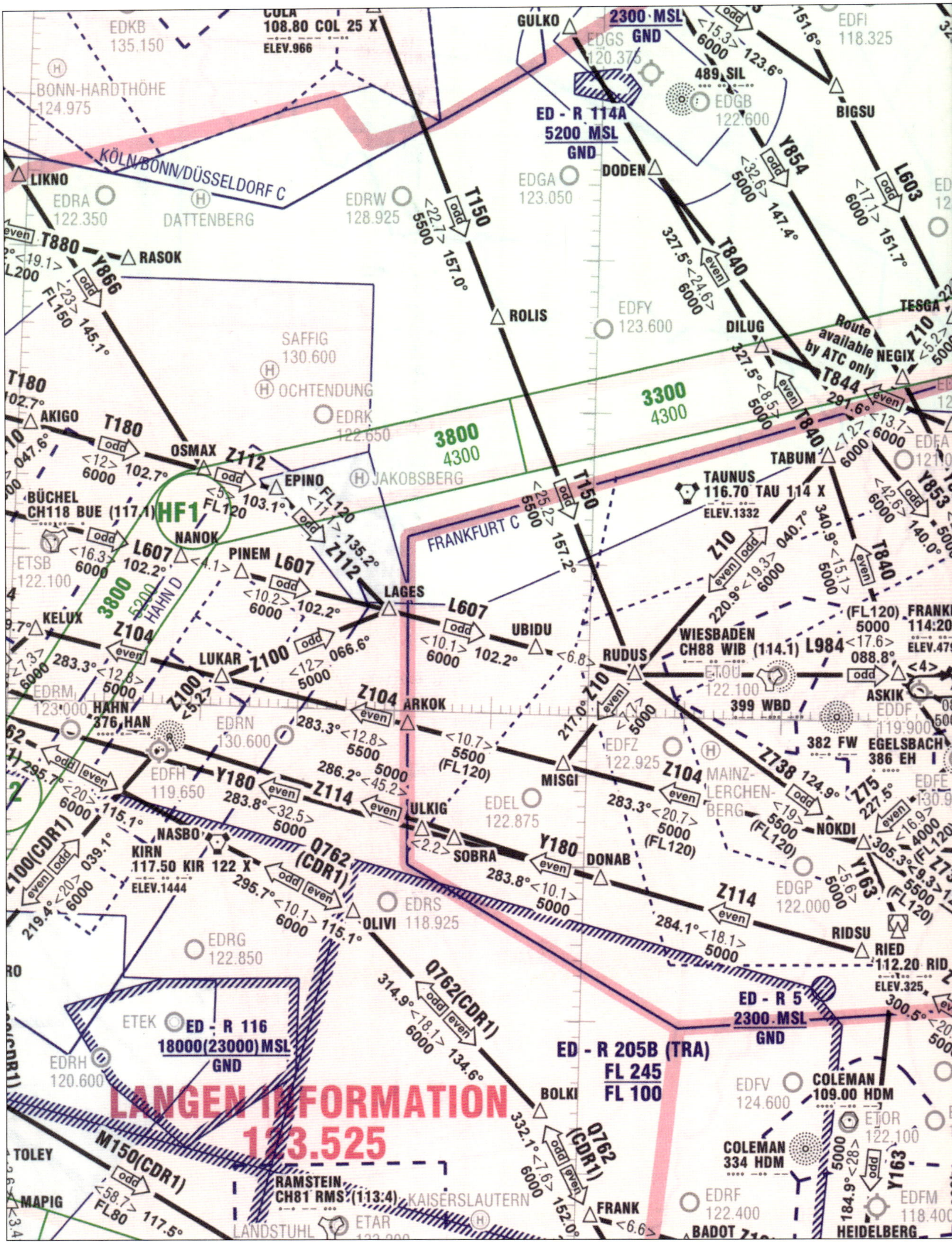

Bild 10.1 Auszug aus der Streckenkarte (Enroute Chart); Quelle: DFS Deutsche Flugsicherung GmbH

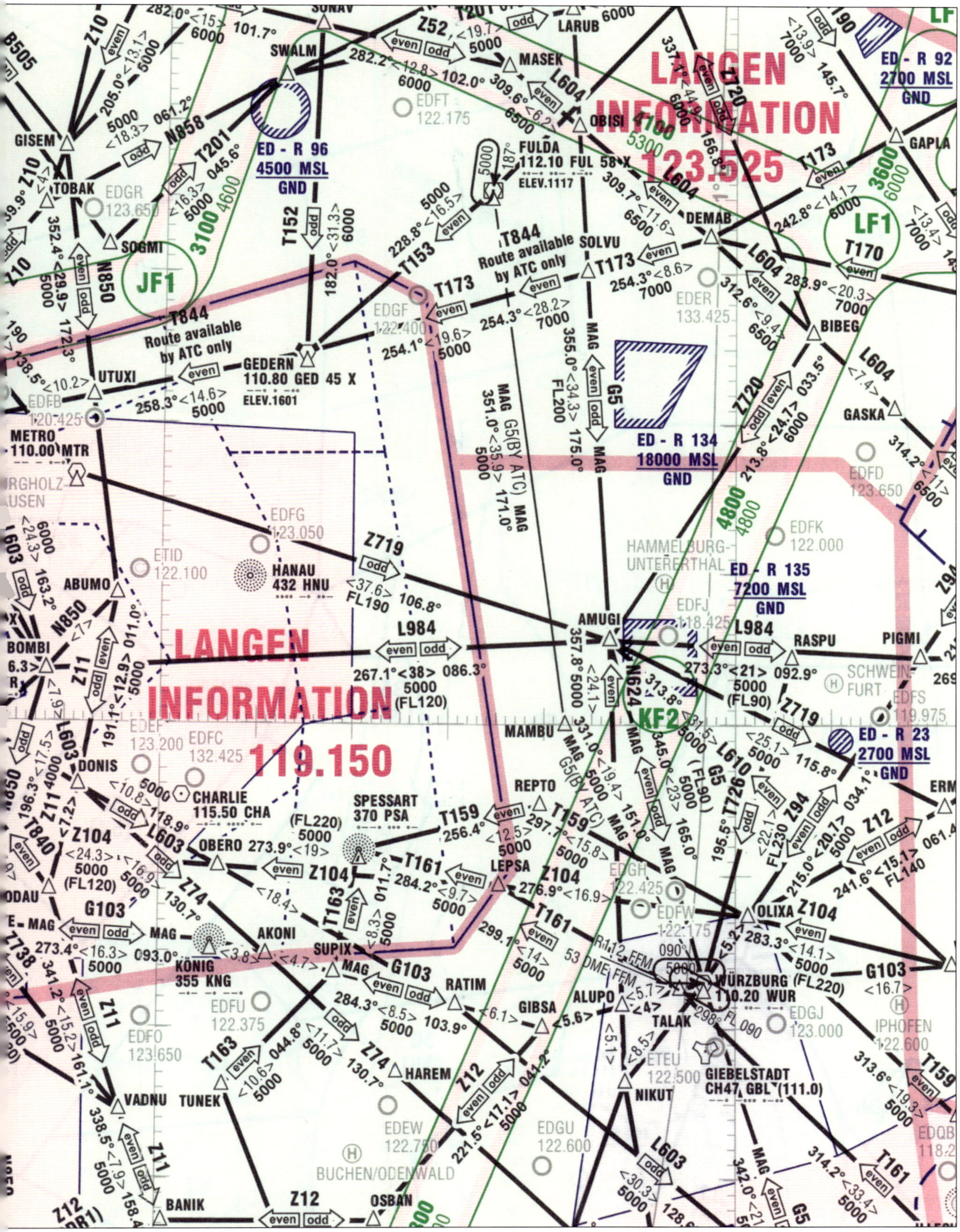

ACHTUNG! – Der hier wiedergegebene Druck ist nur für Übungszwecke zu verwenden!

11 Stichwortverzeichnis

Stichwort	Seite

Stichwort	Seite

Raum für Notizen

Raum für Notizen